ヴィンテージからニューモデルまで
アナログレコードの
魅力を引き出す
機材選びと再生術

カートリッジ／トーンアーム プロダクトレビュー

49 トップウイング **青龍**

50 オーディオテクニカ **AT-ART1000**

52 DS オーディオ **DS-W1**

55 フェーズメーション **PP-500**

56 フィデリックス **0 SideForce**

58 ヴィヴラボラトリー **Rigid Float CB7**

60 プラタナス **2.0S**

61 オーディオテクニカ新VM型カートリッジ
VM700&VM500 Series ボディ2種、針先6種類を聴く

アナログプレーヤーの基本と使いこなしのテクニック

66 アナログ再生は面倒くさいけど楽しい

75 アナログプレーヤーのセットアップ

78 アナログプレーヤーの設置と使いこなし

80 アナログアクセサリーの使いこなしとアイテムガイド

83 いろいろなディスククリーニング

86 レコード再生のトラブルシューティングとQ&A

プロの再生テクニック伝授

89 プレーヤー周りの音質向上策 井上千岳

90 カートリッジとシェル周りの音質改善 柴崎 功

91 お薦めメンテナンス用品 柴崎 功

92 GEバリレラカートリッシ 柳沢正史

93 SP盤のクリーニング 柳沢正史

94 MM、MIカートリッジを見直す 岩村保雄

95 ソニー・ミュージックスタジオのアナログカッティングルーム

アナログプレーヤーを手に入れろ！

休眠機器＆格安機種のメンテナンスとカスタマイズ

98 少しの手間で古い機器が甦る
古いベルトドライブ式プレーヤーの再生

104 高いコストパフォーマンスと
カジュアルな扱いやすさでレコードを楽しむ

ヴィンテージからニューモデルまで

アナログレコードの魅力を引き出す機材選びと再生術

CONTENTS

アナログオーディオを楽しむ達人たちのリスニングルーム

6 機器やソースについて徹底的に検証しながら音楽性豊かなアナログの真髄に迫る 小林 貢 氏

10 冷静に分析するために規模を突き詰めたストイックなパーソナルスペース 井上千岳 氏

14 広々とした気持ちのいい空間に味わいのあるサウンドが響きわたる 山本耕司 氏

18 最新アナログプレーヤーを契機に奥深い世界に再び踏み込んだ 岩井 喬氏

ビンテージ&現行モデル プロダクトレビュー

24 機械技術を結集して生まれた アナログプレーヤーの至宝

トーレンス **TD124/MkII**

28 設計思想から技術、構造に到るまで 今に生きる現代プレーヤーの原器

ガラード **Model 301**

32 ベルト駆動やフローティングサスなど 現代型プレーヤーの基礎を構築

トーレンス **TD127**

36 最新技術を投入してシンプル化 ダイレクトドライブ方式アナログプレーヤー

テクニクス **SL-1200GR**

40 MMカートリッジ付き ベルトドライブプレーヤー

レガ **Planar3-Black with Elys2**

44 高音質ソフトレーベルが作る アナログプレーヤー

モーファイ・エレクトロニクス **Studio Deck**

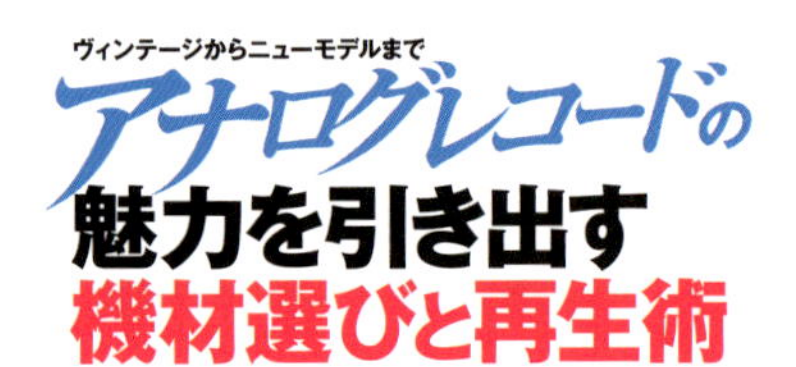
ヴィンテージからニューモデルまで
アナログレコードの
魅力を引き出す
機材選びと再生術

アナログオーディオ プロダクトレビュー

112 オーディオテクニカ **LP-5**

116 ティアック **TN-350**

120 ティアック **TN-570**

124 オンキヨー **CP-1050**

128 テクニクス **SL-1200G**

132 EAT **C-Sharp**

136 プロジェクト **Elemental Esprit**

140 プロジェクト **2Xperience JPN**

144 クロノスオーディオプロダクツ **SPARTA**

148 トランスローター **Avorio 25/60**

152 ウェルテンパード・ラボ **Simplex MkⅡ**

156 エラック **MIRACORD 90**

160 ティエンオーディオ **TT3＋VIROA10inch**

164 CSポート **LFT1**

168 バーグマン **Magne**

172 ラックスマン **PD-171A**

176 アライラボ **MT-1**

179 ロジャース **T-24a**

181 オクターブ **Phono EQ.2**

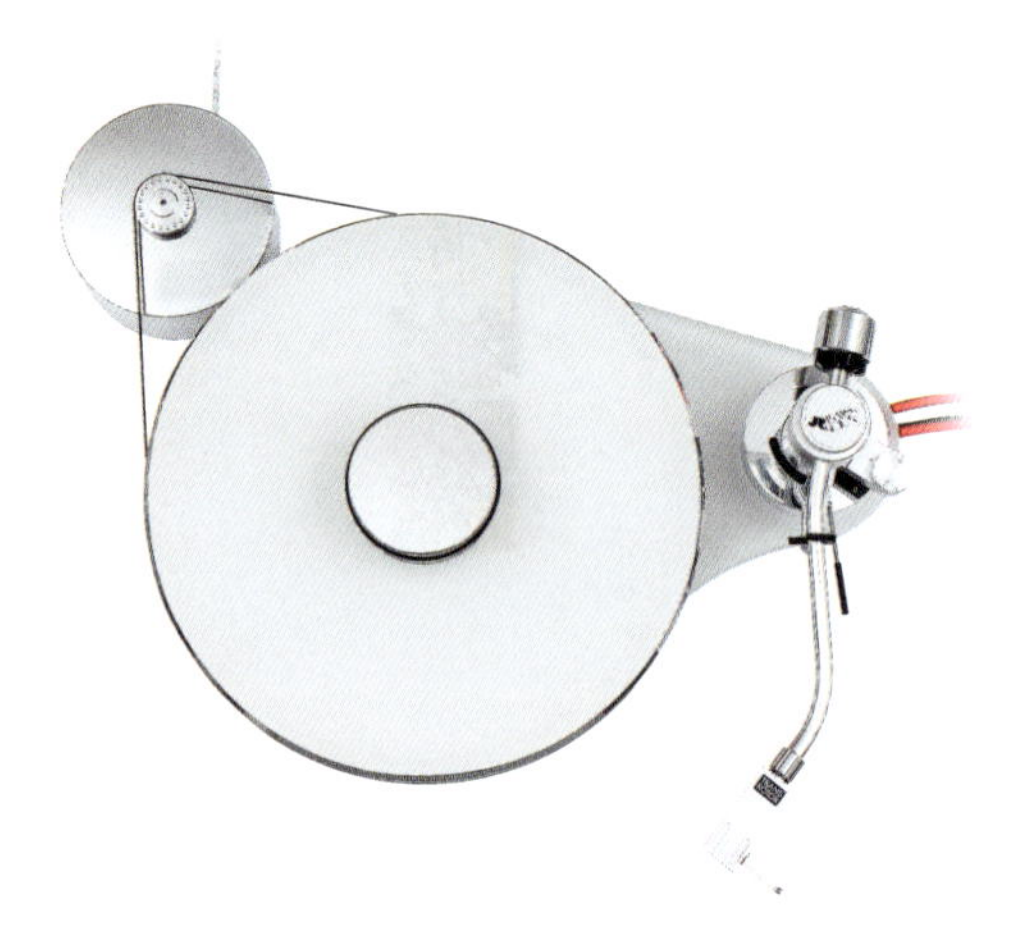

ジャズ&クラシック アナログレコードレビュー

186 1950年代後半録音のジャズLP10選

194 クラシックLP10選

ショップ紹介

200 オーディオもてぎ

202 ハイファイ堂

204 オーディオユニオン

206 ディスクユニオン

Notice

本書に掲載した製品レビューは、オーディオ総合月刊誌『MJ無線と実験』（毎月10日発売）で取材したものを再構成した記事を含んでいます。掲載したデータは、それぞれの機器の発売時のものです。スペックなどはメーカーにより更新されている場合もありますので、各社のホームページなどをご確認ください。『MJ無線と実験』では、最新のオーディオ機器レポート、真空管アンプなどオリジナルのオーディオ機器製作記事をお届けしています。

アナログオーディオを楽しむ

達人たちのリスニングルーム

MY LISTENING ROOM

オーディオ評論家にアナログの魅力を聞きに行く

オーディオ専門誌で執筆をされている評論家には、その活動を超えて個人的にアナログ、レコード再生を楽しまれている方も多い。では、なぜアナログを聴くようになったのか。ご自身の体験と、どのように楽しまれているか。アナログとその魅力について、直接、訊くために、4人の方のリスニングルームを訪ねた。うかがったのは、小林 貢、井上千岳、山本耕司、岩井 喬の各氏だ。

取材・文：正木 豊／撮影：河野隆行、山本耕司

MY LISTENING ROOM

Report No.1_KOBAYASHI's HOME

機器やソースについて徹底的に検証しながら

音楽性豊かなアナログの真髄に迫る

小林 貢氏

現在では到底、考えられないことかもしれないが、1960年代後半から70年代は、レコードを聴くということは何も特別なことではなく、ごくふつうの若者、そして大人の嗜みというか日常だった。ポップスやロックを中心に、ジャズ、クラシックも、今以上に音楽の中で幅を利かせていた時代。ジャズファン、オーディオファンならスリーブラインドマイスという日本の独立系ジャズレーベルをご記憶だろう。そうでなくとも、75年当時、六本木にあったジャズクラブの名を冠したアルバム『ミスティ／山本 剛』を大ヒットさせたレーベルといえばピンとくるかもしれない（ちなみにタイトルの「ミスティ」は同店でのライブ録音であるということと、山本 剛が好んで弾いた同名のジャズの名曲を関連させたらしい）。

　ちょっと前置きが長くなってしまった。小林 貢さんは、74年にスリーブランドマイスに入社、後年のスリーブラインドマイスのマスタリング監修をされており、その後、オーディオ評論家へ転身されている。深くオーディオと関わるようになったのは、同社に入社した頃からとのこと。

「高校、大学の頃は、一般的なコンポで聴いていて、もっと凝っていた友達はたくさんいた。マニアックに本格的にそろえたのは、会社でマスタリングに立ち会うようになってからですね。やはり自分でもしっかりとテスト盤などをモニターしたいので、アルテック612C（スピーカー）やデノンDP-3000（プレーヤー）、デノンDL-103（MCカートリッジ）などを買い集めた」という。

　現代流にいえば、一気にハイエンドの機器をそろえてしまうというのは、何事にも徹底する氏らしいところ。ここ数年、もうひとつのアナログオーディオの注目株、オープンリールテープデッキについて積極的に執筆されている氏だが、その源となるのもこの頃。「2トラサンパチ（2トラック38㎝レコーダー）のミュージックテープをスリーブラインドマイスで

リスニングルーム全景。床をコンクリート打ちするなど専用に設計されている。奥の壁面は角度が付けられ、また一段、高くなっていて、ステージのようになっている。左側の棚の奥はミュージックテープのコレクション

発売することになり、それではとティアックの業務用のコンソール型を購入したそうだ。

実際に使い、音を聴くために導入したガラード301を現用

愛犬がお出迎えしてくれた専用設計のリスニングルームは、約20畳はあろうかという広々とした空間だ。リスニング位置のラックに、アンプ、CDプレーヤー、CD-Rデッキなどのコンポーネント、両側の壁にはぎっしりと500枚以上あるというレコードをはじめ、オープンリールテープ、ミュージックテープなどがぎっしりと並ぶ。床には数台のオープンリールデッキも所狭しに置かれるなど、オーディオ機器であふれかえった、まさに男の城というべき趣味の世界だ。まずレコード再生のシステムについてうかがう。

「アナログプレーヤーは、DP-3000の後にオラクルDELPHI、ロクサンRADIUS、プロジェクトRPMなど、価格はそれほどでもないけれど、性能的にも高い製品」を選んで使ってきた。そして、2010年頃のこと、たどり着いたのがビンテージの名器と呼び声高いガラード301だ。現在は、お気に入りレコードを聴くときはこの301、製品の試聴などのリファレンスとしてはバリバ

メインとなるガラード301。仕上げはホワイト、ターンテーブルはストロボスコープが付いていないタイプだ。Wアームになっており、右の標準位置にオーディオテクニカAT1100、奥はロングタイプSME3012仕様にしたSME3009改。ターンテーブル上のユニークなデザインの金属ターンテーブルシートはビブラブラトリー製

後ろはシュアーV15シリーズの最初期型Type Ⅰという希少モデル、手前がオーディオテクニカのモノカートリッジAT33MONO

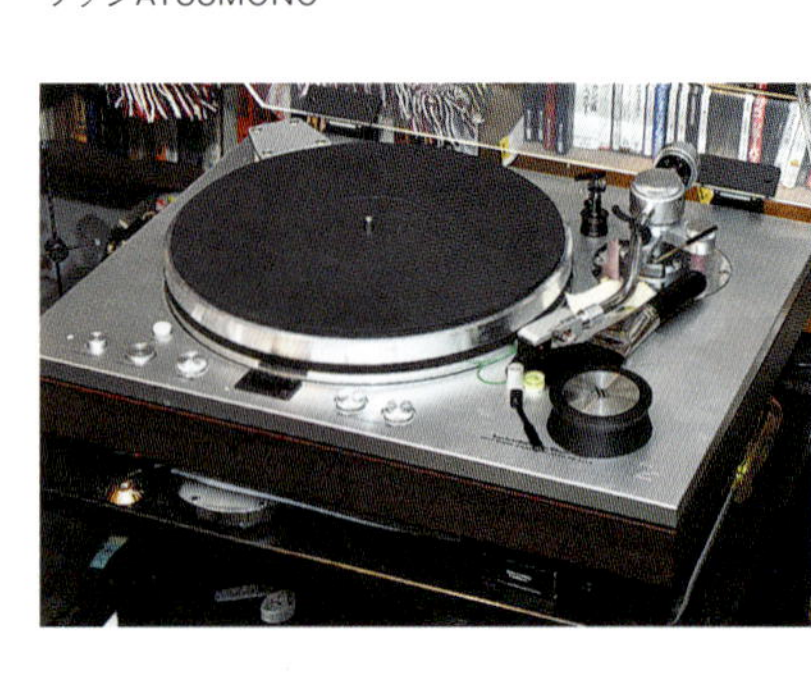

製品の試聴チェックなどには最新のラックスマンPD-171Aを使う

リの現役モデル、ラックスPD-171Aを使用している。

ガラード301についてオーディオ専門誌にその入手の経緯やメインテナンスについて書かれてきているが、そもそもなぜビンテージの名器だったのだろう。「オーディオだけでなく大好きな車などでも同じですが、本を読んだだけでわかったようなつもりになるというのが私の主義ではないんですね。ガラードも、当時、愛好家の間でちょっとした話題になっていたのですが、当初は（古い機器だから）ダメに違いないと思っていた。しかし、やはり使ってもいないのにそういうことを言ってはいけないと思うようになり入手したのです」

手にしてみると、「これが、なかなか使える」というか、現役として立派に通用するものだった。リムドライブならではの立ち上がりの速さも使いやすいし、想像していたようにはうるさくもない。

301はフォノモーター単体なので、プレーヤーベースについては、MDFとバーチの積層材と振動に強いオーディオ専用ラックの支柱を組み合わせ、カーオーディオショップにオーダーメイドした。また、ブレーキフェルトやモーターを吊っているスプリング、腐食していたスプリングの鳴き止め用ゴムリングなどの交換、モーターのオイルの注油など、メインテナンスも徹底的に行っているという。ガラードは世界的に愛好家が多く、ネットの情報がきわめて豊富。レプリカのパーツ類も多く作られており、その点では、さほど困らないそうだ。

プレーヤーと並んで重要なアームについてもガラードと同じ。SME3009をレプリカパーツでメインテナンスしたり、ネットで販売されているロングタイプの3012への改造キットを使ったリメイク版など4本ほど作成している。「やっぱりマニアなんでしょうかね」と語る笑顔には、実践に裏打ちされた自信があった。

そこで得られた301について音の実感は、リムドライブということから想像される強い個性は感じられないこと。アームの違いもよく出してくるといい、またよく言われるランブルノイズも実用的にはわからないほど。この点については、感覚的なことではなく、実際に専用の測定具を使って確かめている。たとえば同時に使っているPD-171Aと比べると、確かに301のほうがノイズの量が多くなるが、通常のレベルではほとんど問題になるものではないし、実際に再生音で聴いてみてもわからないという。

「301が作られたのは1950年代ですから、それはすごい技術なのだと思い

小林さんに深く関わりのある一枚、『山本剛トリオ／ミスティ』は、この世にリリースされた全部の盤を集めている。手前がオリジナル盤、後ろはこの4月にリリースされた45回転重量盤で、Wジャケット仕様だ

テープデッキのコレクション。左手前がスチューダーA810、左後ろがナグラのコンソールタイプT-Audio、右側は手前がルボックスの真空管式G36。いずれも現在もきちんと稼働するようにメインナンスされている

作品としても音質的にも優れたダイレクトカッティング盤などは複数枚を集める。後ろが『リー・リトナー／オン・ザ・ライン』、下が『ザ・パワー・オブ・タワー／ダイレクト』

ます。LPレコードの黎明期なので、万全に再生するために心血を注いで作ったのでしょう」

細部を見ると、モーターの取り付けや振動対策、ターンテーブルとターンテーブルシートの鳴き止めなど、さまざまな工夫が凝らされていて感心するという。

レコードに通じるアナログ仲間 テープデッキの魅力

小林さんの現在のアナログの楽しみの両輪のもう一方になっているのが、オープンリールテープとテープデッキだ。先述のとおりティアックのスタジオ用大型コンソールタイプのレコーダーを導入していたが、大型であったことやその後の事情により手放してしまい一時、お休みしていた。それが復活したのは、今から7、8年ほど前のこと。MJ誌の試聴室に置いてあったルボックスを見て、「昔、レコード制作の関係でアンペックスやスチューダーを使っていたので、もう一度、やってみようかな」と思ったのがきっかけ。国産の業務用機として数多く使われたオタリを皮切りに、デンオンの真空管式、アンペックス、スチューダー、ルボックス、それにプロ用ポータブルオープンレコーダー、ナグラのコンソールタイプなどを、「買いまくりました」という。ソースとなるミュージックテープもネットを中心に買い集め、現在ではコレクションは、ジャズ、ロック、ポップスを中心に100本以上にもなっている。

「4トラック19㎝が主で、昔はあまり積極的に聴こうとはしなかったのですが、今聴くと意外にも音がいいんですよ。また、レコードのような録再のときの大きなイコライザーカーブではないので、音が自然でバランスも良いように思います」

面白いことに、たとえばピアノのジャズトリオの配置などがミュージックテープとレコードで逆になっていたりすることもあるという。最近、ビル・エバンスの『エムパシー』というアルバムの2トラックテープを入手して聴いたところ、逆配置が多いエバンスのアルバムの中で、左にピアノ、中央にベース、右にドラムという配置だったので、レコードを買って確認したという。「最近は、そういう形でレコードを買うというパターンも多いですね」と、実践と検証の精神はいささかも収まらない。ちなみ『エムパシー』は、確認の結果、レコードもテープも同じ配置だったとのこと。

レコードとテープで アナログの音の魅力を再確認

LPレコードのモノーラルからステレオへの過度期の盤について考えを改めるようなことがあった。

ステレオ初期のディスクには、左右に泣き分かれたような不思議なバランスのステレオ録音がある。それは、ステレオをわかりやすく表現するためとされていた。しかし、たとえばアート・ペッパーの『ミーツ・ザ・リズムセクション』など、むしろモノーラルで聴いたときにより良く聴こえるようにという目的なのではないかと考えられるようになってきたという。好きなジャズにはこうした狙いかと思えるような盤も多いので、聴きなおしているところという。

アナログの音の魅力はどこにあるか、最後にうかがってみた。

「聴くレコードは60年代の録音が多いので、マルチマイク／マルチチャンネル全盛の手前の時代です。つまり一発録音が多いんです。マルチにしても後で修正するのが主ではなく、微妙なバランスを調整する程度です。というわけで、演奏の一体感、その場の雰囲気やスタジオの空気感が濃密で、音を個別に録っておいて、後で重ねたような白々しさがないんですね」

最新のデジタル録音とは、また違った味わい。どこか懐かしくもあり落ち着くのは、こんなところにあるのかもしれない。アナログ人気の復活の要因のひとつを教えていただいたようだ。

MY

LISTENING ROOM

Report No.2_INOUE's HOME

冷静に分析するために規模を突き詰めた

ストイックなパーソナルスペース

井上千岳 氏

開口一番、「私のオーディオ歴は長いですよ。何しろ5歳のときからですから」と話を始めた井上千岳さん。いろいろなオーディオ専門誌で、オーディオ機器からケーブルなどのアクセアリーについて積極的に評論。技術と豊富な知識に裏付けられた分析、少し異なった視線から生み出されるのであろう、ちょっとナイーブな筆致には独特のテイストがある。

うかがったのは湘南（井上さんは、この辺りは湘南とは言わないと拒否するが…）のとある海岸から至近に位置するご自宅のリスニングルームだ。オーディオ評論家の仕事場ということで、何かちょっとマニアックな風景を想像していたのだが、そこには小型スピーカー、きっちりと作られたラックにアナログプレーヤーとアンプが置かれ、重厚長大とは別の方向性をもった、どこかにオーディオを知り尽くした枯れた風情（失礼！）を感じるプライベートスペースが広がっていたのである。

冒頭のことばから話は続く。

「昔、家には電蓄がありまして、鉄製の替え針を買ってもらって、それを自分で取り替えながら、家にあるSPレコードを聴いていたのです。それが始まりだから、かれこれ60年（笑）」と、静かな笑顔を浮かべられる。「父親が大学の電気通信系でしたので、音楽や電蓄にも早くから親しんでいました」という。パイオニアのユニットを箱に入れたスピーカーを作って聴いていたそうだ。

「小学校の3、4年生の頃だったと記憶するのですが、父親がもっとしっかりとしたオーディオ装置で聴きたいということから、本格的なオーディオ装置が我が家にやって来ました。それでレコードばかり聴いていましたね」

アナログではステレオLPが出る少し前の頃というから、1960年前後のことだろうか。そして自分自身のオーディオシステムを組んだのは、フォノカートリッジも作るオーディオメーカーに就職してからだった。

「最初に買ったアナログプレーヤーはマ

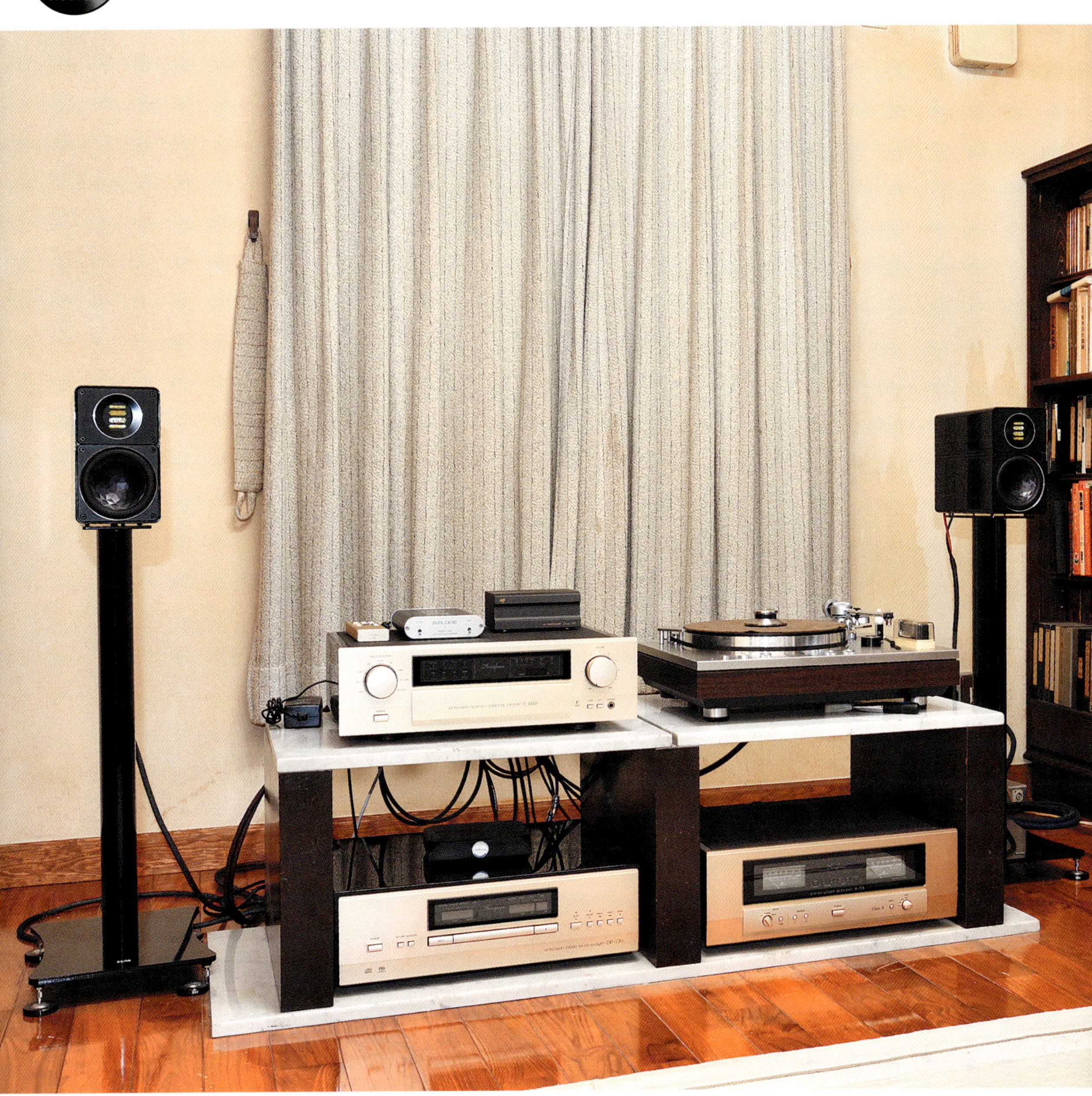

小型のエラックBS312スピーカーとアキュフェーズC-2420プリ、A-35パワーアンプ、DP-720SACDプレーヤーとラックスマンPD-171Aが中央にまとめられ、しっかりと整頓された8畳のスペース。一時は、CDなどがあふれかえったので、かなり整理されたとか。右のラックによく聴くものだけを集めたレコードを置いている

イクロBL-91というモデル。これにフィデリティ・リサーチFR-64トーンアーム、カートリッジにはオルトフォンSPUを組み合わせた。いずれも当時、定番となっていた高級機」である。しかし、ちょっと驚くことに、なんとこのプレーヤー、数年前まで問題なく稼働していたそうで、現在も少し所在なさ気にリスニングルームに佇んでいる。

なおマイクロのアナログシステムは、一度、結婚したのを機に実家に置いてきたことがあり、代わりにちょっとした経緯でヤマハGT2000を購入して使っていた。しかし、どうもトーンアームがしっくりとしないので、やはりマイクロのほうがいいということになり、実家と交換して再び使うようになったという話もあったそうだ。ちなみに、結婚した当時、システムとしてしっかりとしたスピーカーを買わなくてはならなくなった。そこで購入したのが、セレッションSL600。いうまでもなく、現代の小型スピーカーの始祖とも言うべき大

アナログプレーヤーはアクセサリーによるケアとケーブルを選んで使うのがキモ。静電除去ブラシ、十分に使い込んだクリーナー、水準器なども見える

PD-171Aはマイクロのプレーヤー以来、使用しているターンテーブルシートに起毛の軽く薄い布を組み合わせてチューニング

オーディオ全盛期に名を馳せたマイクロBL-91。30年近く使われており、今にも動きそうな外観だがアームレスなのがちょっと寂しそう

レコードを収めたオーディオラックの上には、先代のプレーヤー、マイクロBL-91が置かれている

ベストセラーモデルだ。「音を聴いたとき、これはすごいと感じた。実家にはまだ現存していて、先ごろ、ちょっと聴いてみたのですが、さすがに低音は物足りなくて残念な気がしました」

CD時代のなかでは アナログとはどうも距離ができた

オーディオメーカーを辞して評論家となったのは88年頃。当時、創刊されて間もないオーディオビジュアル誌で執筆活動を開始した。時代はコンパクトディスク（CD）とCDプレーヤーが昇竜の如き勢いのとき。オーディオのなかでアナログレコード／プレーヤーと主役の座を交代なるかという時期だった。そうした時のアナログのへの対処というと、「仕事はもっぱらCD関連になっていたので、レコードやアナログプレーヤーを徹底的に深掘りするというようなことは、必要なかった」のだという。

ただ、アナログについては独立したごく当初は、いろいろと調整したり、カートリッジやターンテーブルシート変えて音の違いを確認したり、ということを試したという。おかげでアナログの勘どころというべきものをつかんだという。「カートリッジも作るメーカーにいたので、抑えるべきところ、変化やその具合などの理解は早かった」のである。

しかし、いずれにしてもアナログの楽しみ方としては、先のような状況もあって率直に言って停滞気味だった。「もちろんプライベートでは、折に触れて聴きますし、適切なアナログの試聴ソースが見当たらない場合などには聴きますが、新譜もそれほど増えるという状況ではありません」

実家にはかなりの数のレコードがあるが、現在のリスニングルームにあるのは、CD化されていない中でよく聴くもの、また試聴にも必要な２００枚程度を置いているそうだ。

プレーヤーよりもカートリッジ、ケーブルを吟味して使う

システムについて聞いてみる。冒頭に述べたように、どこか熟達、手練れの風情を感じるのは、やはりメインの小型スピーカーによるところが大きい。

「エラックBS312で聴き始めたのは、ほぼ半年前です。本格的なプライベートシステムの出発点もセレッションSL600という小型モデルだったことはお話ししましたが、以後、いろいろなスピーカーを入れ替えてきた。もちろんフロアー型も置いてみた」という。

しかし、どうも部屋のサイズとスピーカーのサイズには大いに関係があって、この部屋で大型のフロアー型では空気が飽和してしまうのだ

現代のスピーカー技術で作られていて、

長年、使っているオルソニックのフェルトのレコードクリーナーとオーディオテクニカの水準器。それぞれ選ぶならこれ、と言われた定番中の定番

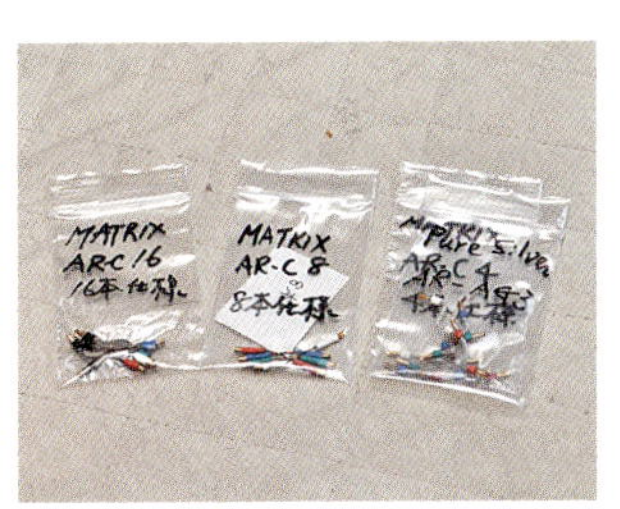

仕事にも関連してシェルリードは多種、そろえている。写真はブラックキャットのシリーズで導体の仕様が違っている

海外のオーディオショウに出かけたとき手に入れたクラシックの希少盤。レコードはCDでは聴くことができないものが中心

低音は十分に出てくるし、スピーカー口径も軽いのでレスポンスが良くなる。むしろ小さくて音がしっかり出るというモデルを探すようになった。「そんなこんなで落ち着いたのが11・5㎝ウーファーのBS312だったわけです。この部屋の広さは約8畳、ふつうの日本家屋より天井が若干高めですが、スピーカーサイズはこれで十分なのです。昔はこれくらいの低音を出すには、30㎝くらいはないと、などと言われたものですが、今はそんなことはありません」

一方、長い間、使い続けたBL-91から現有の最新モデル、ラックスマンPD-171Aへ替えたときの印象はどうだったのだろう。

「最新モデルに替えたのは、さすがにくたびれてきたと感じていたことによります。替えてみると、やはりS/Nが高いという印象。実際、動きも振動が少なくて静かなのです。製品の試聴、チェック用には十分ですから、これ以上、プレーヤー本体に凝るつもりはありません」

それよりも、アナログプレーヤーについては、フォノはもちろん、アースや電源などの各ケーブル類を、これまでの豊富な取材経験も合わせて熟考。「これでないと、というもの」を選び抜いている。また、アクセサリーをいろいろと駆使して、細かいところまで、使いやすく、聴きやすくしている。例えばターンテーブルシートはセラミックで作られたサエクの古い製品。これは先のマイクロBL-91から引き続いて使っている年期の入ったもの。年期入りといえば、もう30年以上？は使っていると思われる昔のフェルトのクリーナーも、なかなか味わい深い。

カートリッジはMC型のマイソニックラボULTRA（ウルトラ）、フォノイコライザーはアキュフェーズC-2420のオプションのモジュラーカードを使っている。

現在のアナログ人気には当初は少し懐疑的だった

井上さんは、今日のアナログ人気の再燃については、当初は一過性のものではないかと考えていたが、最近では考えを少し改めている。

「若い人がこの30㎝盤から音が出ることが新鮮とちょっとした話題になり、次にUSBに音が入れられるからと、フルオートの簡単なプレーヤーが出てきた。すると、昔、オーディオを楽しんでいた人が懐かしさもあって、さらに盛り上がってきたわけです」

そこまでは単にブームだと考えていたが、メーカーから手ごろな価格のプレーヤーが出てくるようになって、どうやら本物のようだと感じているという。「いつも利用する駅前に楽譜なども置いているような古いミュージックショップがあります。店先では中古レコードを箱に入れて売っているのですが、結構、動いているようで、買おうと目星をつけておいた盤が再び行ったときには、もう売れてしまっていた」という経験も何度かあるとのこと。そんなことでもアナログ人気を実感している。

アナログの魅力はいくつかあるが、やはり「現在は、スピーカーやアンプを筆頭に、フォノイコライザー、プレーヤーなど、すべての機器の音質が向上しています。そこで昔のレコードを昔のカートリッジで聴くと、これが間違いなくいい。昔はこんなにいい音はしなかったと驚くはず」という。また、「手当をすればするほどよくなるのがアナログ。もちろん限りはあるけれど、絶対に限界にはならないのもアナログで、やるべきことは、まだまだたくさんある」ので、それだけ伸びしろが尽きることはない。

そこでアナログの今後で井上さんが心配するのは、高価格になり過ぎたカートリッジや大型プレーヤーシステムがネックになるではないかということ。「旧来の常識にとらわれているんですよ。効果的な新素材、技術を駆使して、まったく新しい発想の低価格で音もいい製品を、今後は作っていく必要があるでしょう」とのこと。アナログには、まだまだ掘り下げるべきところが、たくさんある。

MY LISTENING ROOM

Report No.3_YAMAMOTO's HOME

広々とした気持ちのいい空間に

味わいのある サウンドが響きわたる

山本耕司 氏

JR御茶ノ水駅を出て聖橋を渡って歩くこと数分。Studio K'sにたどり着くことができる。ここは、オーディオ評論をはじめ、カメラマン、シフォンケーキ作りなど、ユニークでマルチな活動を行う山本耕司さんの拠点。ときには撮影スタジオとなったり、オーディオファンが集うスペースにもなる。そして日常は、約40平方メートル、天井高2.6mの広い空間の中にJBL L65がセットされた山本さんのリスニングルームだ。

山本さんは、オーディオ誌のカメラマンを務めながらスタジオを運営。WEBではブログ形式でオーディオの情報を発信、またオーディオファンが集まって語り合う会を主宰するという活動を継続するなかで、オーディオ評論の執筆を始めたという経緯をもつ。今、アナログとともにオーディオの両輪となるファイル音源にもいち早く取り組み、ハイレゾがまだ知られなかったころに紹介したり、ポータブルプレーヤーやイヤフォン、Bluetoothなども積極的に取材を行うなど、いうなれば独立系的に守備範囲広く執筆活動をおこなっている。

その根幹をなしているのは、やはりアナログ。青少年の時代はオーディオが大人気、山本さんも例にもれずオーディオ少年としてレコード再生を楽しみ、やがてオーディオの世界へと入り込むという道をたどったようだ。

「まずオーディオと接したのは家にあったアンサンブルステレオですね。スピーカーとレコードプレーヤー/レシーバーが一体になったセットで、あとからはカセットデッキを外部入力につないで楽しんでいました」

そして、少し年齢を重ねるとともに、飽き足らなくなり、単品コンポが欲しくなってくるわけだ。マイコンポを購入したのは1974年頃のこと。「システムは、ビクター(現JVC)のアナログプレーヤーとプリメインアンプ。カートリッジは、確かオーディオテクニカのAT

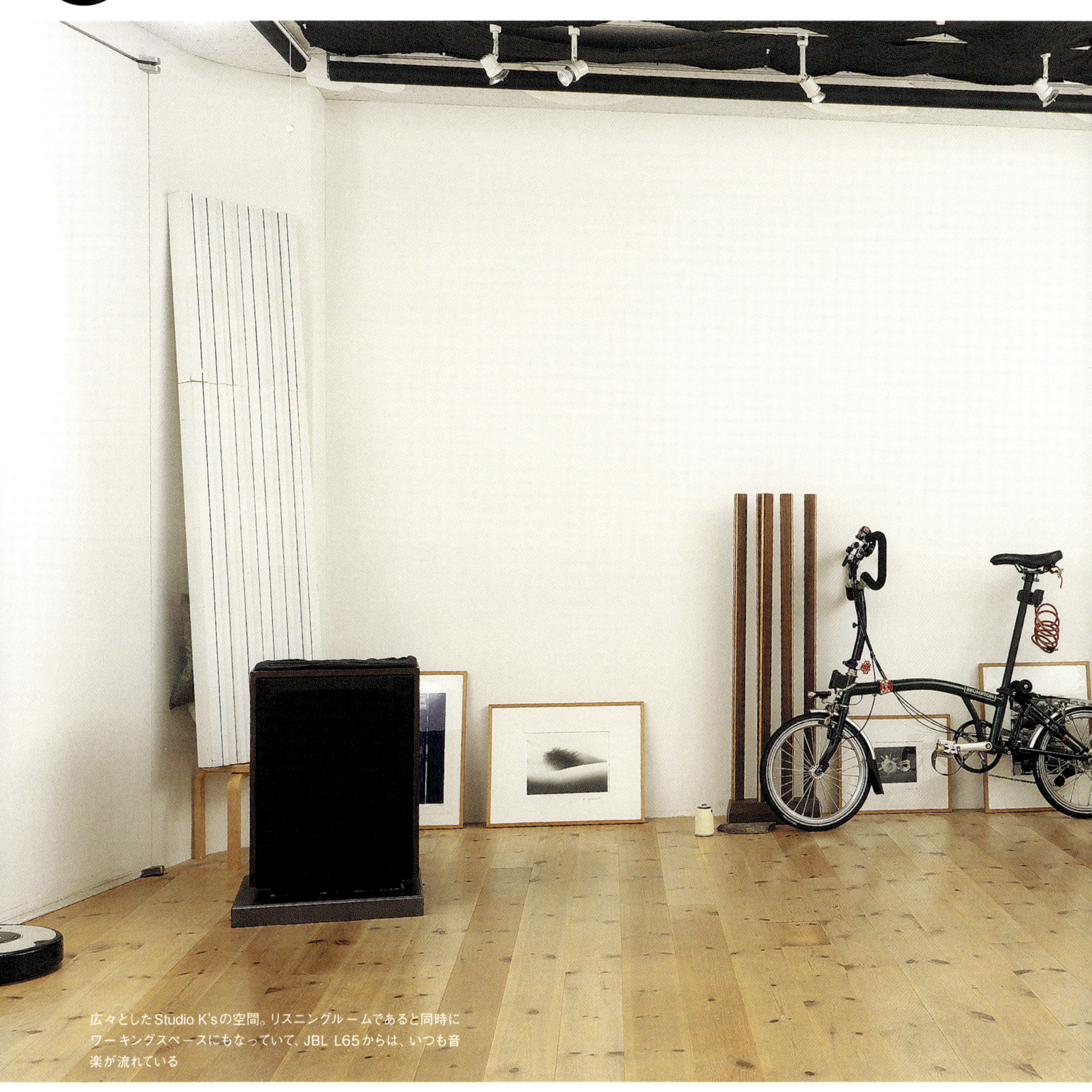
広々としたStudio K'sの空間。リスニングルームであると同時にワーキングスペースにもなっていて、JBL L65からは、いつも音楽が流れている

15だった」と記憶している。

ここから順調にステップアップするのだが、まず3年後には、プリアンプのヤマハC-2とそのフォノイコライザーを活用できるので、MCカートリッジのオルトフォンMC20を購入。ほかにはティアックのオープンリールデッキも使い始めたという。その後、88年にプレーヤーがケンウッドKP-1100になり、90年、91年にアキュフェーズのE-405プリメインアンプとDP-70V・CDプレーヤーを手にしている。

DATに録音したアナログの音にその能力の高さ、魅力を再認識

スタジオを始めたのは97年のことだった。実はこの前後2〜3年、アナログを止めていたことがある。

「CDを聴き始めたのは、91年のDP70Vのようにそれほど早くないというか、むしろ遅い。アナログも聴き続けていたのですが、あの頃は、もう好きなアーティストの新譜もレコードでは発売されなくなるというアナログの超低空飛行の時代でした」

そこでわずかにCD化されていないタイトルを残し、200枚以上は処分してしまったのだ。スタジオでは当初、CDしか聴いていなかった。そして、そこそこ音がまとまってきたかなというと

数々の遍歴を重ねてたどりついたガラード401。ビンテージファンの間では再評価され人気も上がっているという。トーンアームはダイナベクターDV507（前）とオーディオクラフトAC3000（後）の2本立て。DV507にはMCカートリッジのZYX Airy、AC3000には音のエジソンのモノーラルを取り付けて、モノとステレオを使い分けている

フォノイコライザーはZYXのArtisan（上）で2系統の入力を備え便利。下はステップアップトランスのフェーズメーションT-500。バランス入出力があり、S/Nが格段に向上したという

スピーカーと対向する位置にプレーヤー、アンプなどの送り出し系をセット。プリアンプはオーディオカレントPARTITA C1でパワーアンプPARTITA P21と組み合わせている

ころで、ちょっと衝撃的な体験をする。「アナログレコードを聴いていたころに、DAT（デジタルオーディオレコーダー）で残したテープがあったので、それとCDと聴き比べてみたのです」

結果は、DATに録音したレコードのほうが圧倒的に良かったのだ。そのことに「愕然とした」という。「CDプレーヤーはCECのTL2という結構な高級機だったし、スタジオのチューニングも音が固まってきたかな、というときだったので、この違いは相当にショック」を受けた山本さんは、即座に「もう一度、アナログをやろうと決めた」。リンLP12を導入したのは、直後のことだった。もちろん、再びLPレコードを買い集めるようになった。

好奇心、探究心が旺盛な性分から、それから2005年くらいまでは次々といろいろなプレーヤー、フォノイコライザーなどを使ったという。主だったものを挙げれば、プレーヤーはリンLP12を皮切りに、ゴールドムンドのリニアトラッキングモデルSTUDIO、トーレンスTD124、そして現在のガラード401。フォノイコライザーは、パスAleph、ベンツマイクロ、リン2のほか、ブルメスター、コニサーなど、現在のZYXに落ち着くまで、こちらも次々と聴いてきているという。

最も愛したプレーヤーを聴くことを止めた理由

何台ものプレーヤーを使ってきたが、ここで得たひとつの持論がある。それは、ターンテーブルが再生音にかなり関わっているということだ。アナログではトーンアームやカートリッジの音の違いに興味があった。従ってターンテーブルは正確にレコードを回転させてくれればいいと思っていた。

しかし「音が変わるのはターンテーブルの部分が大きいということがわかった。ゴムシートや金属シートと替えてみるが、何のことはない。モーターと本体が、いちばん音を作っているということがはっきりとわかったのが2003年にトーレンスTD124を使ってから」だ。それまでもゴールドムンドSTUDIOが、すごく空間が広くなるという特徴があったが、まだそこに気づいてはいなかった。実は現有のガラード401に至るまでの経緯とも、このことは密接に関連しているのだ。

山本さんは「アナログプレーヤーは、ガラード301と401、それにトーレンスTD124にトドメをさす」と書くほど、この3モデルが大好き。「TD124はたいへん個性のあるプレーヤーで、響きも美しい。それは、ちょっと古カビのつ

いたチーズのように味が濃く、クセもあるという。ベルトアイドラーという駆動方式、その筐体、ターンテーブルが独特の響きを生んでいる」のだとか。

　これに対して、ガラード401は音がガツンとは来るが、とてもニュートラル。「良い音に範囲があるとすると、その真ん中、まさに中道を行っている」という。カートリッジの差がはっきりとしていて、音の変化にしっかりと反応してくれることが、TD124から401に替えた大きな理由になっている。

　しかし、一時は2台同時に所有したほどのTD124好き。そこで聞けた面白い話をひとつ。

レコードをかけるときの所作にも楽しさをを感じるという山本氏

「私の好きなカートリッジにオルトフォンMC30スーパーがあるのです。どのターンテーブルでもいい音で鳴る。それがTD124ではいろいろとカートリッジを替えてもMC30の音に近くなってしまうのです。弦の音なんて豊潤の極み。だから最初は、どのカートリッジを聴いても、すごくいい音なので楽しい。でも、そのうち我に返って、皆、同じ音じゃないかということに気づくわけです。だからTD124にMC30スーパーを付けても、意味がなくなっちゃう(笑)。ガラードで聴いてみると、もしかしたらカートリッジの変化にきちんと反応してくれていると考えるようになって、TD124は愛しつつも使うのをやめた」とのこと。もちろん、今なおTD124は大好きなプレーヤーであることに変わりはないようだ。

一定の制約がアナログに独特の味を与えている

　アナログの魅力について訊ねてみると、変化球の答が返ってきた。そのままことばにすると「アームをシュッとやるのが好き」。どういうことかというとレコードをジャケットから取り出しターンテーブルへ載せる。カートリッジの付いた針先をひょいと持ち上げて、スッとレコードのところまで持っていって針を乗せる。「儀式という人もいうけれど、私の場合はそれほどには感じず、その所作、針を乗せるときの感覚が好き」ということのようだ。ゴールドムンドのプレーヤーはリニアトラッキングなので、この所作は残念ながらできない。また、ターンテーブルにレコードを置いてからクランパーを付けてくるくると締めなければならない。ゴールドムンドがメインプレーヤーの座からいなくなったのもそれが原因らしい。

　アナログの音の魅力については、レコードの音というのはかなり加工されている。それは苦肉の策だったわけでもある。「まず補正カーブが入っているし、マスターテープヒスやレコードのサーフェイスノイズを隠すために、なるべく強い音になるように加工している」。しかし、これが、ある種、アナログ独特の音のクセや味わいになっているということ。長年、それに慣れていたので、これが良い音と思っていたが、最近はハイレゾなどで、いろいろな形で聴くことができるので、レコードの音がかなり味付けされているとわかるようになった、というのがレコード再生に思うことだという。

　山本さんは、先にも記したようにファイルオーディオの黎明期に熱心に取り組んだ。こんにちオーディオは、アナログとハイレゾが両輪となり、CDはとかくもう時代が終わったと言われがちだ、そのことについて訊いてみた。

「レコードよりははるかに軽いけれどCDも音は加工されている。別にCDの音が悪いのではなく、YOUTUBEやiTunesで聴くようになって、アルバムという感覚が薄くなり1曲単位で売られるようになって、アルバム全曲で聴くのは長過ぎるという人が増えてきたわけです。それに全曲好きな曲とも限らない。ある意味、時代の流れとして仕方のないこと、CDは悪くありません」

　ハイレゾ音源についての意見も訊いてみたが、レコード、CD、ファイル/ハイレゾ音源は、それぞれに特質があって、どれも否定すべきものでないという考えのようだ。

　CDからのリッピングも積極的に行っているし、ファイルはサーバーに置いておけば簡単便利。聴きたい曲を簡単に探して、すぐに聴けるのも魅力。というわけで、レコードをファイル化してサーバーから聴くというのは、まったく否定しない。ちなみに、ファイル化は96kHz/24ビットで十分。カートリッジの違いを比べても、その違いははっきりと出る。

　よく聴くアルバム、好きな曲はリッピングしてしまい、日常はそちらで聴く。大切な盤の摩耗も心配なくなるし、レコードで聴きたければいつでも聴ける。合理的な、これからのレコード再生のスタイルになるかもしれない。

MY

LISTENING ROOM

Report No.4_IWAI's HOME

最新アナログプレーヤーを契機に

奥深い世界に再び踏み込んだ

岩井 喬氏

昨年（2016年）は日本のオーディオ史にはアナログ復活の年と刻まれるかもしれない。まず、ソニーが年初にレコードプレーヤーの年内発売をアナウンス。今の時代に合ったハイレゾで出力できるUSB出力付きプレーヤーPS-HS500Xが6月に登場した。そしてもうひとつ、新聞などでもアナログの復活の象徴として取り上げられたのが、テクニクスブランド（パナソニック）のアナログプレーヤーSL-1200GAEの発売だった。大手メーカーが往年のブランドでリリースする本格的モデルであり、蓋を開けてみれば、予約限定300台が受付開始から30分でいっぱいとなってしまったことも巷の話題となった。（これを受けてパナソニックは2016年秋には受注生産モデル、2017年に入ってから低価格化した姉妹モデルも発表している）。

電子工作からオーディオに興味音について探求が時始まった

このSL-1200GAEを購入し、改めてアナログの魅力を見直しているところというのが岩井 喬さん、デジタルファイルとその関連機器からイヤフォン、デジタルプレーヤーなどのフィールドを中心に活躍する若手オーディオ評論家だ。うかがったのは東京近郊にあるご自宅のリスニングルーム。レコーディングスタジオに在籍されていたことから、スピーカーや機器の配置も、どこかそのことを思わせるもの。主役のSL-1200GAEは最も操作しやすいところに置かれている。

CDがレコードにとって代わり急成長していたころ、岩井さんはオーディオ少年だった。

「オーディオを始めたのは中学生の頃です。小さいときから電子工作が大好きで、いろいろなキットを組み立てていました。大体のものはLEDが点いたり、動いたりといった目に見えるものが多かったのですが、アンプは完成しても外から見ても動作しているかもわからないし、プレーヤーやスピーカーをつなげなければ、それだけでは音が出ない」

リスニングルーム全景。スピーカーはTADのブックシェルフ型TAD-CE1、手前のラック中央の送り出し側では中央にテクニクスSL-1200GAEを置く。アンプはアキュフェーズでC-2850プリとA-70パワーの組合せ、ヘッドフォンアンプやDAC、小型真空管アンプなども置かれ守備範囲の広さをうかがわせる

そこで持前の探求心から、どんな音になるのか確かめたくて、家にあったナショナル製のモジュラーステレオにつないでみたりしていた。また、当時は一家に一台だったモジュラーステレオでは、映画音楽やイージーリスニングなどのレコードをかけていたそうだ。そして、当時行っていたアルバイトでエントリークラスのカセットデッキ、CDプレーヤーを買い足した。

岩井さんは真空管アンプ（特に自作）にも造詣が深い。その原点となるのが次のエピソード。「中学のとき、技術の授業のための準備室の奥に6ZP1を使う3球ラジオの組み立て教材のパーツ類が放置されていたのです。もう不要ということでもらってきて作ってみましたが、回路でわからないところもあって音は出ませんでした」

アナログについては、オーディオ好きということを聞いた親戚からパイオニアPL-A300Sというベルトドライブ式プレーヤーをもらい、それを使っていた。オーディオで話題となってきたキングレコードの重量盤を購入したのもこの頃。音にこだわったレコードとはどのようなものか興味があったからだ。

カートリッジによって音が変わるアナログの楽しさを実感

高校は諏訪にある学校の電気科に通っ

何とか確保できた最新のテクニクスSL-1200GAE。世界的に名を馳せたDDモーターの技術を継承しつつ、最新技術を投入した現代モデル

よく使用するカートリッジ。トーンアームに取り付けられているのがシュアULTRA500、ターンテーブル上は、左からシュアV15 VX、テクニクスEPC-305MC MK2、EPC-100C Mk3

近年まで稼働していたテクニクスSL-M1。旧SL-1200シリーズのDDモーターを使い、ユニバーサルタイプのS字トーンアームも装備する

たが、諏訪には当時、オーディオ店やオーディオ愛好家が多かったという。そこで、さる電気店の主と親しくなる。

「店の奥に真空管アンプが置いてある、という情報を聞いて、先に真空管アンプを診てもらおうと訪れたのが始まり。何度か通っているうち、真空管アンプ作りの基礎を教えてもらうようになりました」

この店主がかなりマニアックな方で、プライベートシステムは入口から出口までウェスタンエレクトリックで統一。メインアンプが91Bタイプの300A、アナログ系ではプレーヤーがガラード、アームがSME、カートリッジにはシュアを使っていたそうだ。モノーラルレコードなども聴かせてもらっていたが、レコードってこれだけ情報量があるのだと、改めて感じたという。自分でもカートリッジを変えてみたくなり、店主に相談した。すると使っていなかったシュアV15タイプⅣを安価に譲ってもらうことになった。PL-A300Sに付け替えて聴いてみると、カートリッジによってずいぶんと音が変わるんだなということと、やはりアナログは音が良いということを実感したそうだ。楽器店やレコード店では、在庫処分として1枚500円くらいでレコードが売られていた頃。そうしたレコードを買っては聴いていたという。

愛用していたPL-A300Sと別れなければならなくなったのは、東京の電気の専門学校に進学することになったからだ。長野と東京ではAC電源周波数が異なるので回転数にズレが出る。モーターやプーリーなどの交換や調整などもサービスに出さなければならなくて面倒で、実家に置いてくることにしたのだ。東京でもオーディオ店通いは続けていたのだが、そんななかで出会ったのがテクニクスSL-M1だった。何といってもロングセラーの名器SL-1200のMkⅡと同世代なので同じDDモーターを搭載しており、中古でも状態は悪くないし、ダイレクトドライブなのでモーターも大丈夫だろうということで購入。このモデルは20年近く、最近まで稼働していた。

劇的に性能が向上していた 最新モデルでアナログ再開に本腰

長年、使ってきたSL-M1だが、さすがに衰えを隠せなくなってきた。何か替わりになるものをと考えていた時に発表されたのが冒頭のSL-1200GAEだった。これだけの物量と最新の設計、技術の投入があればと、やや高くなってしまったプライスタグにも納得の上、導入を決定。何とか手にすることができた。

「まず、圧倒的にS/Nが向上していて驚かされました。そもそもDDはベルトドライブに比べて良くないとされていたし、昔のテクニクスはコアレスモーターでないことからコギングの問題もあったわけです。それが世代の違いやモーターの性能などが格段に上がったこともあり、S／Nも良くなったのでしょう。このため実際に聴くと埋もれていた細かい音楽情報がはっきりと聴けるようになった」という。トーンアームの作りもよくなったので、カートリッジの追従性も良好。個々の音の違いもはっきりと出してくるようだ。

コンポーネンツ下段はアキュフェーズC-37フォノイコライザー、上はD/AコンバーターのラックスマンDA-06。リニアPCMレコーダーのソニーPCM-D100(右)はアナログディスクのリッピングのほか、カートリッジの違いや針交換の比較などをデジタルファイルで記録するのにも活用

よく聴くレコードから。女性ボーカル『中島美嘉／FIND THE WAY』、80年代ロック『ボストン／Don't Look Back』、ジャズ『オスカー・ピーターソン・トリオ／WE GET REQUEST』

そういえば岩井さんは、最初に名のあるカートリッジとしてシュアV15TypeⅣを使ったからか、以来、V15シリーズはTypeⅣ MR、VX・MR、さらにはシュアULTRA500とMM型の最高位を使い続けている。また、往年のテクニクスのMM型EPC-100シリーズに至っては、ネットオークションも使って初代からMk4まで、さらには交換針まで、すべて集めたと聞く。

　MM型にこだわる理由を訊いてみると「私たちの時代のプリメインアンプにはフォノ入力はあってもMC対応まで備えたモデルはあまりなかった。それならばMMタイプで最良のものを、ということからシュアV15を使うようになった」とのこと。それぞれの特徴は、ULTRA500については、音の抜けやキメ細かさはシュアのなかでも格別、音楽を描く熱量や情報量も申し分ない。対するテクニクスはややスペック重視に感じるところがあって、冷静に過ぎるとの評価。音楽のまとまり感、躍動感に物足りなさを感じることがあるそうだ。ただ、EPC-100CMk4は、120kHzまで高域が伸びていてこれからのハイレゾの時代には合うかもしれないとも。

　なお、最近めっきり聴く回数が増えたシュアULTRA500は、先の諏訪の店主の方のストックから分けてもらったもの。高校のときから譲って欲しいと取り置きをお願いしていたものを、仕事に就いたときの初めてのボーナスで買ったという、とても思い入れのあるものだ。

突き詰めるほどに奥に広がるアナログの限りない世界

　現在、リスニングルームでは、CDやデジタルファイルよりもレコードを聴く時間のほうが長くなっているそうだ。ここでハイレゾ音源について訊ねてみたが意外な答えが返ってきた。

「昔、好きだった作品がハイレゾで配信されるようになったのはうれしいのですが、問題がなくもないのです。リマスタリングの効果もあって、良い環境で聴くと生々しい。しかし、音圧が上がって、音像も前に出てくるのですが、その音場の自然な前後感が不思議とありません。何か一様にこちらに来るようなものがあるのです。だから、長時間、聴いていると、あれ、こんなものだったかなと思うことがある。それでレコードで聴いてみると、やっぱりこうだよな、となる。音像と音像の間の空間がレコードでは感じられるのですが、ハイレゾではその余白の雰囲気が出ない印象があります」

　その原因はリマスタリングで古いマスターテープを使う場合、約50度を保つ装置の中に2～3時間、置いておく〝オーブンに入れる〟作業にもあるようだ。何も手立てしないで使うとベースフィルムから磁性体が剥離してしまうからで、マスターテープはリマスタリングの度にわずかに劣化していくわけだ。

「アナログ全盛期の作品はミックスダウンが終わったフレッシュな状態で、そのままカッティングされています。アナログでオリジナル盤が良いとされる理由でしょう」。再発ものも同じ理屈で、音圧は上がっても雰囲気がわずかになくなる。アナログで聴いているのに、デジタルファイルが鈍ったような音で聴いているようなものもあるという。

　アナログの魅力について、締め括っていただいた。

「アナログの世界は、突き詰めれば突き詰めるほど奥に広がっていくような気がしています。しかも、今、どんな段階にあるのかもわからないという不思議な感覚もあるのです。それはともかく、アナログならではの音の魅力は、まず個々の音の存在感。しっかりと立っているけれど分離がよくて、生々しいのです。デジタルのようにエッジが立つような音でなく、ありのままに存在している感じがして、密度や凝縮感をもちながら自然にふっと音が出てきます。ボーカルがスピーカーから音離れよく浮き上がる様や、その場の雰囲気、空気感は、まさにアナログならでは言えます」

ビンテージ＆現行モデル プロダクトレビュー
VINTAGE&CURRENT
Products
Review
Technics
DIRECT DRIVE TURNTABLE SYSTEM SL-1200GAE
RESET
PITCH ADJ.

精密機械技術を結集して生まれたアナログプレーヤーの至宝

TD124/MkⅡ

トーレンス

デザインと技術でプレーヤー分野をリード

トーレンスは、1883年、スイスにオルゴール（ミュージックボックス）の製造を目的に設立された。その精密機械技術を活かし、以後、蓄音器を皮切りに、電磁型ピックアップ、電気式レコードプレーヤー、ラジオ受信機、トラッキングエラーレスピックアップ、SPレコード用オートチェンジャー、電気蓄音器などに順次、製造を拡大。アナログプレーヤーの時代には、本項のTD124／MkⅡをはじめ、フローティングサスペンションを採用したTD125／MkⅡ、超弩級モデルのプレステージ（Prestige）など、つねにアナログプレーヤーの分野をリードしてきている。

TD124が誕生したのは、1957年。ステレオLPレコードの登場を間近に控えたこの時期、先達であり当時から今日に至るまで好ライバルとして人気を二分するガラード301（次項）と並び、DD全盛の時代を迎えるまでプレーヤーの王座に君臨。現在もビンテージアナロ

機材協力：オーディオもてぎ

下の写真のスイッチはレバー部が電源／スピード（回転数）切替スイッチ、軸の部分（十字の突起）で速度の微調整ができる。ターンテーブルの左端は回転、停止が容易なクイックスタート／ストップレバー、前側の切り欠きのような部分がストロボの表示窓

グプレーヤーの代表として絶大な人気を得ているモデルだ。

丸みをもたせたフレームはトップ面を曲線で構成。操作性を高めるレバースイッチがアクセントとなっている。機能美にあふれた外観と工芸的な作りもデザイン上の特徴となっている。なおベージュ色の初期型と、プラッター材質やノブデザインが変更されたグレーの後期型がある。

振動を絶った高S／Nと強トルクの駆動力を両立

TD124は、ベルト・アイドラー式という独自の駆動方式を採っている。文字通りベルトドライブとアイドラードライブを合体させたもので、モーターの回転をゴムベルトでプーリーに伝え、プーリーがアイドラーを回転、さらにアイドラーがプラッターの内周に接触してプラッターを駆動するという仕組み。

モーターの振動が伝わりにくく高S／Nとなるベルトドライブと強いトルクで駆動力が高くなるアイドラードライブ、両方式のメリットを得ようという狙いがある。またモーターも振動の少ない小型インダクションモーターを使い、必要最小限にトルクで駆動してモーター振動の影響を徹底して抑え込んでいる。

もうひとつの構造上のポイントになるのが、インナー、アウターの2重構造になったプラッターだ。アイドラーが接して回転するインナーとそれに載せられ回転するアウターからなり、インナープラッターの上部には薄いゴムが貼られていて、スリップしないように駆動力を伝えながら、かつ一定のフローティング効果も得るようになっている。インナープラッターの重さは初期型で約5kg、MkⅡ版で3.6kgという重量級で、さらに裏面の外周部は肉厚の縁が設けられていて、イナーシャ（慣性質量）の増大による回転の安定化を図る。

またアウタープラッターをインナーから離すように押し上げる仕組みがあり、インナーの回転は継続したまま、アウタープラッターを押し上げて回転を停止、下げてインナーと接触することで回転させるクイックスタート／ストップ機構も備えている。

前述のとおりMkⅡモデルはインナープラッター材質（および重量）が、鋳鉄から亜鉛ダイキャストへ変更になっている。その理由は、鋳鉄では強力な磁気回路のMCカートリッジだと吸い付けられてしまい、針圧が増大してしまうからである。ただしマニアックなファンのなかには、あえてこの初期型を好む人も多いという。

細部に至るまで高機能、高精度を追求

機能面では、まずTD124が初となる交換可能な本体と一体のアームボードが挙げられる。複数のボードにそれぞれ異なるトーンアームを取り付けておけば、簡単な交換でいろいろなアームの音の違いを聴くという贅沢な楽しみ方が可能。当時、たくさんあったトーンアームメーカーからは、こぞってこのアームボードを用意したという。

ストロボスコープの内蔵も当時としては画期的。インナープラッターの外周部にプリントされたストロボパターンを小型ネオンランプで照らし、ミラーで反射させて監視窓から確認できるようにした凝った仕組み。これに対応すべく、渦電流が発生する磁力による負荷抵抗を利用した、エディカレント・ブレーキ方式の速度微調整機構を備えている。

なお、モーターボードのベース部への設置について、取り付け後も水平の調整機構を本体の四隅に設置。ここにはインシュレーターも内蔵され、精度へのこだわり、振動対策の徹底がうかがえる。（正木　豊）

右側より。中央の小円は水準器。また、その下方、サイドの部分にわずかにのぞくホイールを回転させて水平を調整でき、シャーシの4隅に同じものが配置されている

上部より見る。右の黒い部分がアームボードで、三方のネジで簡単に取り外しが可能。ボードごとスピーディにアーム交換ができる。プラッター中央にはEP盤アダプターを内蔵している。試聴はオルトフォンRMG309をショートタイプに改造したものを使用して行なった

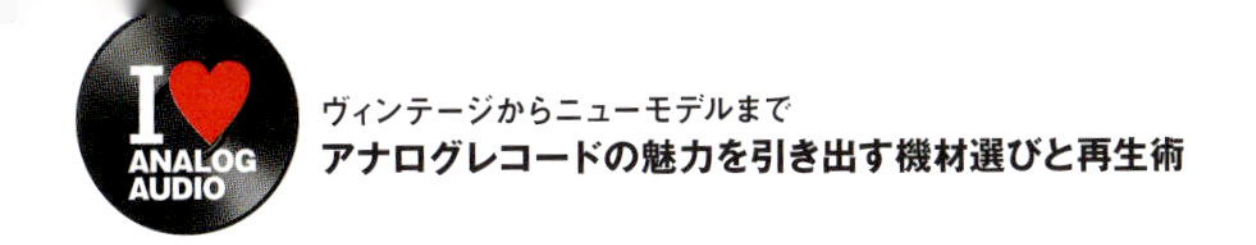

Specification

ターンテーブル：Φ30cm／4.3kg（インナープラッター含む）
駆動モーター：4極インダクション型
電源：AC100〜120V 50Hz/60Hz
ワウ&フラッター：0.1%以下
回転数：16、33・⅓、45、76rpm
寸法・重量：394W×125H×324Dmm・約10kg

フロントビュー。黒いベース部は、本体の下部メカニズムを収めるようになっている

プラッターを取り外したところ。重量級のインナープラッターを支えるスピンドルは極太、先端には精密加工の金属ボールが埋め込まれている。またプラッターの外周部にはストロボパターンがプリントされている

ベルト・アイドラーメカニズム部。左の小さな円がモーターキャプスタン（周囲3点のゴムブッシュでモーターを吊り下げ）、中央がプーリーで軸は回転数に応じて径が変えられている。右の黒い円盤がアイドラー

SOUND CHECK

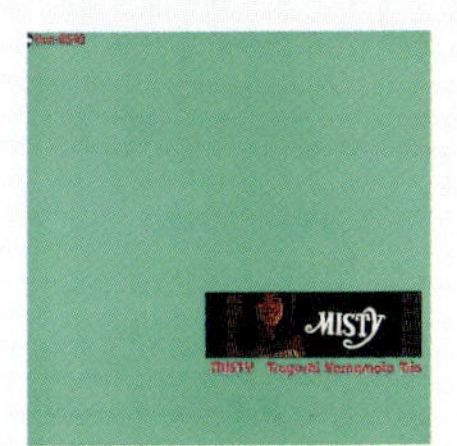

『ミスティ／山本剛トリオ』
スリーブラインドマイス
THLP424

躍動的で抑揚感のあるダイナミックサウンド

今日的な標準からするとナローレンジに感じられるが、バランスが良く自然な質感が得られた。メカニカルノイズも低くバッハの弱音部でも気にならないし余韻にも濁りなどが感じられない。

『ミスティ』はウッドベースのピチカート音に線の太さが感じられ低音部の弦の唸りや胴鳴りも正確に描き出す。ピアノは本作の録音の良さをスポイルすることなく鮮度の高い響きが聴けた。また弱音部と山本剛ならではのパワフルなフレーズにおける音量差も正確で躍動的で抑揚感のあるダイナミックなアドリブ・ソロが楽しめる。ドラムスはキックドラムのヘッドに当たるビーターの音が生々しく、シンバルの余韻もきめ細やかに再現された。

ランディ・クロフォードのヴォーカルも声量感があり音像もしっかりとして定位も安定している。エレクトリックギターのベンディング（チョーキング）も伸びがあり、キックドラムの重心も低く、量感や空気感も予想以上に実体感があった。初代機の登場が1954年であるが、70年代後半のアナログ爛熟期の作品に適合しているのは基本設計の確かさ故だろう。（小林　貢）

『バッハ／ヴァイオリン&オーボエ協奏曲ほか』
ハルモニアムンディ
HMLP 12.509

深い音色がくっきりと明瞭。楽器の肉質感が厚い

重心が低く安定感の高い音調だが、とりわけ低域の腰の据わった出方が、現代機にはない特色と言っていい。高域へ向かってきれいなピラミッドを描くレスポンスで、それで伸びが詰まることはない。

バロックは通奏低音のコントラバスなど、ちょっとないほど深い音色がくっきりと明瞭で、ヴァイオリンやオーボエの肉質感が厚い。現代機のようにワイドレンジではないが、エネルギーの均整がよく取れているためか不自然さがないのだ。またオーケストラでは低音弦の充実感が目覚ましい。ふやけた量感ではなく筋肉質に締まって濁りがなく、解像度にも優れている。アナログ時代のバランスを感じさせるがそれが無理ではなく、一音々々の生命力が豊かで力感がたっぷりとしている。

ジャズはピアノのタッチがシャープに引き出されて瞬発力が強く、ウッドベースとキックドラムがずっしりと沈んで乱れない。粒立ちが際立って明瞭で起伏が大きいのも、ソースの特質をよくとらえた出方と言える。ヴォーカルも力強く、隅々まで強靭だ。全てに歯切れがいい。（井上千岳）

設計思想から技術、構造に至るまで今に生きる現代プレーヤーの原器

Model 301

ガラード

機能美に裏付けられた失われることない魅力

ビンテージアナログプレーヤーとして、全世界に愛好家をもつガラードModel301。その出自は1712年に英国に設立された宝石商になる。金銀細工や宝石加工の技術で英国王室の御用達の宝飾職人の称号も授かる。精密加工技術は同社の伝統となり、1915年にはガラードエンジニアリング社を設立してさまざまな製品の製造に進出。以後、測定器具やスプリングモーター、ガバナーモーター、さらに蓄音器などを製造。1930年、同社初のダイレクト（センター）ドライブ・ターンテーブル、Model201Vが作られ、BBCなどでも使われている。

ガラードModel301が開発されたのは、さらに時を経た1953年、安定性や信頼性の高さからBBCにも数多く納入された。ビンテージアナログプレーヤーのもう一方の雄、トーレンスTD124に先んじること4年であった。なお、日本ではすでに同社のオートチェン

機材協力：オーディオもてぎ
（ベースはオーディオもてぎオリジナル品）

試聴機には、オーディオもてぎオリジナルのステンレス製ロングアームが取り付けられていた

ジャーが導入され、業務用として使われていた。
　コンパクトで角に丸みが付けられたモーターボードに幅いっぱいに載るターンテーブル、レバー式の操作スイッチなど、後年のトーレンスにも通じるコンパクトなデザインをもつ。
　TD124と同様、意匠は前期型と後期型があり、前期型はモーターカバーがハンマートーン仕上げ、後期型はアイボリーとなりプラッターにストロボスコープのパターンが刻まれるようになった。

各所に凝らされたアイデア 伝統の技術とノウハウが生きる

ガラードの代名詞となっているのがアイドラー（リム）ドライブの駆動方式。それまでの78回転SP盤に使われていたセンター・ドライブ式（ガバナー制御モーターとウォームギアを組み合わせて駆動）に代わる、LPレコード時代に向けた新しい方式だった。

その仕組みは、モーターの回転をアイドラー（外周にゴムを貼り付けた円盤、遊び車）に伝え、アイドラーはターンテーブルの縁の内側（リム）に押し付けられるように接触し、プラッターを回すようになっている。レバー式のON／OFFスイッチをONにすると、アイドラーがモーター軸とターンテーブルの間に移動して機能するようになっていて、OFFにすると外れるようになっていることで、アイドラーが変形するのを防ぐ。

ターンテーブルは切削加工されたアルミニウム合金製で重量は約2.7kg。ターンテーブルは外周にいくほど厚くなり、慣性質量が増すようになっている。駆動モーターは、TD124とは対照的な大型のインダクションタイプ。振動の増大が考えられるが精密に仕上げられ、抑制するように作られている。なお、初期型と後期型ではスピンドルの注油方法が異なり、前期型はグリースだが、後期型は液体オイルを差すように変わっている。

回転速度は、33・⅓、45、78回転に対応。速度微調整用にエディカレント・ブレーキも備えている。モーター軸に取り付けられた円盤をまたぐように置かれたマグネットが負荷抵抗となり、回転を微妙に制御している。回転する円盤とマグネットの間に渦電流（エディカレント）が発生するが、マグネットの角度を調整してその強さを調整する仕組みだ。

もうひとつ凝った設計がみられるのは、モーターのサスペンションだ。通常、モーターをマウントする場合、ゴムブッシュを介して取り付けられていることが多い。301では頑丈なダイキャストフレームから上下3方向、6か所をスプリングで吊り下げて支持。さらに、このスプリングは防振ゴムでカバーされ共振、鳴きの発生を抑えるようになっているなど、モーターの振動の伝搬と影響を徹底して抑え込んでいる。

このほか、ターンテーブルは叩けば鳴きが発生するが、標準のゴムシートを載せると止まる。ちなみにこのゴムシートも、ラシャやフェルトが使われていた当時としては斬新だった。また、モーターの回転を切り替えるプーリーは、上から78、45、33・⅓と、下に行くほど細くなっている。一見、軸から近いほうから太くしたほうが安定するように思うが、これはより高い回転精度が要求される低速回転に対して軸のブレの影響を少なくするためのもので、高精度な機械設計のノウハウ、アイデアをもつ同社ならではとされている。

とかく質実剛健のガラード301、精密で繊細なトーレンスTD124というように比較される両者だが、それらでは片づけられない、合理的かつ高精度な構造は、現代プレーヤーの元となっていると言っても過言ではない。（正木　豊）

手前に操作スイッチ類を配置。左が電源ON/OFF、中央が速度微調整、右が回転数の切り替え。試聴機はアイボリーのベース、ストロボスコープの刻まれたターンテーブルなどの特徴をもつ後期型。なお、速度調整部の銘板のデザインも、色や文字などいくつか種類がある

ベースのサイズは自由にできるので写真のようなロングアームや、Wアームなどにも対応できる

Specification
ターンテーブル：Φ30cm／2.72kg
駆動モーター：インダクション型
電源：AC100〜130V／200〜250V 50Hz/60Hz
ワウ：0.2%以下
フラッター：0.05%以下
回転数：32〜34rpm／44〜46rpm／76〜80rpm
寸法・重量：360W×62.5(上部)／87.5×335Dmm・7.25kg

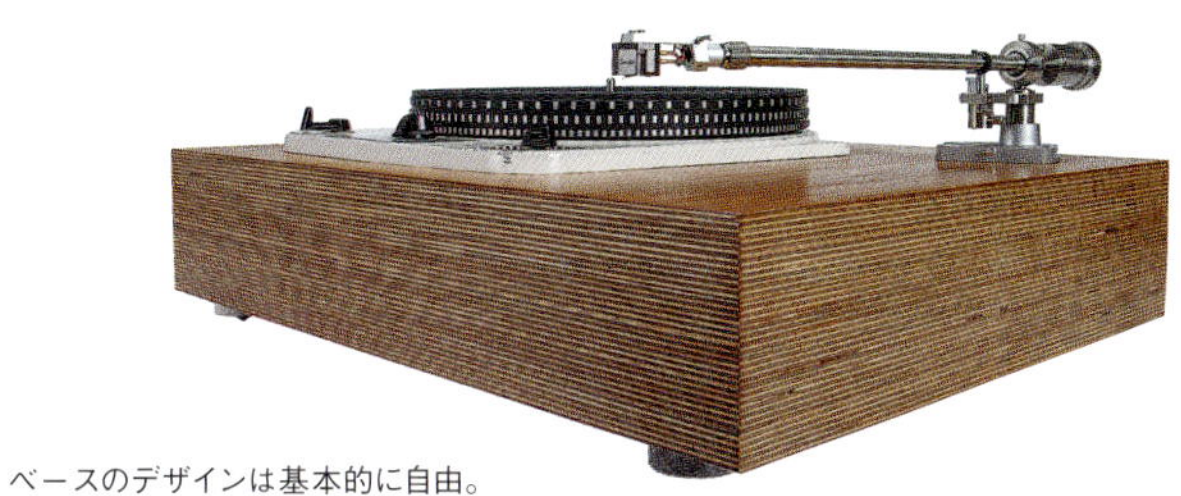

ベースのデザインは基本的に自由。
試聴機個体は積層合板をくり抜く形でメカをマウントしている

ターンテーブルを外し、駆動メカニズムを見る。奥のアイドラー（黒い円盤）が手前のプーリーとターンテーブルの間に移動し回転を伝える。プーリーの軸の上の方で径が太くなっている（78回転）のは、回転精度がよりシビアになる33・1/3回転で軸のブレの影響を少なくする目的。下部の円盤の右端と左にアーム状に伸びているのがエディカレントブレーキ

SOUND CHECK

『エヴリィ・シング・マスト・チェンジ／ランディ・クロフォード』
ワーナー・パイオニア
P-10760W

広い帯域と高S/Nの現代サウンド

1957年の登場だがベルト／アイドラー駆動、マッシュルームと呼ばれるラバーサスペンション、低トルクモーター等の効果なのだろう、聴感上で高いS/Nが確保されている. また両エンドに伸びがあり懐古的なアナログサウンドという印象はない。『バッハ』では弦楽器の高音部に艶やかさが感じられると同時に適度なしなやかさも感じられる. セパレーションも良くセクション配置も正確で音場には左右方向の広がりも感じられた。『ミスティ』はボトムエンドまで伸び、同時代の製品とは思えない低域情報が確保されている。ピアノはマルチトラックの一発録りならではと思える鮮度の高い響きが得られピアノソロのイントロ部など静けさが漂い余韻の透明度も高い。

『ランディ・クロフォード』のヴォーカルもバックの楽器群から一歩前に定位し音像の輪郭も鮮明に描き出す. ステレオ最初期の製品だがアームベース（現代にあっては強度不足を指摘されるだろうが……）を変えることで簡単に複数のアームやカートリッジのサウンドを楽しめる、マニアライクな仕様というところも注目すべきだろう。（小林　貢）

『バッハ／ヴァイオリン&オーボエ協奏曲ほか』
ハルモニアムンディ
HMLP 12.509

響きがにじまず、かっちりと引き締まった音

解像度に優れて、輪郭のくっきりした出方をする。響きがにじまず、かっちりと引き締まってレンジも上下に伸びている。往年のモデルとはいってもプレーヤーは機械的な製品なので、レンジそのものにそれほど違いはなくて当然なのである。ただし時代の雰囲気というものがあるのか、おしなべて当時のスピーカーやアンプと音調を等しくしているのが現象としては興味深い。

バロックはアンサンブルも独奏楽器も楽器どうしの分離がよく、混濁のない肉質感を備えている。低域もにじまず、立ち上がりのスピードがある。それだけレンジが広いということで、現代的と言ってもよさそうだ。

オーケストラはそれよりやや狭く感じるが、弦楽器のハーモニーも濁ることがなく勢いがいい。また凹凸に富んでエネルギーが大きくダイナミックな変化が鮮やかだ。

ジャズも起伏の大きな再現で、ピアノのタッチが明確で強靭に引き出される。ウッドベースもよく沈んで、しっかりと締まっている。またヴォーカルはどの音もくっきりとして鮮度が高い。力感に満ちて、パワフルな再現である。

（井上千岳）

ベルト駆動やフローティングサスなど現代型プレーヤーの基礎を構築

TD127
トーレンス

ＴＤ１２４から約25年後に登場の現代型プレーヤーの標準

１３０年以上の伝統を誇るトーレンス社は、今日まで何度かの経営の変革を経てきている。そのなかの大きな出来事のひとつが、別項のＴＤ１２４（１９５７年）誕生から10年を経ない１９６５年の、ムービーカメラ製造のパイラール社との合併、さらに翌年にはＥＭＴブランドを擁するドイツのフランツ社と提携を行い、そのグループの一員となったことだ。ＴＤ１２７は、さらにそれから20年近く経過した１９８３年に発表されたモデルで、ＴＤ１２４の名声を受け継ぎつつ、この間の最新技術で生まれ変わったモデルとなる。時代的、世代的には、ＴＤ１２４やガラード３０１より後になる。

先の変革のときの前後も、同社は開発の手を休めることはなかった。65年にはその後のトーレンス・プレーヤー技術の根幹となる2重プラッターとフローティングサスペンション機構を組み込んだＴＤ１５０、さらにＥＭＴグループになって間もなくには、新時代のＴＤ１２４と

機材協力：オーディオもてぎ

試聴機には大型アームボードを生かし、SME3012Rが取り付けられている。当時もバリエーションとして標準装備し売られていた

して位置づけられるTD125を発表している。プラッター構造やサスペンション機構などをTD150から継承し、以後の各社プレーヤーに大きな影響を与えた設計になっている。

そして、このTD125の後には細部に改良を加えたTD126（1979年）、それをWアーム版として発展、強化したTD226が1983年に発売。同じ年そのシングルアーム版として登場したのがTD127となる。

フローティング構造と2重プラッターのベルト駆動採用

TD150以降のトーレンスの特徴は、前に触れたフローティングサスペンション構造、2重構造プラッターのベルトドライブ方式で、もちろんTD127もこれらを受け継いでいる。

フローティングサスペンションは、駆動モーターとトーンアームを乗せたベースボードを本体のボックス型キャビネットから分離し、スプリングを使って浮かす構造。床からの振動の影響を抑えるので、スピーカーの音圧の振動を針先が拾って、また再生を繰りかえすアコースティックフィードバックにも強い。このサスペンションはソフトでターンテーブルが回転しながらトーンアームとともにふわふわと揺れていたTD126からすると、スプリングが強化され安定感を増している。

インナープラッターにベルトでモーターの回転を伝え、このインナーがアウタープラッターを回すという2重構造は、アイドラーがないもののTD124と相似する。ただ重いターンテーブルを慣性質量で回すのとは異なり、亜鉛ダイキャスト製で約3kg強と軽量化。モーター回転への追従性を上げている。

モーターは滑らかな回転を図った72極DC型で、TD126から導入された一種のサーボのような働きをするAPC（オートマチック・ピッチコントロール）も採り入れられている。

12インチアームも装着できる大型トーンアームボード

操作系もTD126から大幅にエレクトロニクス化され、回転数切替えなども電子スイッチ式となりロジックコントロールで操作もスムーズに確実に行えるようになっていた。

同社プレーヤーのポイントのひとつでもある交換式のアームボードは剛性を上げるとともに、横幅を増すことで12インチのロングタイプが取り付けられるようになった。なお、このアームボードはモーター部とは構造的に切り離されているので、振動から逃げられるというメリットもある。また、このフィーチャーを活かし、アームレスタイプのほか、SME3012（3009）RやEMTのプロ用アームをトーレンスブランドとしたTP997を装備したバリエーションモデルも用意されていた。

ストロボ機能も健在。インナープラッターの下部外周にパターンを記しておいて、光を照射。パターンを監視窓から見ることができるスタイルもTD124から引き継がれたものだ。（正木 豊）

操作スイッチ類。左から、電源ON/OFF、回転数切替え（33･⅓、45、78）、速度調整、以後、ノブと角型スイッチはアームの昇降機能の操作

下方にあるのがストロボスコープの確認窓。右は速度微調整のノブ。モーター部の近くに電源周波数の切り替え（50Hz／60Hz）が隠れている

ターンテーブル周辺のグレーのベース部分、および右側アームボードは、それを囲む縁の部分およびスイッチ類の付いた手前の部分と切り離されている

Specification
ターンテーブル：Φ30cm／3.2kg
駆動モーター：72極DCモーター
電源：AC100 50Hz/60Hz
ワウ&フラッター：0.035%以下
回転数：33・⅓、45、76rpm
寸法・重量：565W×210H×460Dmm・20.4kg

上面全体を覆うダストカバーが付属

インナープラッターにベルトを掛けて回転駆動。アウタープラッターをかぶせて使う

インナープラッターを取り外す。極太のスピンドル先端はコーン形に成形されている

SOUND CHECK

『エヴリィ・シング・マスト・チェンジ／ランディ・クロフォード』
ワーナー・パイオニア
P-10760W

バランス良く自然な質感

型番だけを見ると1957年に発表され今も高い人気を得ている名器の誉れ高いTD124 の系譜と思えるが、サスペンション方式や駆動方式、プラッターの構成に違いがあり、別ラインとみるべきだろう. 1980年代始めの登場だが、現代のハイエンド機に比べるとナローレンジと感じられるのは否めない。しかしバランスの良さがあり、アナログならではの自然な質感が得られ、『バッハ』ではセパレーションが良く個々の楽音の定位が正確に再現された。『モーツァルト』はトゥッティでいくらか解像度が甘く感じられた。しかし破綻や歪みを感じさせず音楽を巧く纏め上げる懐の深さが感じられるのは、アナログの老舗ブランドらしいという印象を受ける。

1974年録音の『ミスティ』は鮮度の高い鮮烈なサウンドだが本作は、それを強調することなく表現するのが好ましい。『ランディ・クロフォード』のヴォーカルは初リーダー作らしい瑞々しさが感じられ、バックのリズムギターやパカッションなどの定位も明瞭に再現された。（小林　貢）

『バッハ／ヴァイオリン&オーボエ協奏曲ほか』
ハルモニアムンディ
HMLP 12.509

深みのある再現力としなやかさ

現代の感覚からすれば決してワイドレンジというわけではないが、高域低域ともに無理がなく、どこかゆったりした鳴り方をする。信号の捉え方に余裕があるような印象で、ローコストな製品にあるような窮屈な感触とは違う。

バロックは弦楽器のアンサンブルが優しい立ち上がりで当たりが柔らかく、ヴァイオリンやオーボエなどの独奏楽器も、くせのない滑らかな出方をする。過度に艶やかというものではないが、この滑らかさが音色に潤いとしなやかさを与えているように感じられるのである。

オーケストラは現代機ほど幅広いレスポンスではないが、そのレンジの中を中庸なバランスで丁寧に描いている。大音量になった状態ではやや伸びの限界も感じるが、むしろ密度の高さと表情の濃密さに、再現力の深さを見る気がする。

ジャズは暴れや棘がなく、動きの軽快な鳴り方だ。ピアノはくっきりとして粒がころころと転がるイメージだし、ウッドベースもにじみがなく目の詰んだ出方をする。ヴォーカルもひとつひとつの音がきちんと整っている。

（井上千岳）

最新技術を投入してシンプル化 ダイレクトドライブ方式アナログプレーヤー

SL-1200GR

テクニクス

SL-1200Gの技術を継承

2014年、テクニクスブランドがヨーロッパと日本において復活したのは記憶に新しい。翌年にはリファレンスクラスと呼ばれるハイエンドのR1シリーズと、プレミアムクラスのC700シリーズを国内投入し、好評を得た。そして、1972年から2010年までという異例のロングセラーを記録したアナログプレーヤーSL-1200シリーズも復活を果たし、SL-1200GAEとなって2016年初頭にラスベガスで開催のCES2016で発表された。SL-1200GAEは国内限定300台（世界限定1200台）で2016年6月の発売が決まり、同年4月に予約受付が開始されたが、短期間で完売となった。さらに同年9月には量産モデルとして標準仕様のSL-1200Gが発売となった。

両機は、機構やデザインこそオリジナルSL-1200～SL-1200Mk6を継承しているが、音質重視の姿勢で再設計され、DCモーターによるダイレク

LED照明によるストロボスコープで
回転数をチェックできる

スタティックバランスのS字アームは、基本的にはSL-1200Gと同様の構造で、高さ調整、アンチスケーティング、補助ウエイトなどの機能も同等

トドライブ（DD）方式の弱点であるコギングを排除すべく、コアレス構造のモーターの開発やプラッター、ベースシャシーなどの振動対策を徹底したため、30万円を超える価格設定となった。トーンアームだけでも30万円を超えるモデルが少しも珍しくない現代のアナログオーディオ界を見ると、決して高価過ぎることはないが、SL-1200シリーズの歴代ユーザーたちにとって、いささか縁遠い存在とな

ってしまった感があるのは否めなかった。

シンプル化したモーターを精密に制御

旧SL-1200シリーズのユーザーや多くのファンのために同社が新たに市場投入したのが、2017年初頭のCESで発表されたSL-1200シリーズのスタンダードモデルたるSL-1200GRだ。本機はSL-1200GAE、1200Gと同じくDCモーターDD方式では不可避的なコギング現象を解消するため、コアレスDDモーターを搭載している。SL-1200GAEと1200Gではトルクを稼ぐため、ステーター（コアレスコイル）を上下からローター（磁石）で挟む面対向ツインローター式であったが、本機ではシングルローター型モーターを新開発し、搭載している。シングルローターとすることでトルクは半分になるが、プラッターが軽量化されているので起動時間は前2モデルと同等となっているようだ。

さらに本機では、モーターの回転制御にブルーレイディスク機器の開発で得た最新制御技術を応用、回転数検知はSL-1200シリーズで採用されていた全周検出FG方式を受け継ぎ、FGコイルのパターン密度を従来以上に高めることで、より正確な回転数検出を可能にしたという。

モーター回転の制御には、定速時の制御波形にマイコンによる正確な正弦波出力を採用している。従来のSL-1200MK6で採用していた外付けコイルによる簡易型の正弦波生成に比べ、より滑らかな正弦波を出力して制御し、スムーズで安定した回転を可能にしている。

プラッターはアルミニウムダイキャスト製で、プラッターの裏面全体にデッドニングラバーを貼った2層構造として、不要共振を抑制している。プラッター形状はシミュレーションの繰り返しで最適化され、補強リブを追加し剛性を高めるとともに、周辺部の肉厚を増して慣性質量を高め、安定度を高めている。

不要共振を排除するシャシー構造

シャシーはBMC（バルク・モールディング・コンパウンド）とアルミダイキャストパネルを一体化した2層構造を採用している。4層構造のSL-1200Gに比べシンプル化されているが、従来のSL-1200シリーズとは内部形状を変更し、高剛性化を図るとともに制振性を高めている。

このシャシーを支えるインシュレーターは、高い振動減衰特性と信頼性を備えた特殊シリコンラバーを採用し、高剛性加工のボルトと一体化した構造を採り、縦方向の振動を抑制している。その下部にマイクロセルポリマーの円筒型チューブを設けて横方向の振動を制御している。ここに使われた特殊シリコンラバーの硬度は本体重量に合わせてチューニングされ、外部からの振動によるハウリングを抑制している。

トーンアームはスタティックバランス型のユニバーサルタイプのS字形で、パイプ素材はオーソドックスな軽量アルミニウムを採用している。アーム軸受け部には切削加工のハウジングを使用した高精度ベアリングが搭載されている。このアームは熟練技師の手作業によって組み立てられ、調整を行うことで初動感度はSL-1200Gと同等の5mg以下を実現。適合カートリッジは補助ウエイトなしで5.6〜12.0g、14.3〜20.7g（ヘッドシェル含む）、補助ウエイト使用時で10.0〜16.4g、18.7〜25.1g（ヘッドシェル含む）と発表されている。

また同シリーズの特徴的な機能である可変ピッチコントロールは、±8%、±16%で任意に調整できる。（小林　貢）

DDモーター本体表面にはFG検出用ロータリーエンコーダーのパターン、基板裏側には固定子のコイルがある。プラッター裏側の磁石は回転子。シャシー側にはブレーキとトルクの調整箇所がある

外周にストロボスコープを刻んだ特徴的なプラッター、左手前の回転スイッチ、右側のピッチコントロール、S字アームなど、SL-1200Gからほとんど変更のない外観

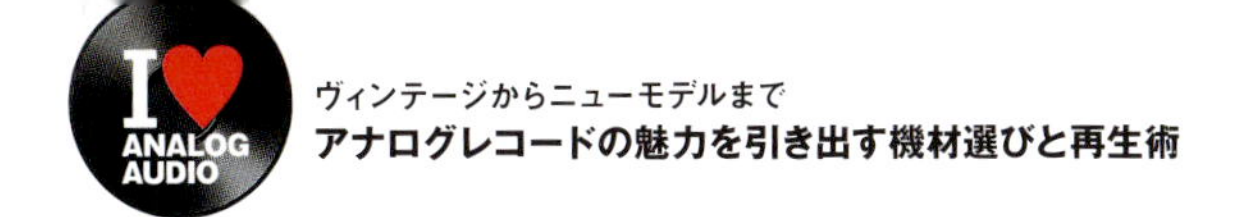

Specification

ワウ&フラッター：0.025% W.R.M.S.（JIS C5521）
S/N：78dB（IEC 98A weighted）
起動トルク：2.2kgf·cm
ターンテーブル直径：332mm
ターンテーブル重量：約2.5kg（ゴムシート含む）
トーンアーム有効長：230mm
オーバーハング：15mm
オフセット角：22°
針圧調整範囲：0〜4g
適用カートリッジ質量（ヘッドシェル含む）：14.3〜20.7g（補助ウエイトなし）
18.7〜25.1g（補助ウエイト使用時）
寸法・重量：453W×173H×372Dmm・約11.5kg

S字トーンアームのパイプはアルミ製、軸受けはジンバルサスペンションで、初動感度5mg以下を実現。ボード上面はアルミダイキャスト一体成形で強度を得、下側は樹脂モールドで重量を稼いで共振を減らしている。脚部はシリコンラバー製インシュレーター内蔵

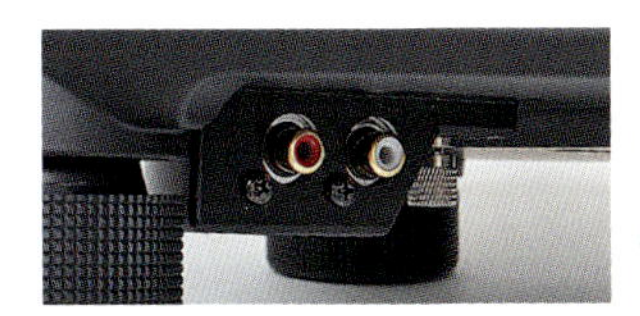

出力端子はRCAピンジャックで、コード直出しではないため、好みのコードに交換できる。アース端子は奥まっていて、やや接続しにくい

針先を照らしてリードインを容易にする照明は、不要な際は本体内部に格納できる

SOUND CHECK

『ミスティ／山本剛トリオ』
スリーブラインドマイス
THLP424

明快で生き生きとした再生音

現代の製品であるだけに、聴感上で十分なレンジと高いS/Nを確保し、明快で生き生きとした再生音を聴かせてくれた。大編成オーケストラのスケール感や重厚感は上位機に一歩譲る部分はあるが、鮮度感、スピード感といった面で本機に魅力を感じるファンも多いと思われる。45回転・重量盤の『ミスティ／山本剛トリオ』を聴くと、40年以上も前の録音とは思えない鮮度感があり、瑞々しさを感じさせる快活な演奏が展開される。またDレンジ、Fレンジで圧倒的なアドバンテージを持つ45回転盤ならではのレンジの拡大が感じられ、山本剛の力強いアタック音とバラードにおける繊細なタッチの対比が正確に表現される。ドラムソロのパワフルなショットもストレスなくスムーズに立ち上がり、ウッドベースのピチカート音も明快なタッチで軽快感のある4ビートのリズムを刻む。旧SL-1200シリーズのファンやユーザーにとっては、いくぶん高価な印象を受けるだろうが、現在のアナログオーディオのマーケット規模を考えたら適正な価格設定といえるだろう 。（小林　貢）

『スイトナー ベルリン・シュターツカペレ 78年ステレオライブ／ニーダロス大聖堂少女合唱団他』
TOKYO FM
TFMCLP-1043/4

活気に溢れた起伏の大きさ

動きが軽く、響きも伸びやかで明るい。屈託がないというべきなのか、持って回ったような重苦しさが少しも感じられない。信号に対する追随が速く、カートリッジの動作を適確に支えている印象だ。

バロックはレスポンスのバランスがよく、余計な付帯音が乗っていない。このため弦楽器もオーボエもきめ細かく、緻密な鳴り方をする。また通奏低音のコントラバスなどもよく沈んでにじみがない。解像度も適切で、無理のない再現である。

ピアノは弾みがよく、またダイナミズムの幅が広い。おそらく針先の振動エネルギーを阻害することがないのだ。暴れや棘は出ず、活気に溢れた起伏の大きさが明快に引き出されている。瞬発力も高く、エネルギッシュで力強い。さらに弱音部でもエネルギーが痩せず、表情が生き生きとしている。

オーケストラは若干響きがほぐれない部分も残るが、ソースのせいもありそうだ。レンジが広く上下の伸びが軽く、力が少しも吸われていない。（井上千岳）

MMカートリッジ付き ベルトドライブプレーヤー

Planar3-Black with Elys2

レガ

1970年代から 高い人気のブランド

レガ（Rega Research Limited）は1973年、ロイ・ガンディ（Roy Gandy）とパートナーのトニー・レルフィ（Tony Relph）によって英国エセックス州に設立され、Acosブランド（日本製ともいわれている）のトーンアームを搭載したユニークな形状のミニマルデザインなPlanetと呼ばれるターンテーブルでスタートしている。社名のRegaはTony RelphのReとRoy GandyのGaを組み合わせた造語という。そして1975年にはPlanar2を発表し、リーズナブルな価格の高音質プレーヤーとして高く評価された。また精度の高さが要求され、高額化しがちなトーンアームを1976年から自社生産しR200を発表した。近年ではリーズナブルな価格設定ながら他社高級機に負けないパフォーマンスを実現している事実は見逃せない。

1977年6月発表の第3弾作品Planar3は英国内の各オーディオ

透明なガラス製プラッターを通してプレーヤーボードと駆動系が透けて見える。トーンアームはオフセット角付きのストレート型

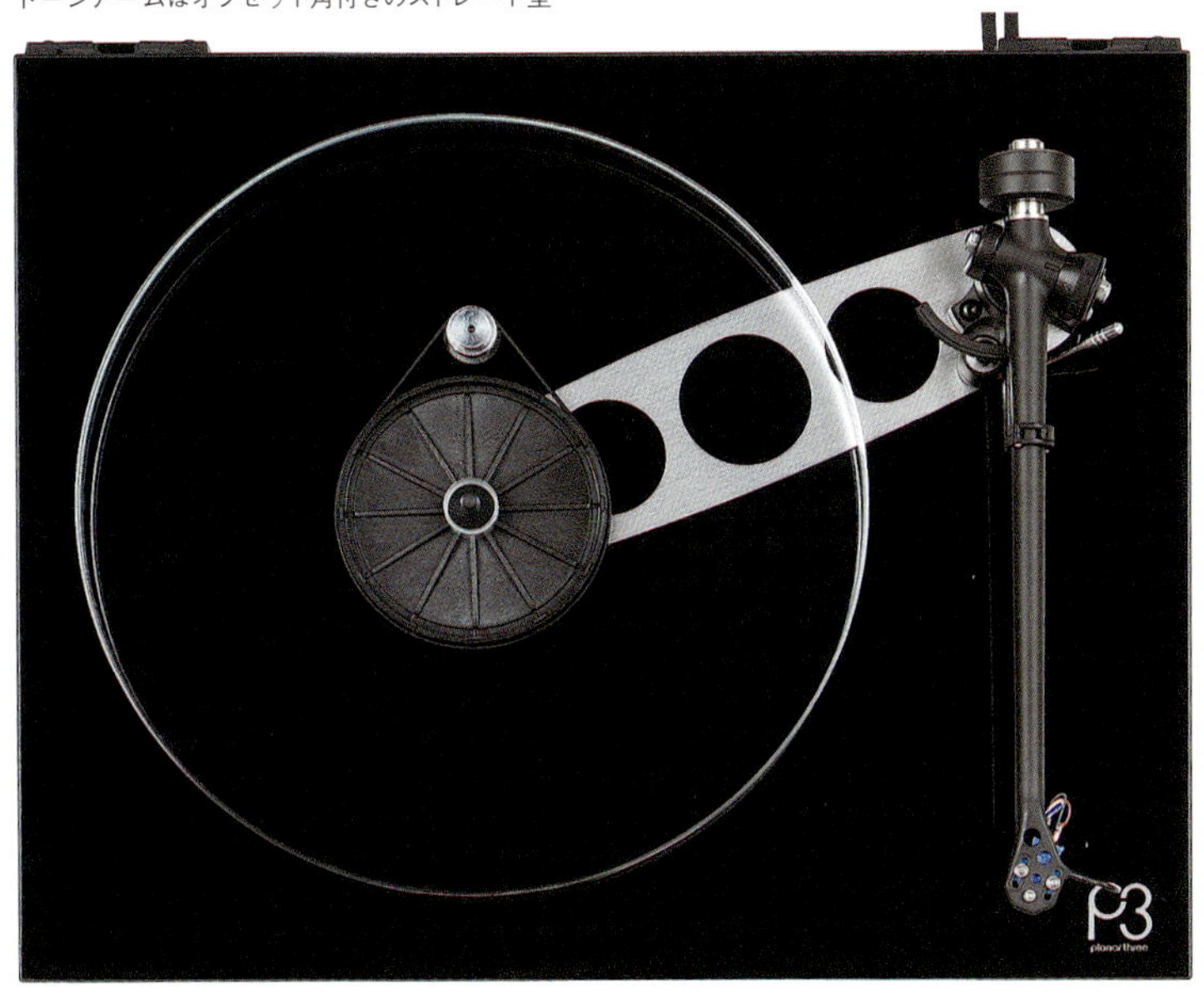

専門誌で高い評価を受け、一気に人気と知名度を高める大ヒット作となった。また1980年にはMM型カートリッジR100、1983年には独自に開発したアルミダイキャスト一体構造のトーンアームRB300を完成させ、その翌年にRB250をラインアップに加え、アナログ関連機器専業メーカーというイメージを定着させた。それと前後して19

80年にはフロアスタンディングスピーカーRTXを発表、1990年にはアンプなども発表し、総合オーディオブランドとして歩み始めている。

そんな同社が2016年春、フラッグシップ機RP-10を市場投入したのは記憶に新しいが、フラッグシップといってもMC型カートリッジApheta2付属で63万円（本体価格）という価格設定は同社らしく好感が持てる。

操作性に優れたストレートアームを搭載

そして今回、1977年の大ヒット作Planar3の復刻モデルが登場した。本機はオリジナル機やその後継機であるRP-3と共通デザインで大きな変化はないように思えるが、電源アダプターとダストカバー以外が刷新されている。搭載されるダイナミック型トーンアームも前作RB-300と大きな変化はないように見受けられるが、同社が誇るアルミダイキャスト技術と3D CAD&CAM技術によって新設計されたRB-330に変更されていた。このアームはハウジング剛性を高めることで垂直方向の追随性を向上させ、アンチスケーティング機構にも手が加えられている。さらに、アームホルダーのクリップとゼロバランス調整用ウエイトのインジケーターも改良し、操作性を向上させている。

MDF製ベースシャシーは特殊ウレタンキャビネットの上級機と同じく、軽量・高硬度で防振性に優れた手法を受け継ぎ、表面を特殊アクリル仕上げとすることで硬度を高めるとともに、光沢のある美しい仕上げを実現、不要振動や共振を抑制している。さらに天面にアルミプレート、底面には3mm厚のメタライズドフェノール板による二重の補強を施したプレートで軸受部とアームベースを連結支持することで、メカニカルアースを明確化するとともに十分な強度を確保している。そして、50Hz／60Hz仕様ともにブラックとホワイト2種類の仕上げが用意されている。また脚部も新規設計によって安定性と防振性の向上を図り、モーターは24V低振動モーターに変わりはないが、制御回路を見直して回転ムラを抑制するとともに振動低減を実現したという。

静粛な回転を実現

プラッターはオリジナル機と同様のガラス製で、厚みは12mm、表面のOptiWhite加工（光学レンズの研磨に近い工法ではないか）と呼ぶ仕上げにより、高い平滑度を確保するとともに透過率も高め、美しさを際立たせている。そして古典的プレーヤーのアルミダイキャストのプラッターとは異なり、ダイナミックバランスを取る必要はまったくないという。

軸受部とスピンドルは新たに設計され、高精度で加工されたスピンドルが従来以上に滑らかな回転を実現したという。またサブプラッターも新設計すると同時に素材の密度を高め、静粛な回転を実現している。

付属MMカートリッジElys 2は英国の自社工場にて熟練エンジニアの手で生産されたもので、コイルはL／R ch独立、カスタム仕様マグネットを搭載している。

外形寸法は447W×117H×360Dmm（ダストカバー含む）と、30cmLPを再生する最小限のサイズ、重量は6.0kgと軽量級、大きく重い製品こそ最良と信じて疑わないファンからは見向きもされない可能性もあるが、抜群のハイCPを誇り、倍以上の価格の中級プレーヤーに負けない実力を有している。（小林　貢）

トーンアームはダイナミックバランス型で、基部に針圧直読ダイヤルがある

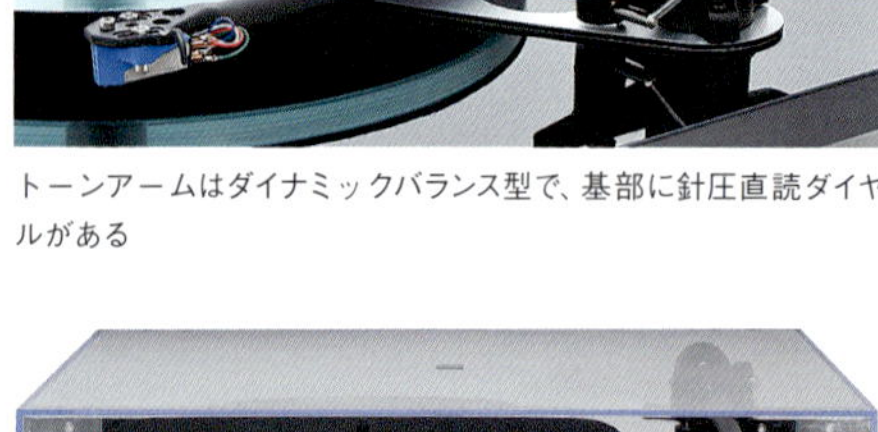

透明樹脂製ダストカバーが備わり、ホコリ、幼児、ペットなどからプレーヤーを守ることができる

スリムなプラッターとボードの組み合わせで美しい外観を獲得

Specification
回転数：33・1/3、45rpm
カートリッジ出力電圧：6.8〜7.2mV
針圧：1.75g
寸法・重量：447W×117H×360Dmm・6.0kg

試聴時に使用したレガのフォノイコライザーfono

fonoの入出力端子はRCA1系統のみ。アース端子が出力側に配置されている

底面にはラバー製脚が3個あり、安定した設置が可能。センタースピンドルとアームを結ぶバーが表面同様に設けられている

樹脂製サブプラッターにベルトをかけてモーターで駆動する

SOUND CHECK

『リー・リトナー／ON THE LINE』
JVC
VIDC-5

明快で生き生きとした再生音

本機はそのサイズや重量、価格からイメージするサウンドを凌駕するパフォーマンスを実現している。広くフラットなｆレンジと高S/Nを確保した素直でナチュラルな再生音を聴かせ、ダイレクトディスク『ジャスト・フレンズ』の鮮度と情報量をスポイルすることなく引き出し、ジェフ・ハミルトンのスピード感のあるブラッシングやレイ・ブラウンの堅実かつ正確なベースワークを生々しく再生し、ローリンド・アルメイダのガットギター、バド・シャンクのアルトサックスなどは失敗が許されないダイレクトディスクということを感じさせないパフォーマンスを発揮し、臨場感に溢れたアドリブソロが展開されている。一方『オン・ザ・ライン』では低域もスムーズに伸び、エレクトリックドラムの迫力あるショットをリアルに引き出し、リー・リトナーのギターの抑揚感のあるアドリブフレーズも表情豊かに再現してくれた。高額になりがちなトーンアームとカートリッジを自社生産し、プレーヤー全体で5000〜6000台／月という量産体制を整えた同社だからこそ実現できた高品質といえるだろう。

（小林　貢）

『バッハ／ヴァイオリン＆オーボエ協奏曲ほか』
ハルモニアムンディ
HMLP 12.509

活気に溢れた起伏の大きさ

現代のアナログプレーヤーとしてはベーシックな価格帯に属することになるが、大変バランスが取れて品位の高い再現性を備えている。アナログは決して重量やコストではないということが、これで明らかになるはずだ。

なによりもまずレンジが広い。だから高低どちらの方向にも詰まった感触がなく、伸びやかで出方が滑らかだ。またノイズが乗らない。外部振動や共振など、針先に伝わってくる阻害要素が少ないのだが、それにはターンテーブルとシートが巧みにマッチしていることが大きい。だからエネルギーを吸収しすぎることなく、不要振動が適確に排除されるのである。付属カートリッジはMM型だが、情報量も豊富でレスポンスが均質だ。それらすべてのバランスが取れて、こうした再現性が実現している。

バロックはくっきりしているが少しもうるさくなく、繊細な柔らかさが心地よい。オーケストラのダイナミズムも豊かである。

（井上千岳）

高音質ソフトレーベルが作るアナログプレーヤー

Studio Deck

モーファイ・エレクトロニクス

高音質ソフトメーカーの作るアナログプレーヤー

モービルフィデリティ・サウンド・ラボ（MFSL）は1977年に設立された、オーディオファイルに向けた高音質ソフト専業レーベルだ。同社ではレコード各社から借り出したオリジナルマスターテープを使用し、ハーフスピードでていねいにマスタリングする技術を基本とした高音質ディスクを送り出し、高い評価と人気を獲得している。そんな同社が新たにMoFi ELECTRONICSブランドを興し、2機種のアナログプレーヤーとフォノイコライザーアンプ、3機種のフォノカートリッジを発表した。

同社がアナログ関連機器の開発に至ったのは、マスターテープからマスタリングしたアナログディスクの素晴らしいサウンドを、より多くの音楽愛好家に伝えるためであったという。その基本コンセプトはMFSLですべて設計・製造するメイドインUSAであり、可能な限りリーズナブルな価格設定を目指すということであったという。

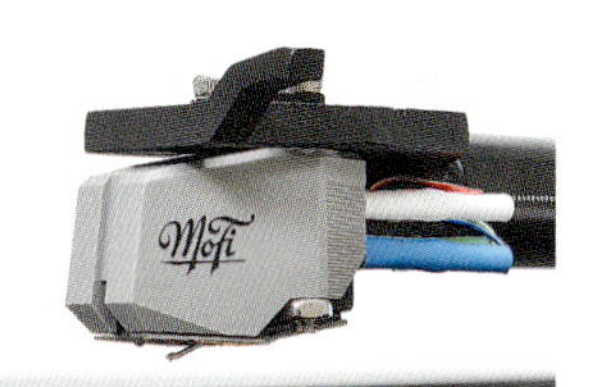

試聴機にはMoFiの別売MM型カートリッジ、Ultra Trackerが取り付けられていた

リフター、高さ調整、大きなカウンターウエイトを持つ、10インチ長のストレートアームを装着

長年にわたり高音質アナログディスクを手掛けてきた同社は、オリジナルのアナログマスターとテストカットしたラッカー盤のサウンドを知り尽くしているはずだ。そうした確かなリファレンスを持つ、アナログに造詣の深い同社が設計・製造するアナログプレーヤーの登場は、

アナログファンにとって喜ばしいことである。

新設計パーツによる バランスの取れた構成

　今回試聴の機会に恵まれたStudio Deckは、ハイエンドターンテーブルのブランドとして知られるスパイラルグルーブを主宰する設計家のアラン・パーキンスと同ブランドが共同し、2年にもおよぶ歳月を費やして開発されたという。そしてトーンアームやプラッター、ベースシャシー、ベアリングなど、すべてのパーツが新規に開発されている。Studio Deckは上級機のUltra Deckと基幹パーツを共有することで、価格を超えたパフォーマンスを実現しているという。駆動モーターはハイトルクACシンクロナスモーター、高精度で製作された硬化スティール製の反転ベアリング、アラン・パーキンスが設計した10インチのトーンアーム、確かな振動除去技術を持つ米国HRS（ハイレゾリューションシステムズ）製のデルリン素材のアイソレーションフットなどが共通パーツである。

　本機のプラッターは0.75インチ厚のデルリン素材。同素材はデュポンが商標登録する素材で、ホルムアルデヒドを原料とするポリアセタール樹脂（POM）であり、リコーダーやギターピックなどにも利用されている安全性の高いものだ。

　サテンブラック仕上げのベース部は一般的なMDF製だが、コロラド州で製造されているという。ちなみに前述の駆動モーターはインディアナ州製ということだ。

　トーンアームは適切にダンプされたアルミニウム製で、垂直・水平方向の2軸にベアリングを持たせたジンバルサポート方式のスタティックバランス型だ。本機は10インチトーンアームを搭載したことでベース部は大型化しているが、重量は8.7kgと軽量級。プラッターも軽量で、いたずらに質量を高めていない設計手法にも好感が持てる。プラッターの質量を高めるのは慣性モーメントを稼ぎ安定した回転を得るためであり、必ずしも音質向上に結び付くものでないと知るべきであろう。プラッターの素材や形状によっては音質を損ねる可能性もある。

　試聴機に装着されていたのは同ブランドのミディアムレンジのUltra Tracker（本体価格¥70,000）と呼ばれるMM型カートリッジ。カンチレバーはオーソドックスなアルミパイプ、アルミ削り出しのボディと比較的オーソドックスな仕様だ。（小林　貢）

アーム軸受けはシンプルな構造。糸吊り式のインサイドフォースキャンセラーが備わる

プレーヤーベースはMDF板とアルミ板で構成。表面振動伝播を押さえる溝が、プレーヤーベースとヘッドシェル表面に掘られている

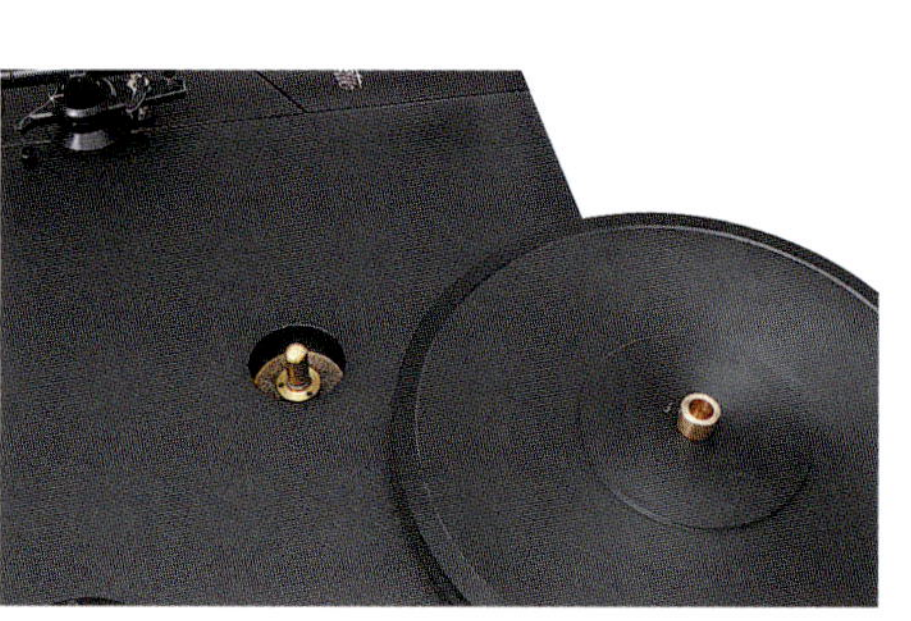

プラッター軸受けは銅合金製。シリコーングリスのような潤滑剤が使用されている

ウレタン樹脂ベルトでプラッター外周を駆動。回転数の変更はベルトのプーリーかけ替えで行う

Specification
プラッター厚さ：0.75インチ
対応カートリッジ自重：5～10g
寸法・重量：273W×137H×375Dmm・8.7kg

信号出力はRCAピンジャックで、廉価な製品で見かけるケーブル直出しではない。電源はAC100Vを直接接続する

付属するアース付き信号ケーブルは両端RCAで、プラグは樹脂モールド型

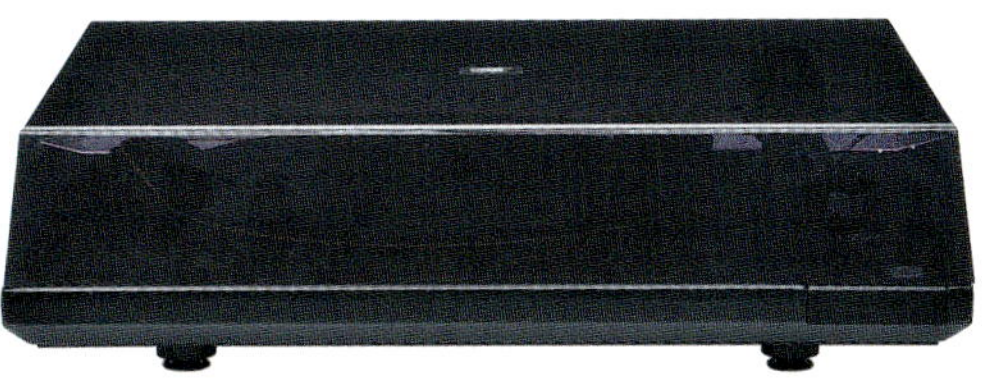
濃いスモーク色の樹脂製ダストカバーが標準装備。後ろ側のヒンジはフリーストップ

SOUND CHECK

『ミスティ／山本剛トリオ』
スリーブラインドマイス
TBM-2530

価格を超えたパフォーマンス

本機は同社の狙い通り、明らかに価格を超えたパフォーマンスを実現していると思える広いレンジと、高S/Nを確保した、アナログライクでナチュラルな再生音を聴かせてくれた。ダイレクトディスク『タワー・オブ・パワー・ダイレクト』を聴くと、アナログ盤ならではの温度感のある厚みのある響きが得られ、鮮度の高い生き生きとしたプレイが展開される。同グループの特徴であるバリトンサックスを加えたブラスセクションの響きも厚みがあり、16ビートのリズムのグルーヴ感もリアルに再現された。『ミスティ』のピアノも低音域の響きに重厚感があり、シングルトーンの高音域のフレーズに凛とした風情を漂わす。そして高音部のシングルトーンの力強いアタック音も硬質感を伴うことなくスムーズに立ち上がってくる。ウッドベースの低域も適度な量感と深みを感じさせるが、古典的プレーヤーのようにピチカート音のタッチやニュアンス、音像の輪郭などを曖昧にすることがないのが好ましい。上位機のUltra Deckや、ほかの2モデルのカートリッジも聴いてみたいと思わせる完成度の高い製品と言える。　（小林　貢）

『バッハ／ヴァイオリン&オーボエ協奏曲ほか』
ハルモニアムンディ
HMLP 12.509

基本的な性能を十分確保

シンプルな構造とスマートなデザインのユーザーフレンドリーな製品だが、各部のバランスが巧みに調整されているのか、ベーシックモデルにありがちな偏りや不足が感じられない。中庸が保たれ、基本的な性能が十分に確保されていることを裏付けている。それだけでもコストパフォーマンスの高さを実感させるものがある.

レンジが広く、静かで柔和な音調だ。凄みのある低音ではないが自然に伸びて無理がなく、バロックの通奏低音を濁りなく描き出す。高域にも詰まった感触はないが、ヴァイオリンやオーボエなどの音色がいい。またピアノでは細かなニュアンスがていねいに取り出されている印象で、弱音のニュアンスが安定している。刺々しさや硬質感がなく滑らかだ。

コーラスはやや丸みを帯びた出方だが、レスポンスが平坦で上下に均一な音調を持つ。正攻法の再現性と言ってよく、カートリッジの選択そのほかでいろいろな発展が望める、楽しみな可能性を備えている。　（井上千岳）

カートリッジ／トーンアーム プロダクトレビュー

CARTRIDGE/TONEARM Products Review

アナログプレーヤーは購入した後も、パーツを交換しアップグレードする楽しみがある。ここでは単品でリリースされている数多くのカートリッジとトーンアームから、注目の製品を紹介する。

I. ANALOG AUDIO

CARTRIDGE/TONEARM
カートリッジ／トーンアーム プロダクトレビュー
Products・Review
No.1

空芯MMカートリッジ
青龍
トップウイング

最近、アナログオーディオ界で注目されているのが、トップウイングから発売された世界初の空芯コイルMMカートリッジ「青龍」である。図1はその基本構造と発電原理で、カンチレバーの根元にリング状ネオジム磁石を取り付け、その近傍に垂直軸に対して45°ずつ「ハ」の字形に傾けた、LとRの密着整列巻き固定空芯コイルを図のように配置する。こうするとリング磁石から出た磁束がコイル内を通過し、磁石が動くとコイル内を通る磁束量が変化するので、カンチレバーが動く速度に比例した電圧が固定空芯コイルに誘起されるという仕組みだ。カンチレバーにはアルミ軽合金、レコード針にはラインコンタクトの無垢ダイヤモンド針が採用されている。アルミカンチレバーはボロンのように脆くないので、針よりわずかに小さい孔をあけてダイヤ針を圧入することができ、針とカンチレバーが接着剤を介さずに密着するメリットがある。

青龍は針交換ができ、針交換代金が税別5万円と比較的安いのも特徴で、付属ヘッドシェルにはフィデリックスの可動ピン密着機構が導入されている。

現在、高級カートリッジはMC型が主流であるが、MC型は発電するコイル自体をカンチレバーを介して動かし、コイルの線を端子ピンまで引き回すため、コイルから端子ピンまで引き回す線が振動し、漏れ磁束や地磁気で発電してノイズを生むし、金属疲労で引き出し線が断線する場合もある。

MM型はカンチレバーに取り付けた磁石を動かし、発電コイルや端子までの引き出し線は固定して動かさないので、上記の弊害はない。しかし従来のMM型は鉄芯入りコイルを用いるため、図2のように鉄芯のヒステリシスに起因する磁気歪みや、磁壁の移動に起因するバルクハウゼンノイズと称する磁気ノイズがあり、発電信号に歪みやザラツキをもたらす弊害がある。そこで磁石に超強力なネオジムリング磁石を用い、固定発電コイルを空芯にして磁気歪みや磁気ノイズを追放し、MMと空芯MCの良いとこ取りをした青龍が登場したのだ。本機は発電機構はMM型だが、電気的特性はMC型に近い低出力（0.2mV）低インピーダンス（12.3Ω）なので、MC用のフォノイコライザーアンプに接続する。（柴崎　功）

SOUND CHECK

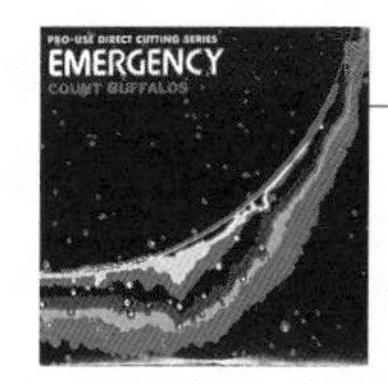

『EMERGENCY
／COUNT BUFFALOS』
（ノンリミッターの
ダイレクトカッティング盤）
東芝EMI　LF-95002

試聴プレーヤーにテクニクスSL-1200G、イコライザーアンプにCSポートC3EQを用いたが、針圧は適正針圧範囲（1.75～2g）より若干低めのほうが粒立ちや伸び伸び感が向上した。音質は鮮度が高くてクッキリ鮮明。音の立ち上がりがシャープで制動が効き、瞬発力があってノリが良い。空芯MCカートリッジは音が滑らかである反面、低域の力感が乏しいが、青龍は空芯MCカートリッジ並みの滑らかさを有しながら、ゴリッとした力感のあるベースサウンドが楽しめる。青龍に刺激されて空芯コイルMMカートリッジがブームになりそうだが、その元祖として「青龍」の名はオーディオ史に長く残ることだろう。（柴崎　功）

［図1］
発電の原理

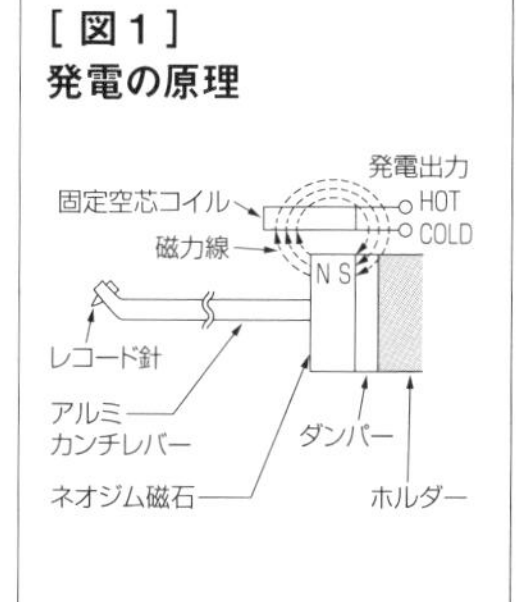

［図2］
鉄芯の磁気歪みと
バルクハウゼンノイズ

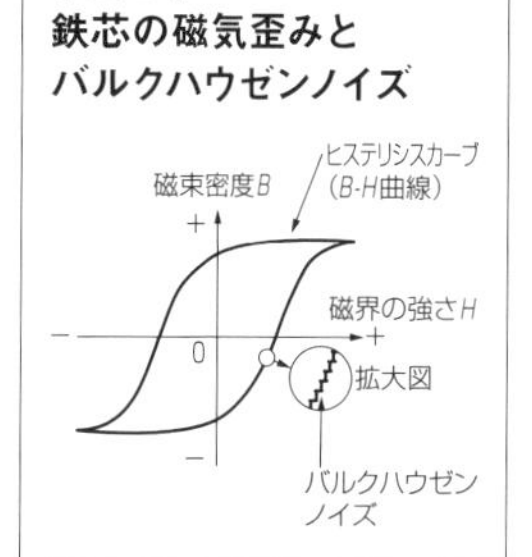

超々ジュラルミンから切削加工したボディに、カートリッジ本体を埋め込んでいる。ボディは取り付けナットが空回りしない作り

Specification
出力電圧：0.2mV（5cm/s）
内部インピーダンス：12.3Ω（1kHz）
適正針圧：1.75～2g
自重：12.3g（ヘッドシェル17.7g）

発電コイルをスタイラス至近に配置 空芯型MCカートリッジ

AT-ART1000

オーディオテクニカ

針直結型空芯MCカートリッジが久々に登場

レコード針の真上に発電コイルを配置して針先の振動をダイレクトに電気信号に変換し、3Ωという低インピーダンスの空芯MC型でありながら鉄芯入りMC型に肉薄する0.2mVの出力電圧を確保した、注目すべきMCカートリッジAT-ART1000が登場した。針直結型空芯MCカートリッジは1983年12月に発売されたビクター（現JVCケンウッド）のMC-L1000が有名で、同社はスーパーダイレクトカップル方式と呼んでいるが、オーディオテクニカはダイレクトパワー方式と呼んでいる。この方式は、カンチレバーのたわみなどの影響を受けないので過渡的な信号が正しく再生でき、音溝に対する信号の忠実度が非常に高いのが特徴だ。

図1は発電系を含めた振動系アッセンブリーの構造で、φ0.26㎜のソリッドボロンカンチレバーの先端に孔をあけて、1.6×0.3ミルの特殊ラインコンタクト天然ダイヤ針を貫通挿入。この針の後端に接するように、φ20μmのPCOCC線を8ターン巻いたφ0.9㎜の空芯発電コイルを2個取り付けた25μm厚特殊フィルム基材をカンチレバーに接着した構成だ。コイルと一体のリード線はカンチレバーに沿わせて接着し、ジョイントパイプ付近から空中配線でターミナルピンにハンダ付けしてある。リード線を含めた発電コイルは直流抵抗3Ω、インピーダンスが3Ωで、1kHzのインピーダンス1μH、1kHzの基準レベル（5㎝／s）で0.2mVの出力電圧が確保されている。

図2は本体内部の構造で、磁気回路は断面積が大きくて厚みの薄いネオジム磁石とパーメンジュールのヨーク群を用いて0.6㎜の高磁束密度磁気ギャップを形成。ボディはベースに高音速（高剛性で低比重）のチタン削り出し材、ハウジングにアルミ合金、底部カバーに硬質樹脂材という異なる素材を用いて共振を分散する構造で、これらの部材と磁気回路は、ネジでチタンベースに強固に取り付けられている。最適針圧は、レコード盤に針を降ろした際に発電コイルが磁気ギャップの上下中央位置に来る針圧であり、これは振動系のストッパーパイプをシャンクホルダーに取り付ける際のダンパー圧縮度合いで変わるため、2.0〜2.5gの範囲でばらつく。そこで本機には、製造時に最適針圧を計測し、シリアル番号と適正針圧を手書きしたカードが添付されている。

（柴崎　功）

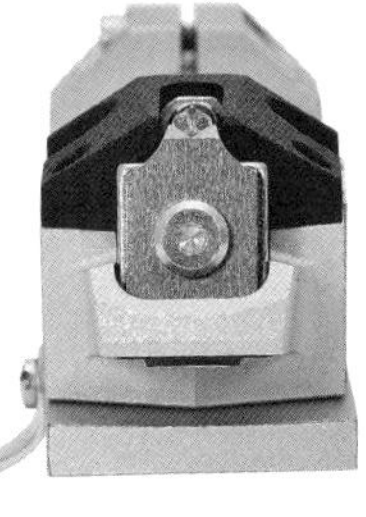

AT-ART1000の発電機構はコンパクトにまとめられており、正面中央にネジ1本で本体支持部に取り付けられている。正面から丸いメガネ状の発電コイルが見えている

［図１］振動系アッセンブリー

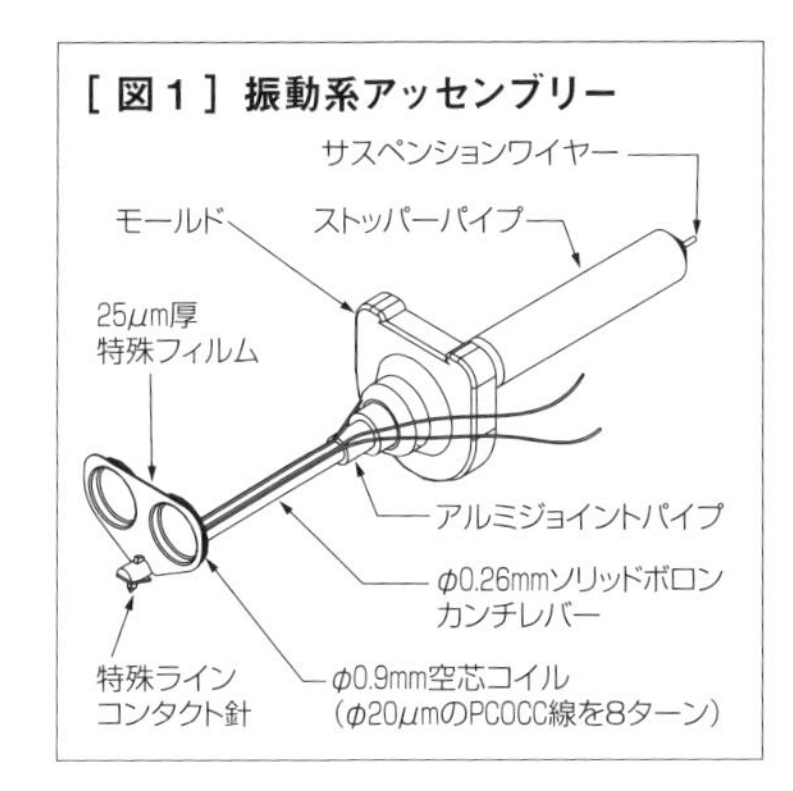

［図２］内部構造断面図

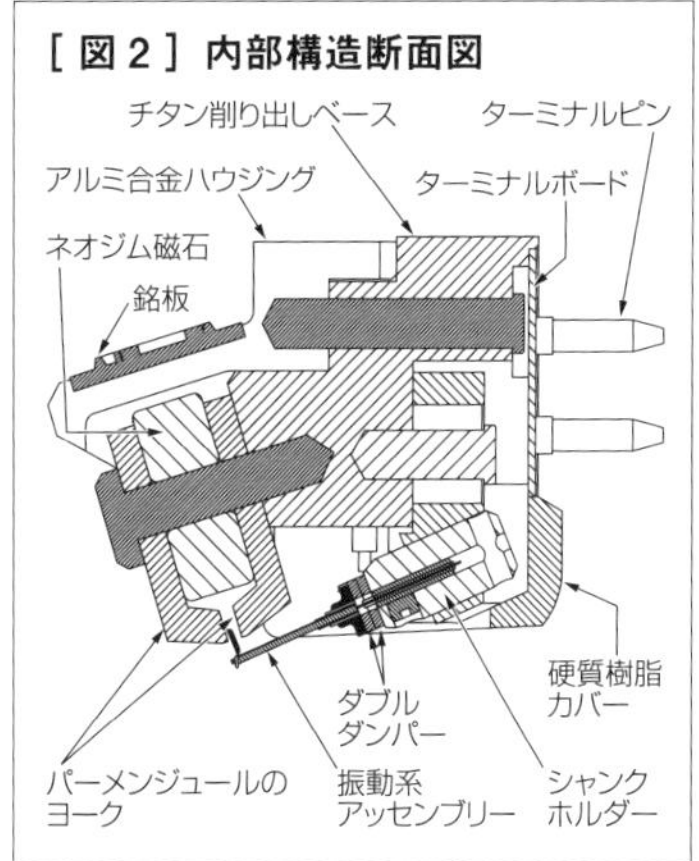

Specification

再生周波数範囲：15Hz～30kHz
出力電圧：0.2mV（1kHz、5cm/s）
チャンネルセパレーション：30dB（1kHz）
出力バランス：0.5dB（1kHz）
コイルインピーダンス：3Ω（1kHz）
コイル直流抵抗：3Ω
コイルインダクタンス：1μH以下（1kHz）
負荷抵抗：30Ω以上（ヘッドアンプ）
スタティックコンプライアンス：30×10−6cm/dyne
ダイナミックコンプライアンス：12×10−6cm/dyne（100Hz）
垂直トラッキング角：
寸法・重量：17W×17.3H×25.5Dmm・11g

ウォールナット材の豪華な専用ケース。このほか、針先カバー、樹脂ホルダー、ネジ、クリーナーブラシが付属する。ヘッドシェルは撮影用のもの

針先の至近にメガネ状のコイルが取り付けられている。写真ではコイルが磁気ギャップ外にあるが、針圧をかければギャップ内に入る

SOUND CHECK

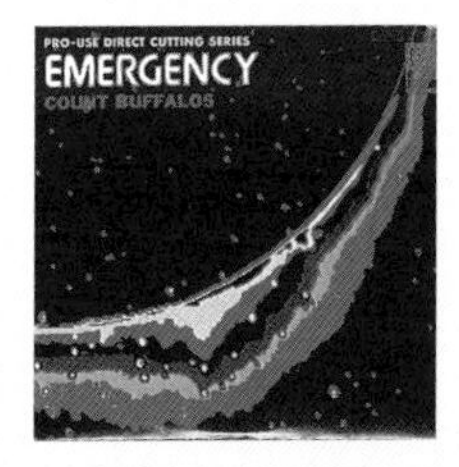

『EMERGENCY
／COUNT BUFFALOS』
（ノンリミッターの
ダイレクトカッティング盤）
東芝EMI
LF-95002

鮮度の高い滑らかでパワフルなサウンド

これまで私が試聴した空芯MCカートリッジ群は、鉄芯に起因するバルクハウゼンノイズが出ないので音が非常に滑らかなものの、低域の力感が不足しがちで、この点に不満を感じていた。しかし針先の振動をダイレクトに電気信号に変換するダイレクトパワー方式の本機は、これまで私が抱いていた空芯MC型の既成概念を根底から覆す音質だ。低域が非常にパワフルで腰が強く、グイグイ押し出すような力感がある。空芯MCなのに鉄芯入りMCのようにゴリッとしたベースサウンドが堪能でき、中域や高域には空芯MCならではの滑らかさや艶やかさがあって、空芯MCと鉄芯入りMCの良いとこ取りをした音質なのである。しかもシンバル、ピアノ、ギターなどの過渡音の再現能力に長けているので、コンマ何秒という短時間に目まぐるしく変化する音色の変化がつぶさにわかる。レコード盤の存在を感じさせないマスターテープのように高鮮度で生々しい音質で、録音の粗が露呈しやすいので検聴用にも最適だ。（柴崎　功）

『Quiet Winter Night
／ホフ・アンサンブル』
2L
2L-087-LP

眼前で演奏しているかのようなリアリティ

このMCカートリッジの、スタイラスチップの真上に2つの空芯コイルを直結した、ダイレクトパワーシステムは、現在では類を見ない技術である。試聴では、フォノイコライザーとしてラックスマンE-250を使用した。

音の大きな特徴は、レコードの溝からすべての情報をトレースしていると言えるほどの、格別に情報量の多い超高解像度特性である。私のリファレンスLPでは、教会で録音した空間の広さや奥行きの深さまで存分に再現され、中央の女性ヴォーカルが、顔の向きを変えながら歌っているようすまでリアルに再現された。ピアノの余韻は驚くほど美しく、鈴、タンバリン、シンバル、トランペットの倍音には、繊細な微粒子のような響きが聴ける。ギター、ベースは生演奏を聴くかのようにリアルな質感である。聴き慣れたレコードから、まさに眼前で演奏しているかのようなリアリティや、美音とも言える深いディテールを感じさせてくれた。

（角田郁雄）

CARTRIDGE/TONEARM
カートリッジ／トーンアーム プロダクトレビュー

No.3

光電型カートリッジシステム

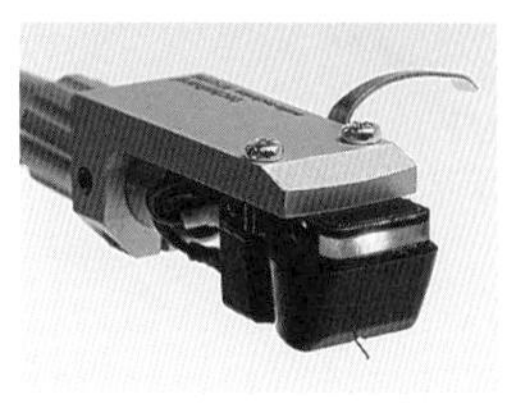
ヘッドシェルは撮影用

DS-W1

DSオーディオ

最新の光学技術で光電型カートリッジを追求

光電式カートリッジはアナログが全盛期を迎えようとしていた40年ほど前、東芝やトリオ（当時）が手がけた方式である。このことについてはあちこちで取り上げられているので、これ以上は触れない。

この光電式を復活させたDSオーディオは、デジタルストリームという光学技術専門開発会社のオーディオブランドである。

光学ディスクの評価用ピックアップをはじめとして、光学式マウスやジョイスティックなど、さまざまな光学製品の製造・開発を行い、マイクロソフトとは20年以上の取り引きがあって、その技術力に高い評価を得ているそうだ。

光学式カートリッジの原理はそれほど複雑なものではない。カンチレバーの根元にシャッターを設け、内部の光源から出る光を針先の振動に応じて遮ることで変調させる。これをフォトダイオードで電気信号に変換して再生するものである。

原理はシンプルだがなぜ成功しなかったのかというと、当時はLEDなどがなく、光源に白色光を使用していたため、熱の処理やフォトダイオードとのマッチングなどの問題が解決できなかったのだという。

こうした問題をデジタルストリームの光学技術によってクリアし、できあがったのが第1号機DS-001である。光源には高出力LEDを採用し、その波長に合わせたフォトダイオードを選択することで効率を確保している。そしてその上位モデルとして開発されたのが、本機DS-W1および専用イコライザーである。

電磁型にはないメリットを享受

光学式の利点はいくつかある。まず振動子がコイルやマグネットではなくシャッターだけであるため、針先から見た実効質量がきわめて小さく、コンプライアンスの向上が可能であること。また発電を行うわけではないので、コイルの逆起電力や磁気歪みなど電磁作用に伴う付随現象が生じない。つまり軽量ハイコンプライアンスで低歪率という、カートリッジの理想に近づけることが可能だということだ。

ただし取り出される信号が電磁型とは

DS-W1本体外装はアルミ切削加工品で、黒染め仕上げ。取り付けネジ部はタップ加工されている。カンチレバーが突出しているので、取り扱いには充分注意が必要

出力端子は一般的な4ピンタイプでアーム配線は左右アース共通でないものが必要

イコライザー部シャシー内は電源がほとんどを占め、アンプ部は写真右上のわずかな部分しかない

DS-W1のオリジナルモデルDS-001の内部構造。光電変換部は最前面にあり、コンパクトにまとめられていることがわかる

異なるので、給電も兼ねて専用のイコライザーが必要となる。

ご存じの方も多いと思うが、電磁型のカートリッジやカッターヘッドは速度比例型である。つまり針先の運動速度に出力電圧が比例する。これはテープでも同様である。

この特性をそのままにしてカッティングを行うと、低域の振幅が異常に大きくなってしまって収拾がつかなくなる。そこで高域も低域も同じ振幅でカッティングされるように調整が行われている。これが定振幅録音で、運動速度は低域になるに連れて遅くなるため、出力は右上がりとなる。

光電式（静電型も同様）はこれとは違って、出力の大きさは振幅に比例する。このため低域のほうが普通は大きいことになり、電磁型とは逆である。

このカートリッジで定振幅録音のレコードを再生すると、振幅が一定なので出力も平坦になる。ただしRIAAカーブは1kHzを中心に2オクターブ、つまり500Hz～2kHzまでを定速度録音としているため、この部分だけが右下がりになる。電磁型カートリッジではここだけ平らになっているのと対照的なわけである。

アンプ部は一般的なRIAAイコライザーとカーブが異なるため、フィルター回路がシンプルな構成となっている。抵抗器は基板に対して垂直に取り付けられ、実装密度が高い

イコライザーとカンチレバー、針先をアップグレード

原理はこういう具合だが、本機ではイコライザー部の内容を高度化している。電源部を強化し、高音質コンデンサーを使用するなど、いっそう音質を高めている。またスパイク付きの脚部とスパイク受けも付属した。カートリッジはアルミ削り出しのボディのボロンカンチレバーを搭載し、スタイラスにはシバタ針を採用している。

出力はラインレベルだけだが、増幅は行わずに電磁型と同じ右上がりの特性として出力することも可能なのではないか。通常のフォノイコライザーでわざわざフィルターをさらにかけるのは無意味なようでもあるが、一般的な製品が使用できるので、ユーザーの選択肢が広がって喜ばれるように思う。

（井上千岳）

入出力端子はRCAで、出力にはコンデンサーで直流阻止した"SUBSONIC OUT"も備わる。脚部はコーンスパイクと受け皿を組み合わせた構成

Specification
チャンネルセパレーション：20dB以上(1kHz)
針圧：1.3〜1.7g(適正1.5g)
重量：6.5g
[専用イコライザー部の主な規格]
定格出力電圧：500mV(1kHz)
出力インピーダンス：120Ω
寸法・重量：325W×105H×210Dmm・6.0kg

電源整流回路にはロームのSiCショットキーバリアダイオードを採用。平滑コンデンサーは33000μFを9本使用している

SOUND CHECK

『バッハ／ヴァイオリン&オーボエ協奏曲ほか』
ハルモニアムンディ
HMLP 12.509

アナログ再生のブレークスルー

このカートリッジを聴くたびに思うのだが、この音は往年のオーディオファンが共通して抱いていたイメージを覆すものなのではないだろうか。よく、レコードにはどれだけの音が入っているのかわからないという言い方をすることがあったが、その場合でも当時のイメージの延長線上での音しか想定していなかったはずで、本機のような音が出てくるとはだれも想像しなかったに違いない。

動きが軽く、ディテールの情報量が大変豊富なのはもちろんだが、高低両エンドまでエネルギーが減衰しない。このためジャズでも低域の出方が非常にくっきりして沈み方が深く、ぼってりした重苦しさは皆無である。昔のアナログのイメージだけで聴いていると、おそらく戸惑う人が多いはずだ。

バロックはとても鮮度が高く、一音一音の出方が楽々としている。この点で前のモデルよりも、滑らかさや彫りの深さが明らかに向上している。オーケストラのダイナミズムも申し分のないものである。（井上千岳）

『ザ・クルセイダース／IMAGES』
ABC
ABCL5250

3次元的な音場感が得られる

前作DS-001からカタログスペックでは変化がないものの、サウンドは着実に進化し、聴感上のfレンジが拡大するとともにS/N、情報量ともに高まっている。そしてDS-001以上に帯域内の密度が高まり、質感も向上している。個々の音像をより明瞭に描き出すが、単に音像をクリアに再現するだけでなく、アナログマスターテープを聴くような実在感や安定感がある。またザ・クルセイダーズの『イメージ』では、パワフルで量感のあるスティックス・フーパーのキックドラムなどが適度にタイトな音像で浮かび上がり、ビートの切れも良く、ブーミングを強めたり鈍重さ感じさせたりすることなく、リアルな音圧感が得られるのが好ましい。クラシック系オーケストラのティンパニや大太鼓もスピーディに立ち上がり、微かな空気感も鮮明に再現された。また弦楽器の高音部もさらに滑らかさが増し、繊細感や倍音成分を自然に再現すると同時に、音楽の精彩さも高まるなど最新プレス盤のような瑞々しいサウンドが聴ける。位相の正確さも際立ち、個々の楽器の定位も明確で3次元的な音場感が得られるのは、従来方式の電磁カートリッジでは得難い大きなメリットと思う。（小林　貢）

CARTRIDGE/TONEARM
カートリッジ／トーンアーム プロダクトレビュー
Products• Review
No.4

MCカートリッジ
PP-500
フェーズメーション

フェーズメーションは2002年に設立された新進ブランドといえるが、短期間で日本を代表するハイエンドブランドとして認知されている。発足当時のフェーズテックとしての第1号機はMC型カートリッジP-1であった。このP-1はオーソドックスなオルトフォンタイプのMC型で、磁気回路を固定したステンレスベースと紫檀ボディを組み合わせることで固有振動を効果的に抑制していた。それは現在まで正統に受け継がれているといえるだろう。

本機は、PP-1000に代わる同社旗艦モデルとして2015年に発表されたPP-2000の技術と性能を受け継ぎながら、低価格化を図った製品といえる。またPP-2000の磁気回路を継承し、高能率化と均一性の高い磁場を実現しているのが特徴で、振動系質量を増すことなく高出力化を実現している。その結果、ベースとなったPP-300が0.28mV以上の出力電圧であったのに対し、0.3mV以上に高められた。

振動系はPP-300をベースに本機専用のチューニングを施している。そして振動系を高硬度のジュラルミン材のベースに取り付けることで、同クラスとして最高の音質を実現するとともにトレース能力も向上させた。さらに構成パーツに高音質素材を投入し、カンチレバーは無垢ボロン材、発電コイルに6N無酸素銅線を採用するなど、これまで同社が採用してきた技術や素材を継承している。純鉄コイルボビン、ダンパーなども、PP-2000をはじめとする同社既存モデルで実績を上げてきた素材が使われている。スタイラスチップは曲率0.03×0.003㎜のラインコンタクト形状ダイヤモンド。先行する同社他モデルと共通デザインのジュラルミン製ボディにはDLC（ダイヤモンドライクカーボン）処理を施し、高剛性化することで振動減衰特性を高めている。PP-2000に準ずる素材と技術を投入し、PP-2000に迫るクオリティを実現しながら半額に価格設定された本機は、きわめて高いCPを有する製品といえるだろう。（小林　貢）

SOUND CHECK

『ミスティ／山本剛トリオ』
スリーブラインドマイス
TBM-2530

ベースとなったPP-300より出力電圧は高まっているが、f特などに変化はない。しかし聴感ではfレンジの拡張とS/Nの向上があり、情報量が増したように思える。JVCでリマスタリングした『ミスティ』では、ピアノのアタック音がスムーズに立ち上がり、余韻がスタジオ空間に吸い込まれるさまがリアルに甦る。ウッドベースもピチカート音のニュアンスが正確に再現され、ボディの鳴りも生々しく再現された。またノリの良いブルース曲で聴けるピアノとドラムスの4バースの躍動感が増すなど、1974年の録音とは思えない鮮度の高い音が聴けた。

（小林　貢）

磁気回路は純鉄で、一部にパーメンジュールを使用。振動系と外装は上位モデルとほぼ共通。ヘッドシェルは別売

Specification
インピーダンス：4Ω
適正針圧：1.7〜2.0g
出力電圧：0.3mV以上（1kHz、50mm/s、水平方向）
コンプライアンス：8.0μm/mN（8.0×10^{-6}cm/dyne）
再生周波数範囲：10Hz〜30kHz
チャンネルセパレーション：30dB以上（1kHz）
チャンネルバランス：1dB以内（1kHz）
重量：11.3g

スタティックバランス型ピュアストレートアーム

CARTRIDGE/TONEARM
カートリッジ／トーンアーム プロダクトレビュー
Products・Review
No.5

0 SideForce
フィデリックス

ピュアストレートで音楽相関ジッターを追放

オーディオ界では「トラッキングエラーが諸悪の根源で、これを減らせば音が良くなる」と考える人が昔から多く、ヘッドシェルにオフセット角を付けたり、アームをS字やJ字形に曲げて、トラッキングエラー角を3°以内にしたオフセットアームが主流である。しかしオフセット角を付けると音溝と針の摩擦でインサイドフォースが発生する。摩擦力は音溝が浅くなって針を持ち上げる際は大きく、溝が深くなって針が沈み込む際は小さくなるので、インサイドフォースは音楽信号と相関を持って変動する。インサイドフォースはカートリッジ本体を内周に動かそうとするので、インサイドフォースが変動するとカートリッジを横に振ろうとする力が発生する。アームには慣性質量があるので、短い周期ではカートリッジが横振れしにくいが、長い周期ではアームと一緒に横振れして時間軸が変動し、低域の再生信号に音楽信号と相関を持つジッターが発生する。この音楽信号と相関を持つジッターが聴感的に有害なので、オフセットエラー角よりもジッター対策を重視すべきなのだ。ピュアストレートアームはインサイドフォースが発生しないため、インサイドフォースキャンセラーが不要で構造がシンプルになり、オーバーハングではなくアンダーハングになるのでアームが短くて済み、同じ太さならアームの剛性が高い。

軸受にはボールベアリングを採用した製品が多いが、ボールベアリングはボールを回転させるための隙間が必要であり、多点接触なので支点が不明確だ。いっぽうワンポイント軸受けは支点が明確だが、アーム本体がひねられてふらつくため、オイルダンプなどの制動機構でふらつきをカムフラージュする必要がある。そこで本機は図1のように、わずかに側圧をかけた2点支持にして、ひねりによるふらつきを防止した。側圧は垂直荷重の0.01倍程度と微小なので、フィデリックスは「1.01ポイント支持」と呼んでいる。主要パーツは硬質ステンレス（SUS304）で、軸受には高耐久性の宝石が投入されている。アーム内配線材にはモガミ電線のトーンアーム用OFCケーブルが用いられ、メインウエイトは1回転3gで1目盛0.5gだ。

本機は今でも愛用者が多いFR-64SやサエクWE-308Nとの互換性を考慮した設計なので、これらのアームを使っている人はそのまま置き換えが可能だ。FR-64Sと置き換えた場合は半径84.3㎜の点、WE-308Nと置き換えた場合は97.1㎜の点でトラッキングエラーが0になる。付属品で特筆しておき

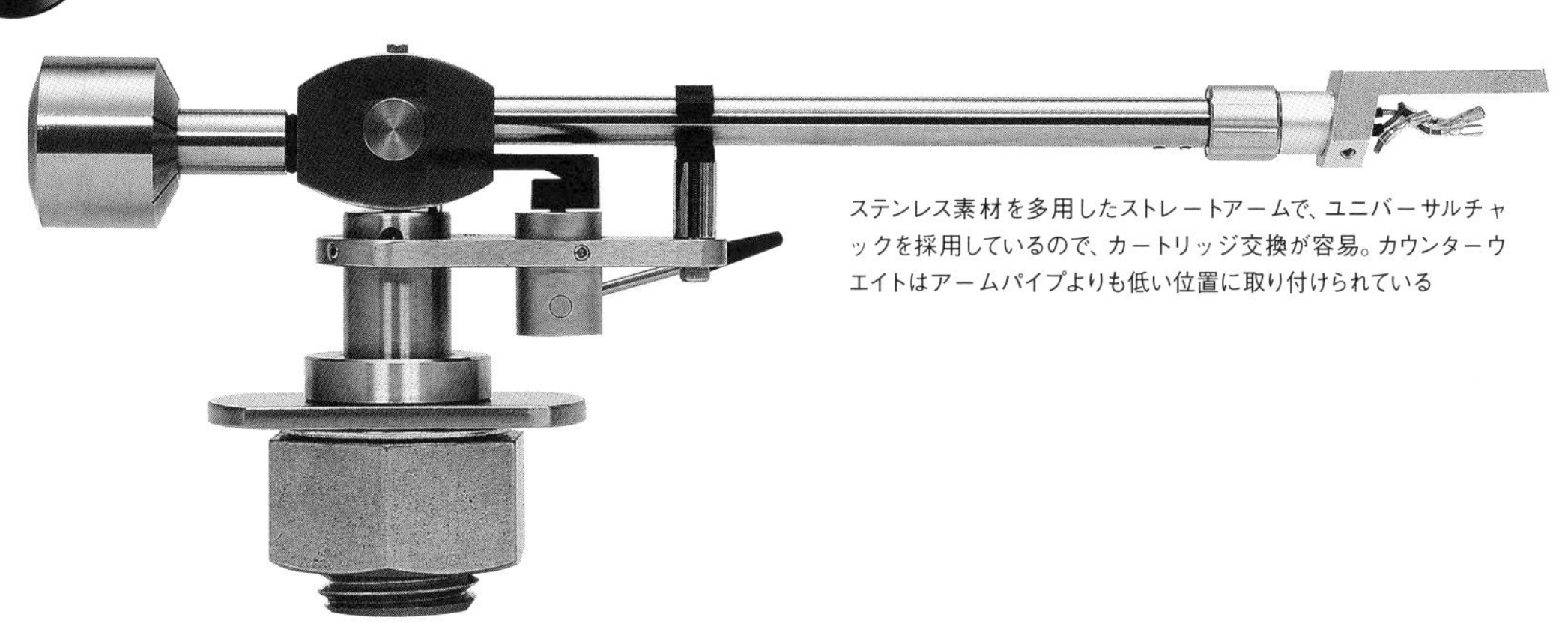

ステンレス素材を多用したストレートアームで、ユニバーサルチャックを採用しているので、カートリッジ交換が容易。カウンターウエイトはアームパイプよりも低い位置に取り付けられている

Specification
ターンテーブルとアーム取り付け孔の距離：232mm±3mm
●実効長：214mm
●アンダーハング：18mm
●対応カートリッジ重量：28.5gまで
（サブウエイト併用で35.5gまで）
●取り付け孔径：φ30mm

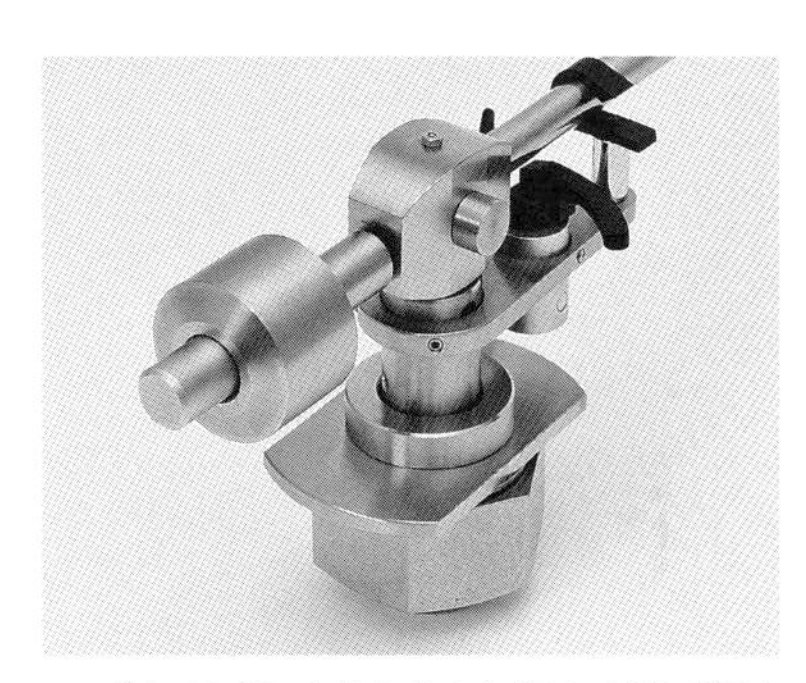

ワンポイントに近い支持方式で、わずかに内側に荷重をかけるために、アームパイプ基部に小さなウエイトが付いている。カウンターウエイトはサブを取り付けた状態

SOUND CHECK

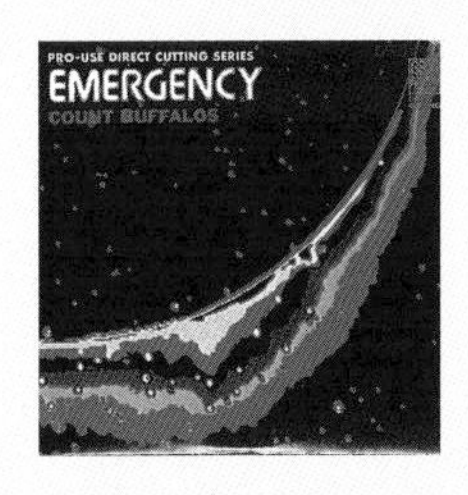

『EMERGENCY
／COUNT BUFFALOS』
（ノンリミッターの
ダイレクトカッティング盤）
東芝EMI
LF-95002

想定外の超高音質迫真音場

今までいろいろなアームを試したが、これまでに体験したことのない、まさに異次元と言える超高音質迫真音場に度肝を抜かれた。聴感上のノイズが低く、音がスパッと立ち上がって山が高く、スパッと立ち下がって谷が深いので曖昧なところが一切ない。シンバルなどの打楽器はクッキリ鮮明で一打ごとの音色の違いがわかるし、抑揚や倍音構成の時間的変化が明瞭なので、ピアノもギターもヴォーカルも非常に生々しい。低域は大地に根を生やしたような安定感と重量感があり、エレキベースは瞬発力と制動力があって音階が明瞭。空気感や気配も感じられて、録音現場にいるような臨場感だ。トラッキングエラー角が大きくなる外周部や内周部でも歪み感はなく、音溝全域でクリアかつナチュラルな音質。シェルター#7000からこんなに感動的な音を引き出したアームは初体験で、聴き慣れたレコードにこんなに多くの情報が詰め込まれていたのかと驚いた。私にとっては大きなカルチャーショックだ。　（柴崎　功）

取り付け用六角ナットは50mmと大きいので、Cクランプにくわえて回す

たいのは、単売もされている可動2ピン式密着ヘッドシェルMITCHAKUと、SaSuPa（サスパ）と称する極細ブラシと粘着ジェルの2ウエイスタイラスクリーナーである。（柴崎　功）

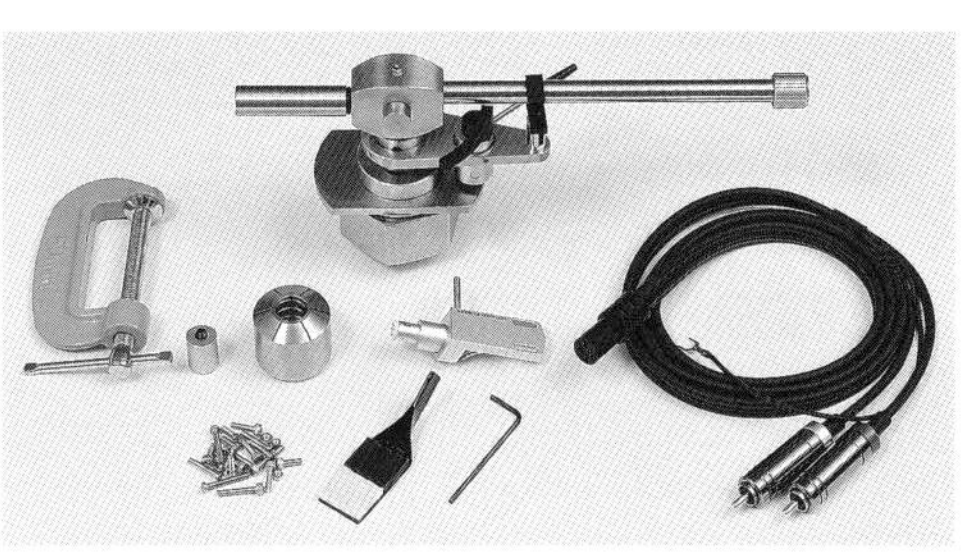

アーム本体と付属品一式。Cクランプはベースの大きな六角ナットを回すためのもの。その右はサブウエイト。ヘッドシェルはガタを追放したMITCHAKU、その手前はベルベットと粘性樹脂を組み合わせたスタイラスクリーナー

カーボンパイプ採用 オイル支持ストレートアーム

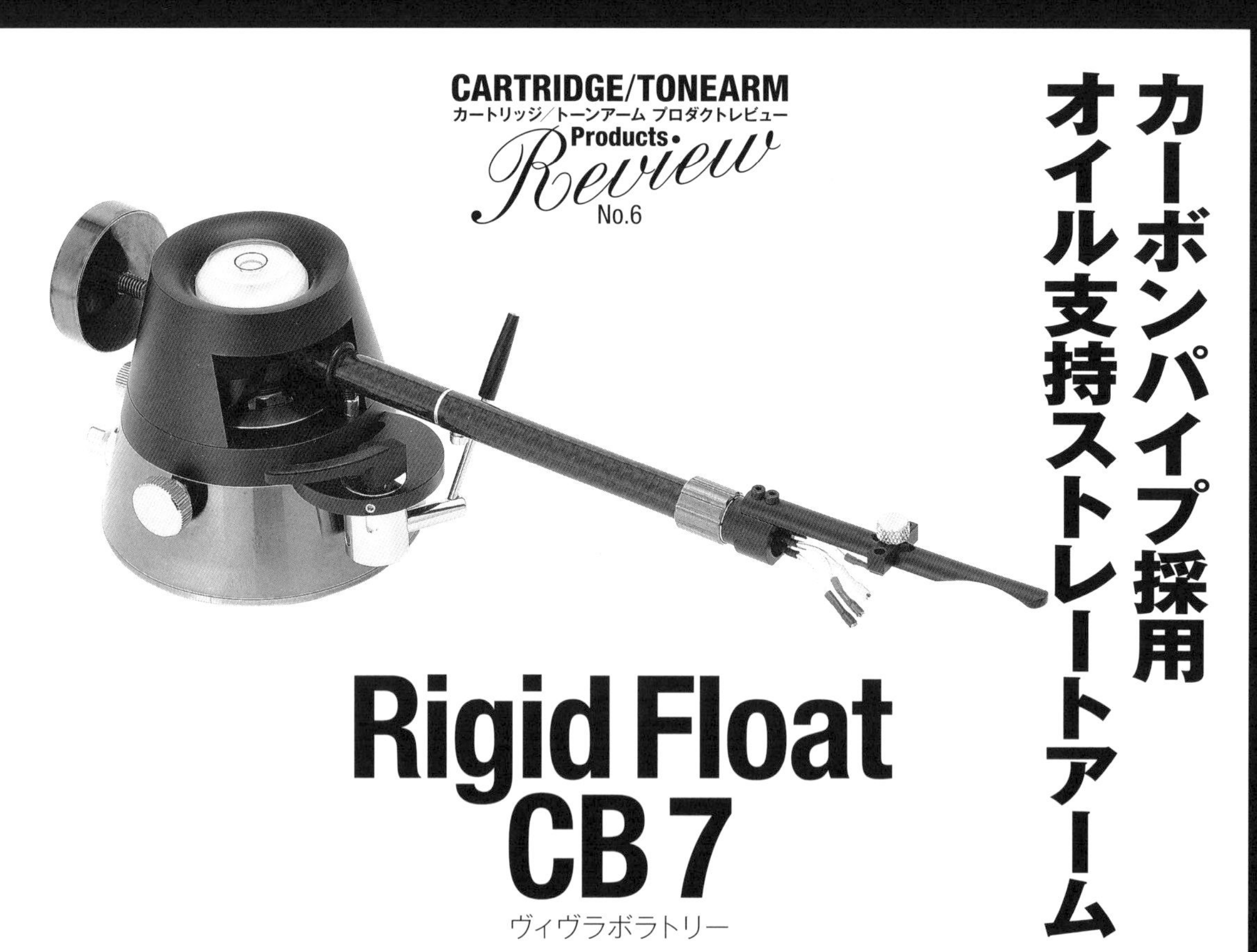

Rigid Float CB 7

ヴィヴラボラトリー

独創的製品を生みだすヴィヴラボラトリー

ヴィヴラボラトリーはevanuiというスピーカーで2008年に登場した。主宰者は秋元浩一郎氏で、オーディオとは別ジャンルの技術者である。

ヴィヴ（ViV）という耳慣れない名称は音楽用語のヴィヴァーチェを略したものだそうで、また英語のvividやvivaciousといった言葉も意識して付けられたという。そしてそのevanuiスピーカーは、振動板の口径わずか10㎝のフルレンジ。エッジレス、ダンパーレスという前代未聞の設計であった。キャビネットはバックロードホーンだが、特殊オイルで支持することによって振動板はエッジやダンパーの弾性による影響を受けず、十分な低域を持ちながら滑らかなレスポンスを獲得していた。

この後、小型モデルevanui PRIMAやevanui μといったスピーカーの開発やモデルチェンジなどが続き、2010年に本機のオリジナルとなるトーンアームRigid Floatが発表される。

スピーカーもそうだが、このトーンアームも前代未聞と言うべきである。なにしろピボットがない。というより支点が浮いているのである。これにも特殊オイルが使用されているが、アームパイプの根元に丸い膨らみがあって、これがオイルに浸かって浮遊しているという構造だ。

アームパイプはストレートなので、常識的に考えればアンダーハングが大きく、まともにトレースしそうにも思えない。ところが実際には少しもトレース性能に影響はないばかりか、最内周でもまったく歪みが感じられない。一般的なオフセットアーム以上にクリアな再現が得られ、関係者の首を捻らせたのである。

当初の設計はマグネシウム製アームパイプに漆塗りを施した豪華なものも用意されたが、幾度か改良が加えられ現在のアルミパイプに変わった。またこの間アジマス調整やアームリフターが加わり、アームパイプの実効長も7インチ、9インチ、13インチの3種類に増えた。

ここまでがRigid Float／haまでの軌跡である。本機CBバージョンはこのhaバージョンのアームパイプだけを、アルミからカーボンコンポジットに変更したものだ。ほかの部分に変更はない。パイプ長は7インチ、9インチ、13インチと同様だ。

後部の円錐台状に見えるのがベースで、真鍮製である。その上の部分にオイル溜りがあって、ここにアームパイプの後部が浮かんでいるわけだが、そこを通って内部配線がベース部に抜け、出力端子に接続されている。端子はRCAタイプである。また内部配線には絹巻4Nの純銀線を使用している。

カウンターウエイトは50gまで対応するので、SPUなどもそのまま取り付けが可能だ。また専用のヘッドシェルとして、同社製品Nelson Holdが付属している。

なお本機は高さ調節が可能だが、最も低い位置でも針先まで57㎜の高さがある。ターンテーブルが低いと水平にならない場合もあるが、多少針先が前のめりになるくらいは構わない。これはスタイラスの縦軸が垂直であるよりも、4°程度前方へ傾いているほうが高域特性がよくなるという理論にも合致するもので、よほど極端でない限り神経質になる必要はないようだ。

さて本機の特徴について、つまりこの形でなぜ音が歪まないかという点について推測を述べておきたい。

カートリッジの針先は、丸針ではどうかわからないが楕円は、線接触型では放っておけば接線と平行になろうとする。内壁と外壁から加わる力の不均衡から逃れようとするからだ。ところがアームの支点が固定されているとこれができず、そこで歪みが生じると考えられる。

Rigid Floatでは支点が固定されず、いわばファジーな状態になっている。このため針先がある程度は自由に動けるため歪みが抑えられるのではないか。もちろん完全にタンジェンシャル（接線）トラッキングになるわけではないが、針先が平行になろうとする力を緩やかに開放することで、歪みが生じにくいのだと考えられる。そして本機では素材をカーボンとして軽量・高剛性化を図ることで、それがより効果的になったと言えるのである。

（井上千岳）

Specification

オフセットアングル：0°
オーバーハング：−5〜−20mm推奨（アンダーハング）
使用可能カートリッジ重量：〜50g（ヘッドシェル含む）

富士山型のベース後部にはピンジャック出力端子とアース端子があり、ピンケーブルが使用できる。右のツマミは高さ調整ストッパー。頂部には水準器が取り付けられている

SOUND CHECK

鮮度の高い滑らかでパワフルなサウンド

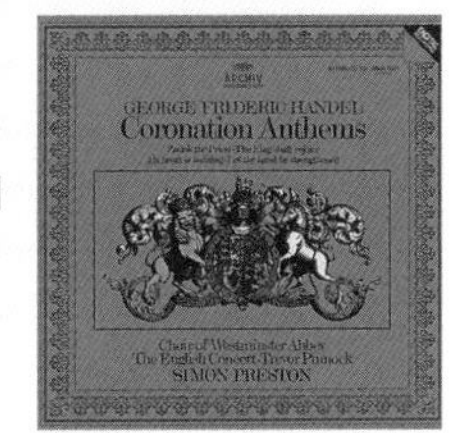

『戴冠式アンセム／ヘンデル』
アルヒーフ
28MA0037

アナログ機器はCDの登場後も今日まで、30数年にわたって進化を続けてきた。その歴史の中でも本機は、ほとんど革命と呼んでいい発明ではないだろうか。支点の明確化はトーンアームの鉄則とされてきたが、それが逆であったとしたら天動説から地動説へのような転換と言ってもおかしくはない。

実際 Rigid Float の音を聴いた人は、間違いなく驚嘆するはずだ。これまでどんなアナログ機器からも聴いたことのないような音が、確かに鳴っているからである。いままでのアナログとは次元のまったく違う、もちろんデジタルとも違う鮮度と実体感の塊のような再現がそこにある。

そして本機 CB バージョンはさらに飛躍して、ほとんど機械の存在を感じさせないまでに進化している。ピアノやバロックがなんと新鮮で起伏に富んでいることか。オーケストラがいかにダイナミックで強靭なことか。

これはもうただのアナログではない。音そのものと言うべきである。

（井上千岳）

眼前で演奏しているかのようなリアリティ

『ジャスト・フレンド／LA4』
東芝EMI／コンコード
ICLF-98008

筆者は同ブランドのアームを以前から高く評価してきたが、カーボンパイプを採用した本機は異次元と思えるサウンドを聴かせてくれた。ここ数年 SME やガラードなど往年の名機と呼ばれるコンポーネンツをメンテナンスして使い、現代にあってもヴィンテージ機は十分に使えると思っていたが、本機の音には敵わないと痛感した。LP のグルーヴに刻み込まれた情報を正確かつ余すことなく引き出し、実在感溢れるサウンドが得られ、音楽の抑揚を正確に表現するが、それを強めることなく自然に描き出す。S/N が高く、スクラッチノイズも減少し、微細な音も明晰に再現され、ジャズ系ソフトのドラムソロなどのパワー感やエネルギー感がリアルさを増し、アナログディスクの D レンジが拡大したよう感じられた。また音像の実体感の高まりと鮮明かつ正確な定位感などはマスターテープ並みといえる。また最内周でも歪み感増加などの音質劣化の兆候は聴かれず、終始安定したサウンドが得られるのも本機の強みといえる。懐が豊かであれば、すぐにでも現用システムに導入したい。

（小林 貢）

MCカートリッジ
2.0S
プラタナス

　プラタナスは2016年3月にデビューした新進ブランドだ。新進ブランドではあるが、設計者であり同ブランド代表の助廣哲也氏は、OEMで多くのブランドのカートリッジを手がけ、確かなキャリアを積んできた。彼は「躍動する生命の音を引き出すことを、妥協することなく追究し、High-Resolution音源が究極的スペックとなった今こそ、LPレコードが本来的に有するポテンシャルをフルに引き出し、アナログの素晴らしさを再認識できる製品づくりを目指した」という。

　現在37歳の助廣氏は、22歳のころから東京都下に存在するオーディオ機器の部品の機械加工や組立などを行う工房に在籍。その会社がIKEDAブランドのカンチレバータイプのカートリッジを請け負った折に彼が設計・製作を担当。ほかのいくつかのブランドのカートリッジ製作に携わった後に独立し、同ブランドを設立した。

　カートリッジは筐体やカンチレバー素材によって再生音が変化するが、デビュー作である2.0Sの設計において、カンチレバーなど振動系が固定される磁気回路の構造による音響特性に着目したという。本機では通常複数のパーツで構成される磁気回路を、純鉄の塊から精密切削加工により一体成形し、高剛性化された結果、振動系の働きがロスすることなく音楽信号に変換できるようにしたのだという。さらに磁気回路のサイズや形状、筐体ベースとボディのサイズや形状、材質などまで徹底的に試作して試聴を行ったという。その結果採用したのは、筐体ベースにA7075アルミニウム合金、ボディ部にA6063アルミニウム合金であった。

　カンチレバーはA2017アルミニウム合金をテーパー形状として高剛性化するという比較的オーソドックスな手法。マグネットは強力なネオジムが搭載されているが、これも今となっては特段に新しいわけではない。内部インピーダンス2.5Ω、出力電圧0.3mVというスペックなど、近年注目の超低インピーダンスでなく、ごく一般的なMC型である。

（小林　貢）

磁気回路は純鉄製で、繋ぎ目のない一体構造。外装はアルミニウム合金製。ヘッドシェルは別売

SOUND CHECK

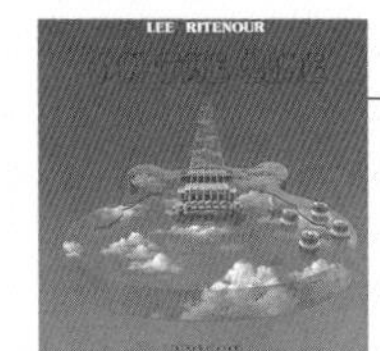

『リー・リトナー／ON THE LINE』
JVC
VIDC-5

本機は既存の低インピーダンス型MCに比べ、固有のキャラクターや色付けを感じさせることのないきわめてナチュラルな質感を有している。また、どこか懐かしさを覚えるアナログサウンドでなく鮮度の高い響きが得られ、全帯域にわたって高い解像度が確保された現代的な再生音が聴ける。しかも解像度の高さを強調せずナーバスな傾向もなく、音楽を生き生きと再現してくれるのが好ましい。数十万円もするカートリッジが少しも珍しくなくなった現代において、36万円という現実味のある価格設定も好ましく思う。

（小林　貢）

Specification
インピーダンス：2.5Ω
適正針圧：1.9～2.1g（標準2.0g）
出力電圧：0.3mV（1kHz、35.4mm/s）
コンプライアンス：7.0×10^{-6}cm/dyne（100Hz）
再生周波数範囲：10Hz～30kHz
チャンネルセパレーション：30dB以上（1kHz）
チャンネルバランス：0.5dB以内（1kHz）
重量：16g

CARTRIDGE/TONEARM
カートリッジ／トーンアーム プロダクトレビュー
Products・Review No.8

オーディオテクニカ新VM型カートリッジ

VM700&VM500 Series

ボディ2種、針先6種類を聴く

井上千岳 INOUE Chitake／小林 貢 KOBAYASHI Mitsugu

1962年にMM型カートリッジを発売したオーディオテクニカは、MM型の問題点を克服して、発電マグネットをカッターヘッド相似のV字配置としたVM型のAT-35Xを開発、世界各国で特許を取得して1967年に発売、瞬く間にベストセラーとなった。

1978年には発電コイルのコアをトロイダル型にしてリニアリティを向上させたAT25を発売、1979年にはトロイダル発電系を改良して効率と特性を改善したパラトロイダル発電系を開発、AT100シリーズとして登場した。

VM型はMM型と同様、針交換が容易なため、ひとつのボディに対して複数の針先が用意され、サウンドもバリエーションを増やすことができる。たVMシリーズには、3種のボディ、6種の針先が用意されており、ここではステレオ用のVM700シリーズとVM500シリーズのバリエーションを紹介する。

井上千岳氏の試聴 LP

『スイトナー ベルリン・シュターツカペレ 78年ステレオライブ／ニーダロス大聖堂少女合唱団他』 TOKYO FM TFMCLP-1043/4
『バッハ／ヴァイオリン & オーボエ協奏曲他』ハルモニアムンディ KUX-3018-H

小林 貢氏の試聴 LP

『ミスティ／山本剛トリオ』スリーブラインドマイス TBM-2530 『道標／ランディ・クロフォード』ワーナーパイオニア P-1026W
『ホルスト／惑星 小澤征爾指揮、ボストン交響楽団』日本フォノグラム PHJP-13
『タワー・オブ・パワー・ダイレクト／タワー・オブ・パワー』シェフィールド・ラボ 17

オーディオテクニカ 新型VMカートリッジの概要

3種のボディ、6種の針先で構成。ステレオ用ボディと針先は互換性を保つ

――井上千岳

オーディオテクニカのVM型カートリッジAT100シリーズが発売されたのは、1979年のことである。AT150Eを筆頭にAT140E／130E／120Eというラインアップが形成されていた。このうちAT150Eだけがアルミボディで、ほかは樹脂モールドであった。

2016年に37年ぶりのリバイバルとなったこのシリーズは、型番をVMシリーズと変えて新たに全面的な展開を図ることとなった。上級のVM700シリーズはAT150Eの系列でアルミボディを踏襲し、スタイラスの違いによって3モデルがラインアップされている。またVM500シリーズは旧AT140E以下に相当するが、まったく一致するわけではない。

VM型がオーディオテクニカの特許技術であることは周知のはずだ。原理的にはMM型に属するが、一般的なMM型とは違ってアーマチュア（振動子）としてのマグネットを2本備え、ちょうどVの字のように取り付けられてポールピースの間で振動する。カッターヘッドを逆にした形の動作として、長くファンの間で知られてきたものだ。

VMシリーズは基本的にAT100シリーズと同様で、パラトロイダルと呼ぶ発電系を搭載している。ラミネートコアに発電コイルを巻き、一体化された継ぎ目のない磁気回路を構成した機構である。このVMシリーズではコイルに6N-OFCを使用しているが、これがオリジナルのAT100シリーズと違う点である。また発電系はLR2系統存在するわけだが、その間をパーマロイのシールドプレートで遮断している。これによって、クロストークはマイナス40dB以下に抑えられているという。

ボディはVM700シリーズがアルミ合金ダイキャスト、VM500シリーズが高剛性樹脂であり、同社ではハウジングと呼んでいる。このハウジング部は各シリーズの中では共通で、スタイラスの違いによって各モデルが形成されている。つまり互換性があるということで、スタイラスだけを交換して違いを楽しむことも可能だ。

カンチレバーはアルミ製で、VM700シリーズの全部とVM540MLがテーパードパイプ、ほかは通常のパイプである。

VM760SLCは両シリーズ合わせてのトップモデルで、針先は1.5×0.28milの無垢ラインコンタクト針としている。またVM750SHは無垢のシバタ針、VM740MLは無垢のマイクロリニア針。この中でシバタ針が最もサイズが大きくなっているが、それが音質に微妙に影響して根強いファンを得ているのかもしれない。

なお、2015年に発売されたAT150Saもシバタ針を採用しているが、コイルがPCOCCなので別ものと考えるべきである。

VM500シリーズではVM540MLが最上位で、針先は無垢のマイクロリニア針。VM530ENとVM520EBはともに0.3×0.7milの楕円針だが、前者が無垢、後者は接合であるのが違いとなっている。さらにエントリーモデルのVM510CBは、0.6milの接合丸針である。

出力電圧はVM700シリーズとVM540SLCが4mV、ほかは4.5mVないしそれ以上で、上位モデルほど低くなっているのが興味深い。ただし、実用上問題にするようなものではない。

モノーラルレコード愛好家向けに、VM600シリーズもラインアップされ、SP盤用のVM670SP、マイクログルーヴ用のVM610MONOがあるが、今回の試聴にあたってレコードおよびEQがないため、文字での紹介にとどめる。

手前の3個がVM700シリーズ、奥の4個がVM500シリーズ。ボディは共通で、針先が異なっている。スタイラスカバーの白文字は針先の型番

VM750SHを端子側から見る。緑色のRチャンネルグランド端子は金属ボディに接続されている

VM750SHの交換針の裏側からは、V字配置の発電マグネットが見える

500シリーズ4種を聴く

——小林 貢

音が薄いとの固定観念を覆す充実したサウンド

比較がしやすいので初めにVM520EBを取り上げるが、MM系は音が薄いという昔の固定観念が嘘のように充実し、彫りの深い音調を得ているのに驚かされる。特に中域から下の帯域で音数が多く、ダイナミズムの幅が取れて起伏が大きい。このためピアノもオーケストラも弾力が強く、厚手で切れのいい鳴り方をする。また、バロックは解像度がよく、伸びやかだ。これだけ各楽器がはっきりと分離して再現されているなら、MC型にこだわる必要はなかったのではないかと思える。進化というものがよくわかる音質である。

VM510CBは、丸針だけにやや両端が丸くはなる。しかし決して頭がつかえたような息苦しさはなく、ピアノのタッチやオーケストラの力感など骨格の太い手応えが快い。バロックでも繊細な瑞々しさは犠牲になっていない。往年の著名なMC型に通じる厚みと安定感から、かえってこちらを好む人がいてもおかしくはない。

スタイラスを無垢の楕円針としたVM530ENは高域への伸びと情報量が増し、広いレンジにわたって音数が多い。オーケストラやバロックは特に高域で薄くなることがなく、ディテールがシャープに彫り込まれて、どこかしこも鮮やかになる。VM520EBではやや下寄りだったエネルギーが、全帯域で均一になると同時にエネルギー量も増えている。このためピアノも表情がいっそう多彩で力強く、レスポンスがまっすぐに伸びているのを感じる。

VM540MLはマイクロリニア針の性格が明確に表れているようで、微細な信号の引き出し方が緻密だ。ピアノではフォルテの峻烈さや低音部の骨格の強さに加えて、デリケートな弱音部のきめ細かな再現が印象に残る。また、オーケストラもダイナミズムの幅がいっそう広がったように陰影が深く、静寂な部分でも小さな凹凸が明滅する。バロックも艶やかで、ヴァイオリンやバロックギターの繊細さが際立っている。つまり表現が濃密なのだ。力感だけで持ってゆくのではなく、彫りの深い表現力で聴かせる品位の高い再現性と言っていい。

VM510CB

VM530EN

VM520EB

VM540ML

Specification

VM500シリーズの共通規格

出力バランス：1.5dB（1kHz）
針圧：1.8〜2.2g（標準2.0g）
コイルインピーダンス：2.7kΩ（1kHz）
コイル直流抵抗：800Ω
推奨負荷抵抗：47kΩ
推奨負荷容量：100〜200pF
ダイナミックコンプライアンス：8×10⁻⁶cm/dyne（100Hz）
重量：6.4g

VM510CBの規格

再生周波数範囲：20Hz〜20kHz
出力電圧：5.0V（1kHz、5cm/s）
チャンネルセパレーション：25dB（1kHz）
接合丸針（0.6mil）
交換針：VMN10CB

VM520EBの規格

再生周波数範囲：20Hz〜23kHz
出力電圧：4.5V（1kHz、5cm/s）
チャンネルセパレーション：27dB（1kHz）
接合楕円針（0.3×0.7mil）
交換針：VMN20EB

VM530ENの規格

再生周波数範囲：20Hz〜25kHz
出力電圧：4.5V（1kHz、5cm/s）
チャンネルセパレーション：27dB（1kHz）
無垢楕円針（0.3×0.7mil）
交換針：VMN30EN

VM540MLの規格

再生周波数範囲：20Hz〜27kHz
出力電圧：4.0V（1kHz、5cm/s）
チャンネルセパレーション：28dB（1kHz）
無垢マイクロリニア針（2.2×0.12mil）
交換針：VMN40ML

700シリーズ3種を聴く

——小林 貢

空気感を明瞭に再現

VM740MLは低域から高域までスムーズに伸びた明快なサウンドを聴かせてくれた。1970年代後半に筆者がリマスタリングした『ミスティ』では、山本剛の力強いピアノのアタック音がスピーディに立ち上がるが、強調感や刺激的な響きを聴かせることがない。余韻の透明度も高く、薄暗いスタジオ空間に自然に消えてゆく。また、ノリの良いブルース曲ではスイング感にあふれ、ウッドベースのピチカートとシンバルが軽快なリズムを刻む。『道標』ではランディ・クロフォードならではのブルージーなヴォーカルが正確にセンターに定位し、バックのストリングスには適度な広がりが感じられた。また、ウィルトン・フェルダーのサックスソロもファンキーな味わいが感じられ、廉価なMM型のように細身にすることがないのが好ましい。

VM750SHはVM740MLとスペック上の周波数特性に変化はないが、中低域の充実度が増し『ミスティ』や『道標』のキックドラムの重心が下がるが、音像の輪郭を膨らませることなく適度なタイトさがある。またヘッドとビーターの接触音の質感、実体感が高まり、生音に近づくように感じられた。そして『ミスティ』では足でリズムを刻む床鳴りが鮮明に聴き取れると同時に、キックドラムの空気感も明瞭に再現された。ピアノもコンサートグランドらしい豊かな響きが得られ、低音弦の唸りもリアルになる。『道標』のラヴバラードなどで聴けるランディ・クロフォードの情感に満ちたヴォーカルが魅惑的に再現され、クルセイダーズのメンバーを中心としたバックの演奏の素晴らしさも光る。『惑星』では大編成オーケストラらしい重厚な響きが得られ、細部の音も鮮明に描き出された。

VM760SLCはスペック上高域特性が向上しているだけに、確実に情報量が増してくる。そして低域の解像度も高く、『ミスティ』における床鳴りが鮮明に再現されただけでなく、スタジオの空気感やウッドベースの胴鳴りがリアルに表現される。ミディアムアップの曲での山本剛のピアノはドライブ感が高まり、アドリブソロも起伏に富んで三者の緊密さが増してくるように思える。ダイレクトディスクの『タワー・オブ・パワー』は鮮度の高いサウンドが得られ、彼らのパワフルな演奏が一層熱を帯び、バリトンサックスを含む6本のブラスセクションの響きも厚みを増す。またドラムスとEベースの低音のビートも切れが良く、キックドラムの音圧感も鮮明かつリアルに再現され、スネアやタム類の力強いショットも小気味よく再現されるなど、最上位機にふさわしいパフォーマンスを発揮してくれた。

VM740ML

VM750SH

VM760SLC

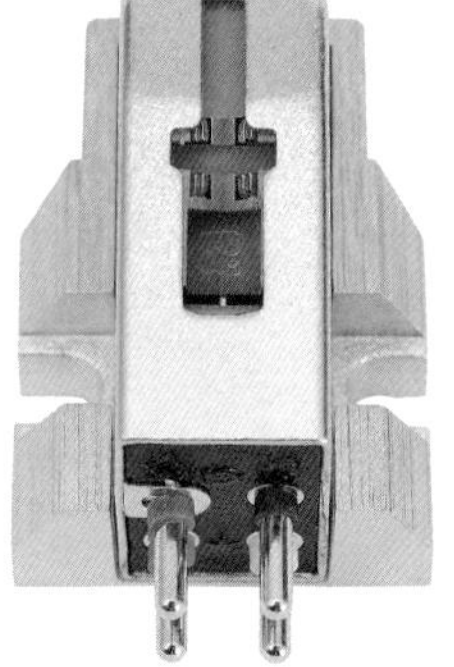

VM700シリーズのボディ。V字配置の磁石が収まるコアギャップも、左右に充分セパレートしている

Specification

VM700シリーズの共通規格

出力バランス：1.0dB（1kHz）
針圧：1.8〜2.2g（標準2.0g）
コイルインピーダンス：2.7kΩ（1kHz）
コイル直流抵抗：800Ω
推奨負荷抵抗：47kΩ
推奨負荷容量：100〜200pF
ダイナミックコンプライアンス：10×10⁻⁶cm/dyne（100Hz）
重量：8g

VM740MLの規格

再生周波数範囲：20Hz〜27kHz
出力電圧：4.0V（1kHz、5cm/s）
チャンネルセパレーション：28dB（1kHz）
無垢マイクロリニア針（2.2×0.12mil）
交換針：VMN40ML

VM750SHの規格

再生周波数範囲：20Hz〜27kHz
出力電圧：4.0V（1kHz、5cm/s）
チャンネルセパレーション：30dB（1kHz）
無垢シバタ針（2.7×0.26mil）
交換針：VMN50SH

VM760SLCの規格

再生周波数範囲：20Hz〜30kHz
出力電圧：4.0V（1kHz、5cm/s）
チャンネルセパレーション：30dB（1kHz）
無垢特殊ラインコンタクト針（1.5×0.28mil）
交換針：VMN60SLC

基礎知識

アナログプレーヤーの基本と使いこなしのテクニック

さまざまなパーツで構成されたアナログプレーヤー。

それらは各々に役割をもち、また密接に結びついている。

いい音でレコード聴くためには、各パーツの仕組みや調整法を知っておくことが基本だ。

いい音で鳴らすための基本的な知識を集めた。

アナログ再生は面倒くさいけど楽しい

ホコリを軽く払ってから、ターンテーブルにレコードをそっと載せる。スイッチを入れて静かに回り出したレコードにカートリッジの針先を下ろすと、盤面をトレースする軽い音とともに演奏が始まる。

　昔から変わらない、このちょっとしたひと手間から始まるレコードを聴く時間。若い人にはＣＤとも異なる新鮮な音として、また昔のオーディオ全盛のときに触れた経験のあるファンには、また取り組んでみたいオーディオとして、世界的に人気が再燃している。

　一時、ほぼオーディオの世界から姿を消しかけたレコード再生とアナログプレーヤー。その復活には、音に味わいや温かみがあるから、などのいろいろな意見がある。そうした音の違いももちろんだが、もうひとつあるのは〝いじる楽しさ〟だ。

　ポンとトレイにディスクをセット、再生ボタンを押せばすぐに音が出てくるＣＤプレーヤーと違って、レコードを聴くには、いま言ったような作法がある。それはレコードもアナログプレーヤーも、ＣＤとはまったく異なる成り立ちを持っていることによる。

　レコードを再生するのは、ＣＤからすると、はっきり言って手間がかかるし面倒だ。プレーヤーやトーンアーム、カートリッジなど、それぞれについて決まり事もあれば、いろいろといじらなければならないところがある。しかし、こうした調整をひとつひとつていねいにすればするほど、音が変化する、良くなっていくというのも、またアナログならでは。つまり、自分で行う調整や使いこなしが、いい音という結果に直結している。

　これは、たとえばモーターサイクルやロードバイクのチューニングの楽しさにも通じる、まさにオーディオという趣味の醍醐味のひとつといえるだろう。

レコードの音の魅力を引き出すために

　どのようにしてレコードから音は出るのだろうか。その調整方法に入る前に、ぜひ、レコード再生の仕組みについて知っておいていただきたい。その理由はこうだ。再生ではレコードやアナログプレーヤー、カートリッジなどの調整と使いこなしが必要だと説明した。なぜ必要なのか。

　それはレコードから音が出る仕組みやカートリッジなど各部の働きを知っていると、どうしてレコードプレーヤーは水平に置かないといけないのか、なぜアンプはフォノ入力だけが別になっているのか。その理由、必要なことなどが、なるほどと理解できる。そうしたことがわかっていれば、誤った使い方で音が出ないといったことも少なくなるし、音がおかしいと思ったら自分でチェックもできるわけだ。

レコード再生の特質

　プレーヤーにセットしたレコードがスピーカーから音として出るまでの流れは、概ね以下の通りとなる。

①レコードの音溝をカートリッジの針で擦る（トレースする）

②発生した振動をカートリッジで電流（電気信号）に変換

③フォノ（イコライザー）回路で特性や信号の大きさを音声信号として補正

④その後は、アンプ部で増幅、スピーカーで音として出力となる。

　オーディオ機器としては、レーザー光を盤面に当てて、反射の有り無しをデジタルデータとしてさらに音声信号化するＣＤとＣＤプレーヤーがほぼ全段、電気処理であるのに対して、レコードとアナログプレーヤーは、音の始まりが物理的な接触、振動であり、プレーヤーと各部も機械的な動き、処理が中心となっている。

　そして、アナログプレーヤーはＣＤプレーヤーなどと異なり、プリメインアンプに直接つなげないということも挙げられる。接続する前に信号の大きさ（レベル）を上げる、つまり、カートリッジで得られた信号は補正する必要があるのだ（その理由については後述）。

レコード再生の仕組み

　現在のようなレコード盤と針を使って音を出すという形は、１８８７

年、エミール・ベルリナーという発明家によって生み出された円盤型蓄音器が始まりだ（なお、発明王のトーマス・エジソンは、その十年前の1877年、円筒型蓄音器を完成させていたが、さまざまな理由で標準化に至らなかった）。その後、円盤型蓄音器とSP（スタンダードプレイ、78回転）盤はさまざまな技術的な改良を受けながら、1948年にLP（ロングプレイ、33・⅓回転）盤へ。さらにモノーラルからステレオという変革、よりコンパクトなドーナツ盤／EP（エクステンディット・プレイ）盤などの派生方式を経て今日に至るというのがレコード小史。

ちょっと驚きなのは、盤に刻まれた音溝を針が擦ることにより音が出るという原理はまったく変わっていないことである。

アナログ再生の出発点となるレコードの構造はどうなっているのだろう。レコード盤の直径は直径30㎝。A、Bで分けられた両面にはごく一本の細い溝、音溝が外周から内周に向かってうねうねと刻まれている。この溝の幅は0・05㎜、深さ0・023㎜（LPレコード）が標準というミクロの領域。したがってこれをトレースするレコードの丸い針先も曲率半径18ミクロン前後という極小サイズだ。

音溝をV字の谷に見立てると左右は45度の斜面になっており、ステレオレコードの場合、その壁面はその左右のチャンネルに割り当てられている（中心に対して、45度の角度を持つことから45／45方式ステレオといわれる）。この両壁面には縦方向に細かいギザギザ（凹凸）も刻まれていて、うねりのある音溝とその壁面のギザギザを針先が擦ることで、縦、横方向の複雑な振動が生まれる仕組みだ。

ちなみに、ごくわずかだが、レコードでは外周から内周に行くほど音質が低下するということはご存じだろうか。これは、内周のほうが円周が小さくなるために、レコードと針の相対的な速度が小さくなったり、角度的なずれが増すことなどによるものだが、レコード制作の技術などで、その差はほとんど感じないほど目立たなくなっている。

それにしても、この微細な音溝から、楽器の音色や人の声、さらには音像や音場感といったものまで、実にリアルに描き出されることは驚きと不思議以外の何ものでもない。

アナログ再生のシステムアップ

では、レコードを聴きたいとなっ

針先とレコード盤の接触

V字型に刻まれた音溝に対して、針先の形は丸針、または楕円なので、全面が接触するわけではない。しかも溝の幅は0.05mmだから、音が出ることさえ驚きというほかない。しかも、針先と音溝はたいへんな力が加わるという。ダイヤモンドなどの硬い材質が使われるのも、摩耗に対するため

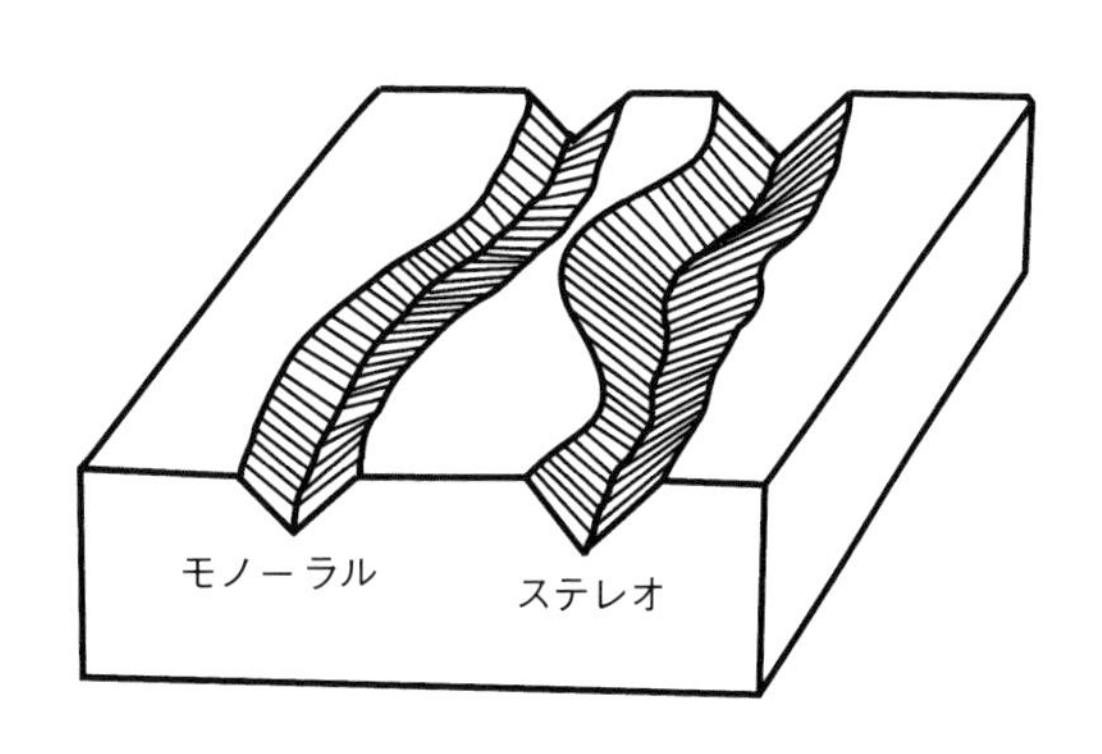

音溝の概要

イラストは、モノーラルとステレオのグルーブ（音溝）イメージ図。モノは左右対称に刻まれているのに対して、ステレオはそれぞれ異なっている。この溝を擦ることによる、左右のきわめて複雑な動きで左右チャンネルの音楽を記録する。外周から内周に向かって刻まれた音溝は約500m、両面で約1kmになる

たとき、どんな機器が必要になるのだろう。各機器の仕組みや動作を説明する前に、レコード再生システム全体について確認しておこう。

●アナログプレーヤー

レコードを回転させてカートリッジで音溝をトレースできるようにするアナログ再生のベースとなる機器。ターンテーブル（プラッター）の駆動についていくつか方式がある。トーンアーム装備済みのモデルが多いが、好みのアームが取り付けられるアームレスのものもある。

接続は、出力をプリメインアンプのPHONO入力につなぐ。PHONO入力が付いていないアンプでは、フォノイコライザーが必要になる。また、いずれの接続でも必ずグラウンド（GNDアース）もつなぐようにする。なお、簡単に楽しめるように、フォノイコライザーを内蔵したり、パソコンにつないで簡単に音楽ファイルが作れるようにADコンバーター（デジタル信号に変換する回路）とUSB出力を備えたモデルもある。

●フォノカートリッジ

針先が音溝をたどることで発生した振動を元にして発電、電気信号に変える役割をもつ。マグネットとコイルで発電するMC型とMM型が主流。

トーンアームの先端、ヘッドシェル部に取り付けて4本の細いリード線でトーンアームに接続する。

●フォノイコライザー

先にちょっと説明したが、カートリッジの出力は小さい。またレコードは信号の記録を最適化するために、音の高低や強弱をあらわす周波数特性について、高音は大きく、低音は小さくという処理も行っている。このため、ほかのオーディオ機器のように、直接、アンプとつないで、音を出すというわけにはいかない。そこで、CDプレーヤーなどの出力と同じになるように、レベルや周波数特性を補正するのが、フォノイコライザーだ。プリアンプ、プリメインアンプには、この回路が組み込まれていてPHONO入力を備えるものもある。

接続はアナログプレーヤーとアンプの間に差しはさむ形。プレーヤーからの出力を入力につなぐ。入力端子に、MC、MMの指定がある場合は、使っているカートリッジに合わせることも必須。そして出力は、アンプのライン入力（CD、AUXなど）に接続する。

アナログ再生に必要な機器

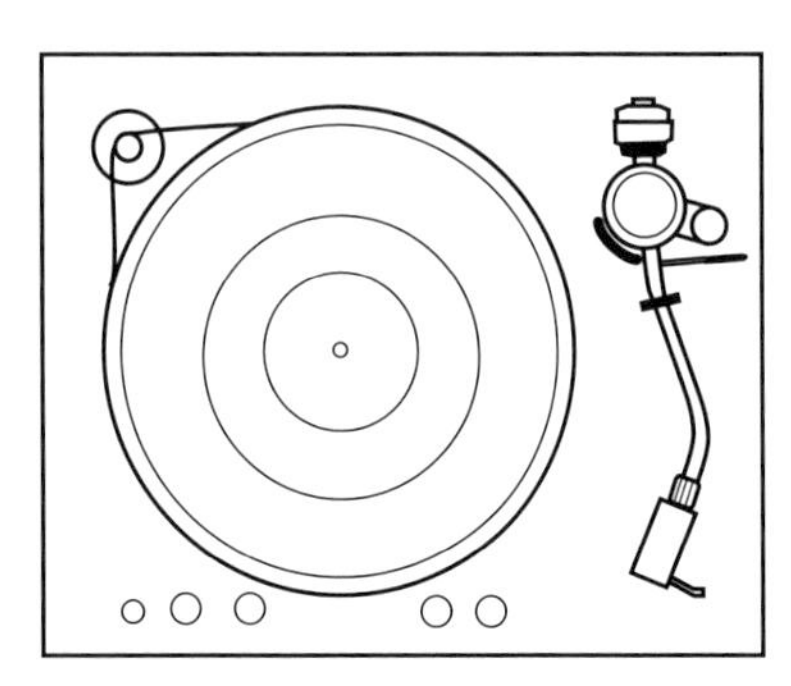

アナログプレーヤー

フォノカートリッジ

フォノイコライザー

放送電波やデータを受け取るFMチューナーや音楽配信、またディスクとは接触せず光で信号を受け取るCDなどのデジタルディスクは、ソースの段階から電気信号だ。これに対して、アナログレコ―ドは、プレーヤーでレコードを回転、実際にレコードの溝を微小な振動から、ごく微弱な電流に変える。そして、ほかのオーディオ機器と同じ信号の大きさにすることと、特別な処理で録音された特性を戻すために、フォノイコライザーを通す必要がある

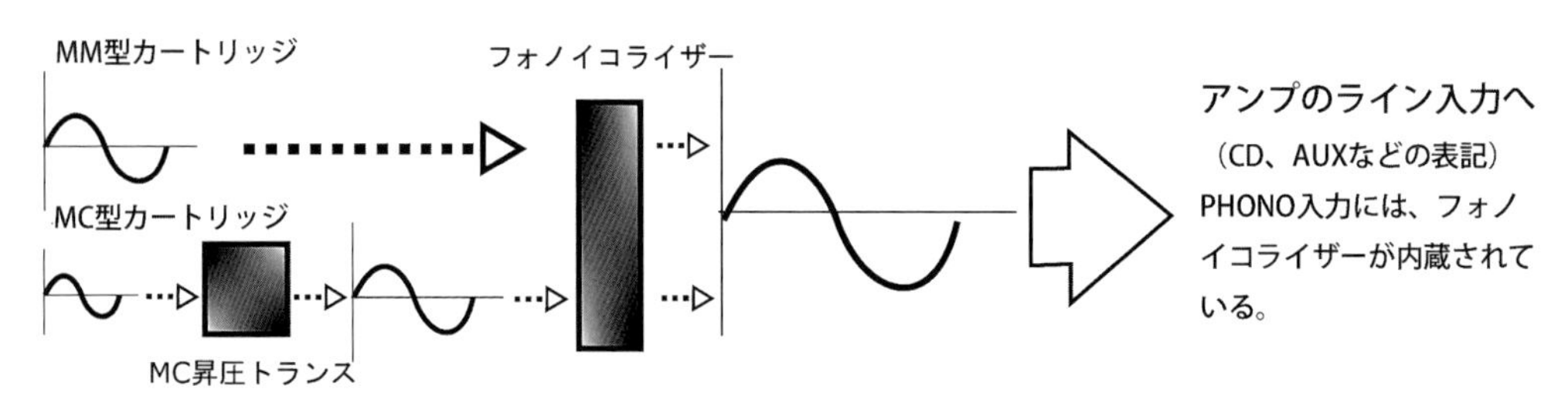

MM型とMC型で必要な機器が変わってくる。MCでは信号の電圧がさらに微弱（低電圧なので）、フォノイコライザーの前段でこの電圧を強める（昇圧する）ために、トランスやヘッドアンプを通す必要がある

アナログプレーヤー

現在、アナログプレーヤーは、ひとつの製品ジャンルになっているが、本来はいくつかのパーツから成り立っているシステムだ。構成しているのは、フォノモーターとターンテーブル（プラッター）、トーンアーム、ベース（シャシー）などになる。なお、プリメインアンプのライン入力（CDやAUXなど）に直接、つなぐことができるようにフォノイコライザー回路を内蔵したタイプ、レコードの音楽信号をデジタル化して出力するUSB出力を備えたモデルもある。

駆動方式とそれぞれの特徴

アナログプレーヤーの根幹は、どのようにしてレコードを回転させるかということ。この役割を担うのがフォノモーター／ターンテーブルだ。ターンテーブルを回転させる駆動方式としては、ベルトドライブ、ダイレクトドライブ、アイドラー（リム）ドライブの各方式があり、現在主流となっているのはベルトドライブ方式だ。

ベルトドライブ

モーターの回転を樹脂やゴムのベルトを介して、ターンテーブルに伝える方式。ベルトの代わりに糸を使う糸ドライブという派生形もある。またベルトドライブでも回転を伝える方法で二通りあり、ターンテーブルの外周に直接ベルトを掛けるタイプと、内側にあるプラッターにモーターからの回転を伝え、さらにこのプラッターの回転でレコードを載せるメインプラッターを回すタイプがある。

ベルトドライブ方式は、ベルトが一種の緩衝となって、モーターのコギング（カク、カクとした回転の動き）やシャフトのブレなどで発生する振動が伝わりにくく、ノイズが少ないというメリットがあるとされる。また、ほかの方式に比べると、特に外周にベルトをかけるタイプでは、モーターとターンテーブルが独立したシンプル構造で、ほかの方式に比べると製造がおこないやすい、ということも主流となっている一因だろう。

一方、ベルトドライブは、ベルトの伸縮やスリップが影響して回転ムラが発生しやすいといわれる。モー

アナログプレーヤー 各部の名称

アナログプレーヤーは、トーンアームなど、それぞれに機能をもった機構の集合体。各部をきっちりと調整しないと、きちんとした音が出てこないが、ひと手間かけるだけで音が良くなるのが現代的な機器と違うところといえるだろう

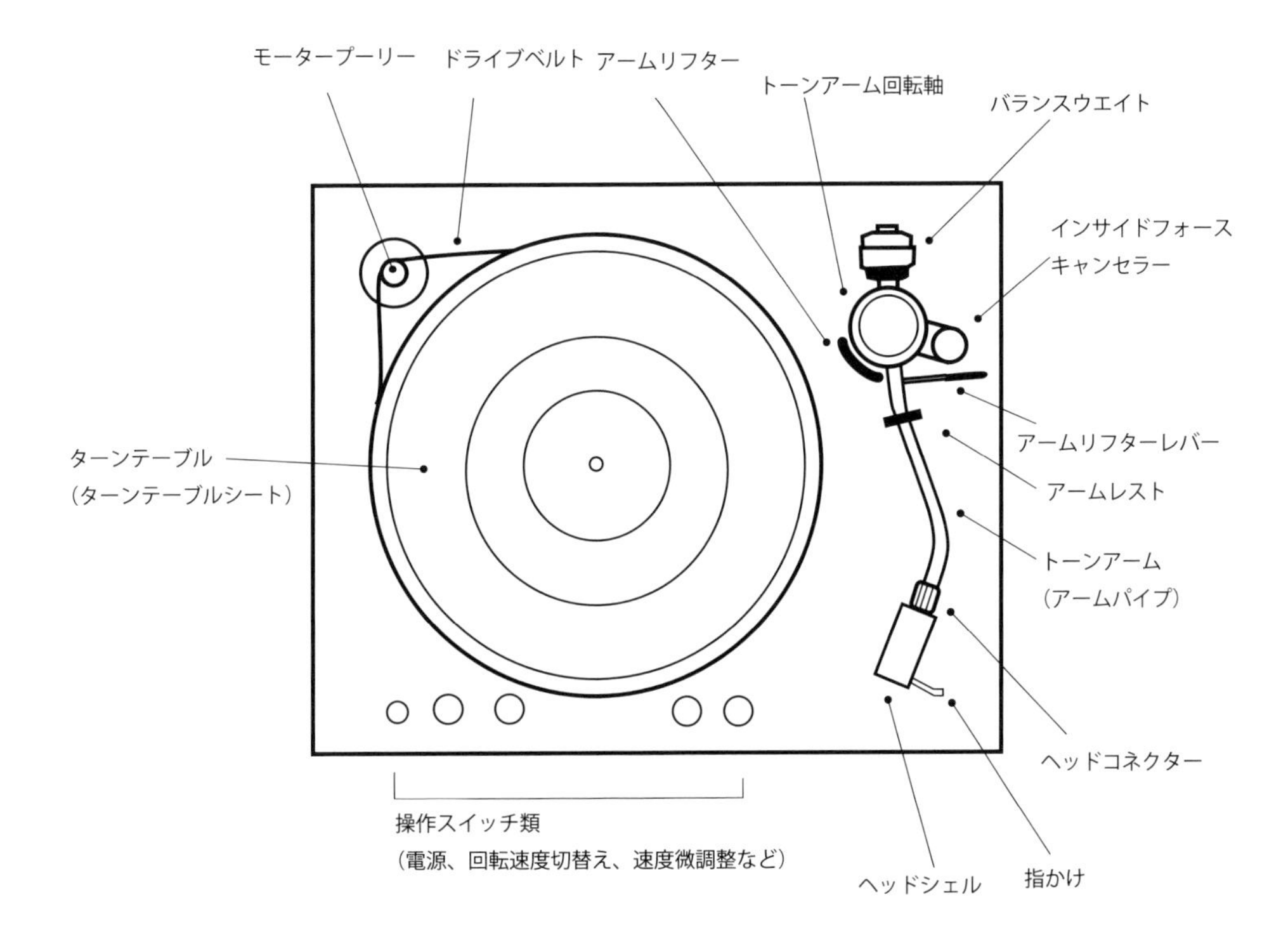

ターコギングやこの弱点を克服するために、ベルトドライブ方式ではターンテーブルを重くしてその慣性質量を大きくすることで、回転の安定度を高めるという方法が採られることが多い。いわゆる重量級ターンテーブルというものだが、これによりターンテーブルを支える軸受け部には、一方向から引っ張られるようにして回転する重いターンテーブルを支えるための機械的な強度、加工精度が求められる。

ダイレクトドライブ

モーターの回転部とターンテーブルが一体となった構造をもっている。ターンテーブルを直接、モーターが回転させるのでダイレクトドライブと呼ばれる。モーターには振動が小さく、一定した強いトルクが得られることが要求されるが、起動トルクの大きいDCモーターが使われることが多い。モーターの回転は音質にも直結するので、回転を一定に保つために電気的に制御するサーボ機構も組み込まれている。メカニズム的に大規模となり、またモーターや制御回路など、製造に高度な技術が要求されることから、大手メーカーでの生産にとどまり、現在製品数はそれほど多くない。

コギングの影響やモーターの振動が伝わりやすいのが弱点となり、当初はサーボ機構の制御能力の関係なのでコギングノイズが問題視されたが、たとえばコギングの要因をなくしたブラシレスのモーター構造やクォーツを使ったサーボの制御技術の高精度化などで、この課題を解消している。

ダイレクトドライブの特徴は、モーターの力強いトルクでターンテーブル、レコードを回すこと。ノイズや音の揺れが少なく、回転もきわめて安定している。起動トルクも大きいので、スタート・ストップが早い。余談だがDJのスクラッチ（レコードを手で前後に動かし、キュッ、キュッという音を出す方法）はこの方式のプレーヤーでないとできない。

アイドラー（リム）ドライブ

モーターの回転力をアイドラーと呼ぶ外周にゴムをはめ込んだ車に伝え、その力でさらにターンテーブルを回転させる仕組み。アイドラーがターンテーブルのリム部に接触して回転を伝えることから、リムドライブとも呼ばれる。その特徴は、構造がシンプルで安定して力強い回転が

アナログプレーヤーの駆動方式

DD

図を見てもわかるように、モーターの回転軸が、ターンテーブルと直結した方式。モーターの力がロスなく伝わる効率のよい駆動と、モーター動作に対応してスタート・ストップが早く、定速回転に達するのも早いというメリットがある。一方、振動やモーターの特性など、モーターの影響を直接、受けやすいとされる。モーターから開発しなければならないことなどから、採用するのはほぼ国内のメーカーに限られる

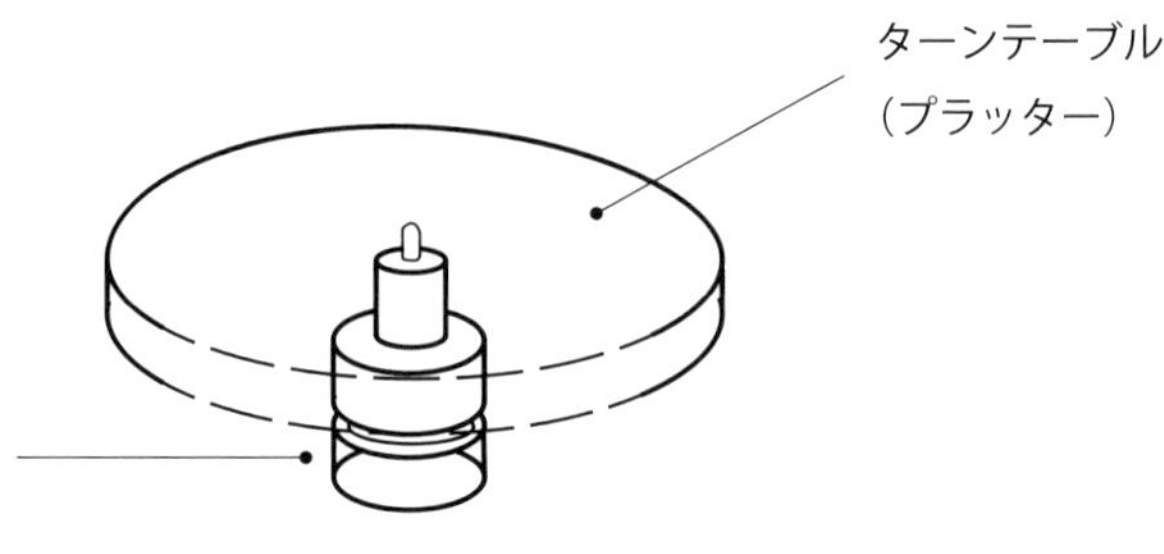

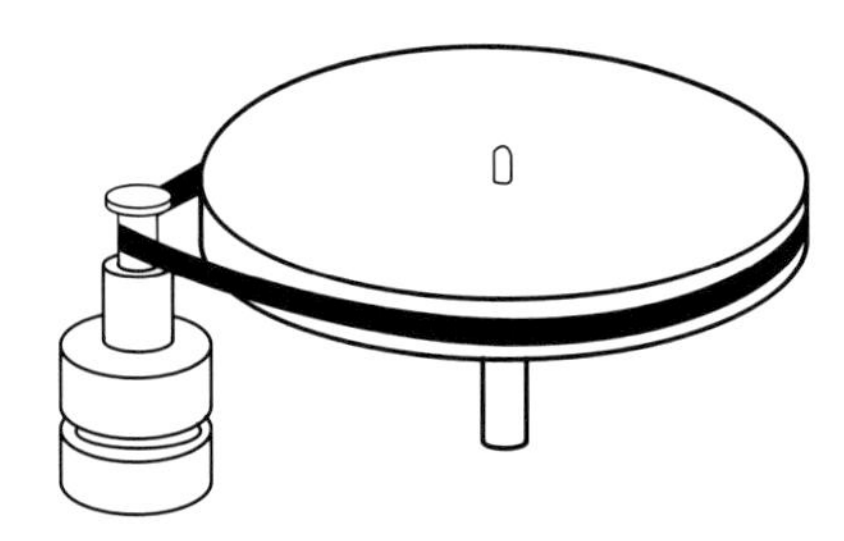

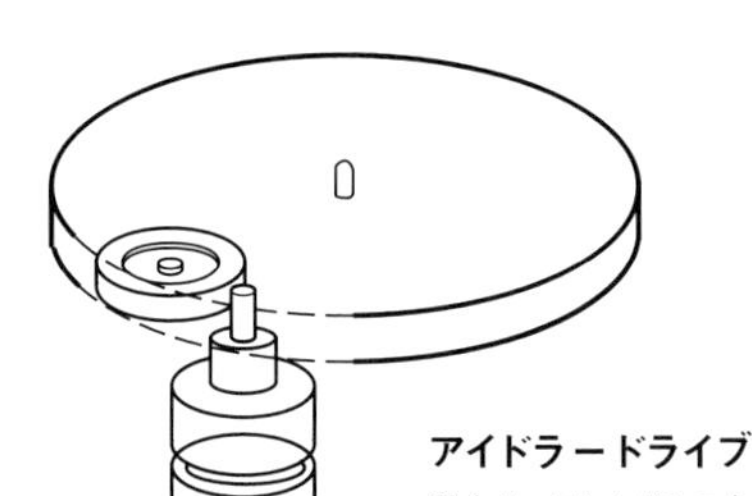

ベルトドライブ

現在、最も機種数が多く、主流となっている方式。設計が比較的、行いやすいということと、メインテナンスが容易であることも関係しているだろう。図のようにプラッターの外周に直接、ベルトをかける形式と、インナープラッターをベルドで駆動し、その回転でアウタープラッターを回すという方式も少なくない。回転精度を確保するために、慣性質量を増大するのが手法となっているため、特に海外製を含め重量級で大型化、高級化がひとつの流れになっているようだ

アイドラードライブ

現在は、ほとんどこの方式を採用するモデルはないが、今なおEMTやガラードなど往年の名器が採用することから、ベテランを中心にファンが多い。立ち上がりの良さは、想像以上。どちらも放送局などで重用された、いつでもすぐに音が立ち上がる起動性やシンプルでトラブルをオーナーが把握しやすいということも、ビンテージとしては異例の人気となっているのだろう。ベテランファンほど人気が高い、鮒釣りのようなプレーヤーといえるかもしれない

得られること。起動も早い。また耐久性が高く、メインテナンスしやすいことから、業務用機器で多く使われた実績がある。現在ではこの方式を採用する例はほとんどないが、いわゆるビンテージの名器と呼ばれるものは、この方式が多く、現在も使い続ける熱心なユーザーが多い。これは耐久性だけでなく、強力モーターの力をロスなくターンテーブルに伝えることによるとされる、力強い音に、独特の魅力があるからだとされる。

構造的にモーターの振動の影響を受けやすく、いわゆるゴロノイズも発生しやすい。このためターンテーブルとキャビネットを音響的に遮断するためにゴムやスプリングを使ったり、強固なベース構造としたり、モーターを低電圧で駆動するなどの工夫が行われている。

トーンアーム

カートリッジが音溝をトレースするとき、その先端に取り付けて、正確にかつスムーズにできるようにサポートするのがトーンアームだ。もう少し具体的に言うならば、カートリッジの針先が音溝に適切に接触し、カートリッジの動作に必要なレコード盤面に対する一定の圧、針圧を加える役割をもつ。また、外周から内周まで、どの位置にあっても滑らかに動くことが求められる。この目的に向けて、トーンアームにはいくつかの形状、針圧を加える印加方式がある。

トーンアームは本体を形作るアームパイプ、カートリッジを取り付けるヘッドシェル、アームを外周から内周まで一定に動かすために回転する軸受け、針圧をかけるためのバランスウエイトなどで構成されている。

形状の違い

アームパイプの形状は、まっすぐに伸びて先端のヘッドシェル部分に内側に角度が付いたストレート型、先端のほうが少し内側に曲げられたJ字形、左右にうねったようなS字形がある。

ストレート型は海外モデルに付属のものが多く、構造がシンプルで強度、剛性も得やすい。またパイプだけでなくさまざまな形状が登場、材質もカーボンファイバーなどを使って、さらに剛性を高めているものもある。また、カートリッジを直接、取り付けるようになっているシェル一体型も多い。

J字形は、後で述べるオフセットアングルが付けられてこの形になっている。アームの中心線から両側の重量バランス（ラテラルバランス）が合ってないとされるが、もちろん明確に違いがでるわけではない。

このラテラルバランスがとれるように左右に出っ張るようになっているのが、その形状からS字形と呼ばれるもの。伝統的なアーム形状であり、複雑かつ優美なカーブは工芸品的で、いかにも精密さを感じさせる。

なお、どのタイプも、アームの先端、ヘッドシェルはカートリッジが内側に角度をもって付けられるようになっている。これがオフセットアングルで、針先を正しく音溝と接触（音溝に対して正対）させるためのものだ。

針圧の印加方式

カートリッジは音溝と常に接触して発電できるように、一定の針圧をかける必要がある。アームの針圧をかける仕組みには二通りあり、ひとつがスタティックバランス、もうひとつがダイナミックバランスとなる。

どちらも軸受け部を中心に前後が水平になる（ゼロバランス）ように調整したあと、針圧を加えるようにセットするが、ここでアームの後端のカウンターウエイト（錘）を調整して重さを出すのがスタティックバランス型、スプリングを使って積極的に印加していくのがダイナミック型となる。

トーンアームのゼロバランス

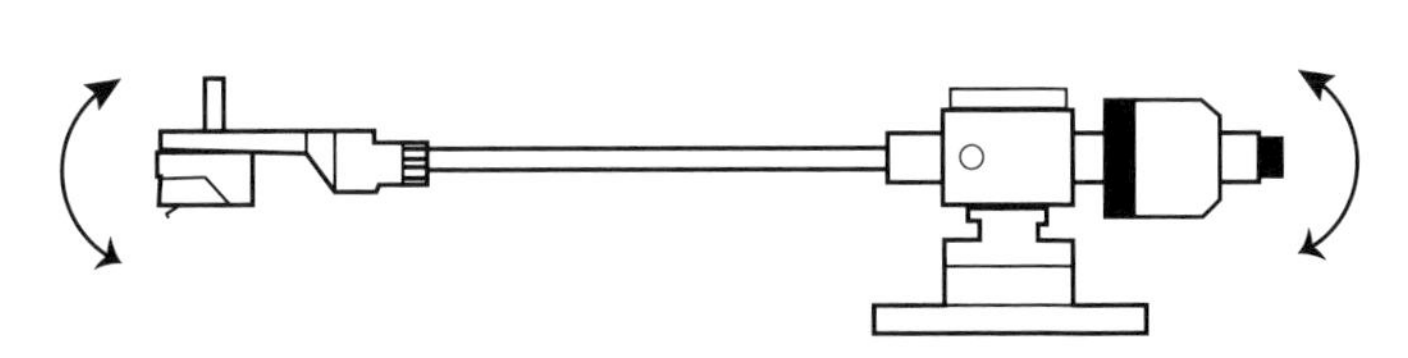

錘で針圧の調整をするスタティックバランス型にしても、スプリングで荷重をかけるダイナミック型にしても、ゼロバランスをとることは不可欠。なぜならば、針圧計を使わない限り、ゼロバランスをとらなければ、トーンアーム部についた針圧の目盛りが機能しないからだ。ゼロバランスをきちんと調整しないままに使っていれば、それはきちんと鳴らしたことにならない。また、使いこんでいるうちにウエイト位置のずれなどが発生している可能性がある。定期的に針圧調整は行っておこう

レコードには微妙に反りがある。これによってアームに上下動が生じ、この動きがトレースに影響することも考えられる。そこで、より安定的に一定の針圧を与えるように考えられたのがダイナミックバランス型といえる。ただし、ダイナミック型のほうが優れているかといえば、そうとも言えない。このことは、スタティックバランス型のほうが、圧倒的に製品数が多いことでもわかる。優劣ではなく、むしろカートリッジとの相性などで考えるべきと言われている。

シェル

昔のプレーヤーと比べて、大きく変化したのがこのシェルの部分だろう。従来からの方式はユニバーサルタイプで、単体のヘッドシェルにカートリッジを取り付け、アーム先端のコネクター部にあるネジを回して接合するようになっている。これに対して、シェル一体型アームでは先端がシェルになっていて、直接、カートリッジを取り付けることができる。接続用のリード線もアームからの直出しだ。ユニバーサル型のメリットは、あらかじめヘッドシェルに付けたカートリッジを数種用意すれば、簡単に交換して音の違いを楽しむことができる。また、ヘッドシェルやリード線でも音に違いが出るので、それらをチューニングするという楽しさもある。弱点はコネクターにより接点数が多いこと。特に微小なカートリッジの電流なので、音質への影響が考えられる。

一体型はユニバーサル型とメリット・デメリットが正反対となる。つまり、カートリッジはアームから出たリード線に直接つなぐのでユニバーサル型よりも、接点は大幅に少なくなる。音質への影響も抑えられる。しかし、カートリッジの取り付け、交換はなかなか難しい作業だ。

キャビネット上に固定されたトーンアームと狭いスペースで小さいネジやリード線の接続を行わなければいけないし、アームの軸受けに力が掛からないように注意が必要。リード線などは、交換を繰り返すとどうしても傷んでくるし、もし切断してしまうとメーカー修理ということになり、時間もとるので、しばらくの間、レコードを聴くのを我慢しなければならない。

トーンアームの形状

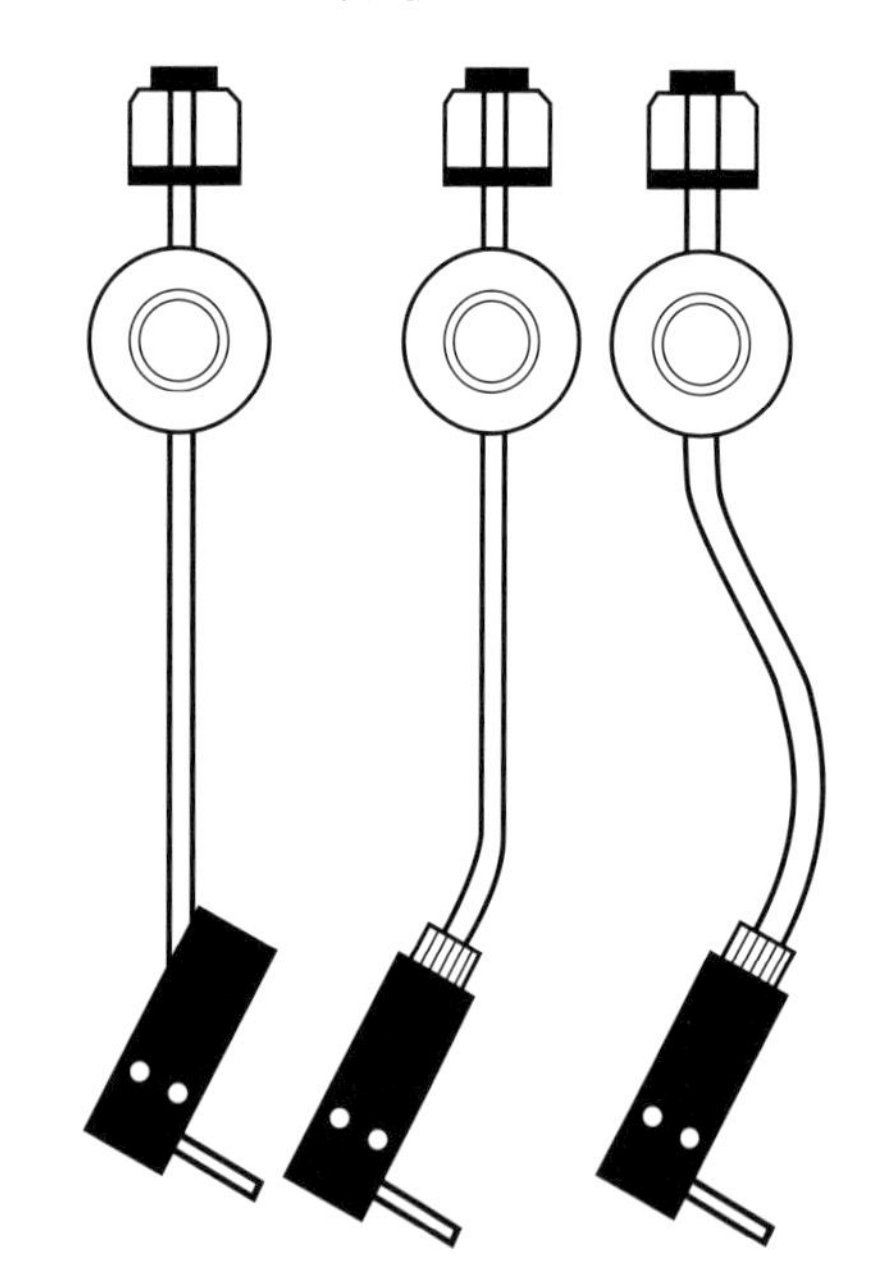

シェル一体型やプレーヤー組み込み済みが多くなり、昔のように単体で自分で選んで使うということが少なくなってきたトーンアーム。しかし、そのメカニカルな美しさにコレクター的に好むファンもいる。同じパイプアームでも微妙にその形状は異なっている。文字通り、うねったようなS字型、アーム自体に先だけが角度をつけて曲げられたJ字型、そして真っすぐに作られたストレート型。剛性や音溝への追従性などについて、それぞれ優位性を語られるが、もちろんどれかが飛び抜けていいということではない

シェル一体型とユニバーサル型

シェル一体型
（インテグレーテッド型）

トーンアーム先端がそのまま、カートリッジを取り付けられるようになっている。リード線はアームから直接、伸びている。リード線が変えられず、またカートリッジの交換も容易ではないが、接点を減らし、より高音質が望める

ユニバーサル型

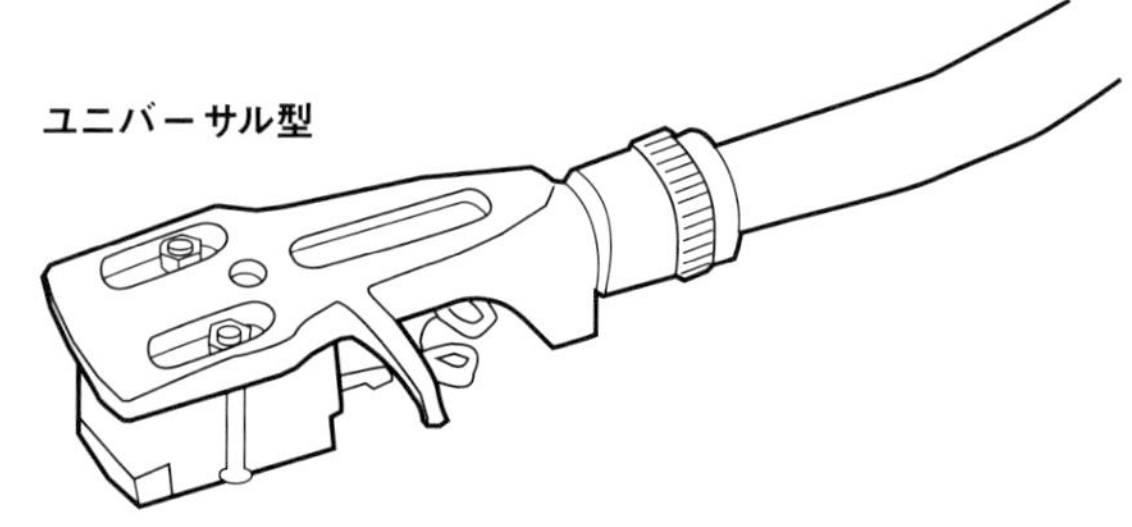

一方のユニバーサル型はシェルの部分で接点は増えるものの、複数のカートリッジをシェルに取り付けておけば、簡単に取り換えて楽しめる。またシェルのリード線切れにも交換で対応できる

カートリッジ／フォノイコライザー

ここまで何度か述べてきたように、カートリッジは針先で擦って生まれた物理的な振動を電気信号へ変換するという、アナログ再生で大変重要な役割を担っている。

型式（発電方式）としては、オーディオではMM型とMC型の2つが主流、MC型、MM型のどちらも、マグネットとコイルの相互的な作用で発電を行う電磁型といわれるもの。MI型、VM型などは、MM型から発展したものだ。ほかに非電磁型の圧電型や静電型もあったが、現在、ほとんど見ることはない。

MCカートリッジ

MCはMoving Coilの略称。マグネットやポールなどで構成した磁気回路のギャップの部分（磁界を形成）のなかで、コイルが音溝から受けた振動で動くと、コイルに電流が発生（発電）する仕組みを持っている。これは、マグネットの磁力線に対して直角方向にコイルを動かすとコイルに電流が発生するという、フレミングの法則を元にしている。ちなみに、オーディオ機器ではスピーカーユニットやダイナミック型マイクロフォンも同じ原理で動作。音波を電気信号に変えたり、逆に電気信号を音波（振動）に変えている。

MC型の特徴は、音溝の振動がそのまま電流として取り出せること。また、取り出せる電力もMM型より大きい。しかし、針先の振動への追従性を高めるために、コイルを取り付けた振動系は小型・軽量としなければならないので、コイルも巻き数が少なくなり、発電できる電圧はMM型に比べ、約1／10も低くなる。このため、フォノイコライザー回路に前段として、昇圧トランスやヘッドアンプに通して電圧を上げておくという手間が必要だ。

また構造が複雑で、コイルを巻くには高い技術が必要なので、勢い高価になる。また、構造上、針先のみの交換がむずかしいことも挙げられる。

しかし音質的には、振動をそのまま電流に変換しているのでロスが少ないことと、大電力が採れることから、高域の伸びや低音の量感も十分にある、情報量の多い広帯域のサウンドになるとされている。

MMカートリッジ

MMは、Moving Magnetの意味。簡単に言うなら、コイルとポールピースで構成した回路の中で、針先からの振動に対してマグネットが動く。このマグネットの動きによってポールピースに磁束の流れが発生し、さらにこれに応じてコイルに電流が発生するという仕組みだ。針先、振動を伝えるカンチレバー、そしてマグネットで構成した振動系と発電系が独立した構造になるので、針先のみの交換もこの部分の抜き差しで簡単にできる。このようにMM型は構造が簡単で作りやすいため、比較的安価なものが多い。

出力電圧が高く、またプリメイン

MM型とMC型の構造の違い

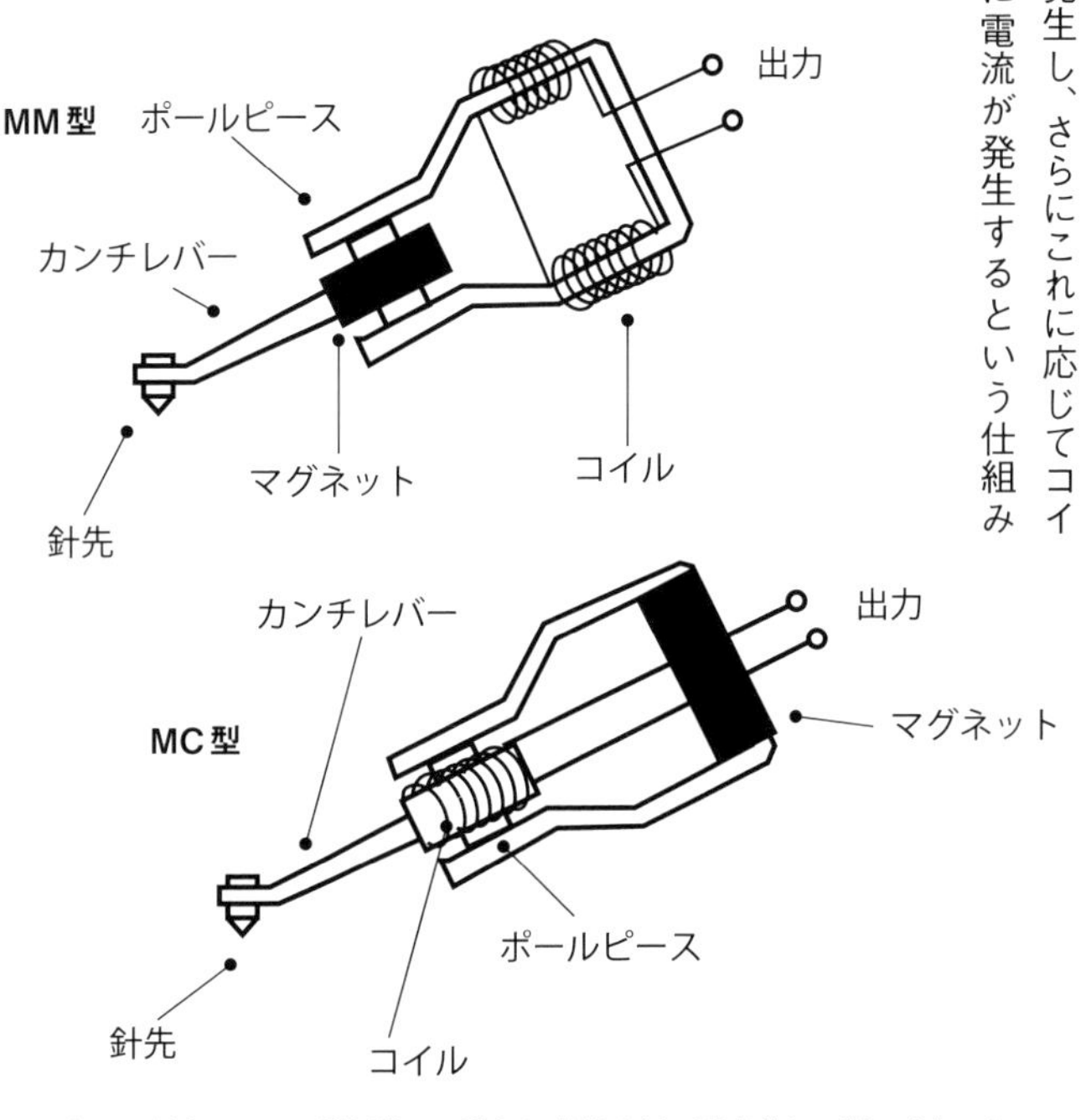

MM型とその派生のMI、IM型などとMC型とは、仕組みとして基本的にマグネットとコイルの相対的な関係で、針先の振動を電気信号に変換することに変わりはない（ベテランに言わせると、別物なのだそうだ）。特性的に優れたものが作りやすいMC型が高価となるのは構造が複雑なことも大きなファクターとなる

アンプに装備されるPHONO入力（フォノイコライザー回路）もMM型にのみ対応しているものが少なくない。このように比較的、手軽に使えるのはMM型の特徴と言える。

　MM型は構造上マグネットが小さくなるので、高い出力電圧を得るために、コイルの巻き線や巻きつける量も大きくなる。このため、回路の出力インピーダンスや電気的な抵抗が大きくなるので、高域の特性がMC型ほどには得にくいということになる。

フォノイコライザー

カートリッジから出力される信号は、CDプレーヤーなど他の機器に比べてレベル（大きさ）が低い。また、レコードに音溝を記録するために、レコードの元となるラッカー盤にカッティングするときに、低音域は抑え、高音域になるにつれ持ち上げていくという特性に調整されている。

　これを元に戻す（補正する）とともに、信号を増幅するのがフォノイコライザーの役割だ。なぜ、わざわざそんなことが必要になるのだろうか。

　カッティングでは、低い音をそのまま記録すると、音溝の振れが大きくなってしまいレコードの収録時間が短くなる。一方、高音は振幅が小さくなり、針が盤を擦る音などが目立ち、聴くに耐えないような不自然な音になってしまう。そこで、最低音域を最大に抑え、高音域に向かうにつれ録音レベルを上昇させている。したがってカートリッジの出力信号をそのまま聴いたとしても、低音は痩せて、高音のチリチリ、シャリシャリばかりが目立つおかしな音になってしまう。そこで、記録時とは逆の特性で、本来の特性に戻すのがフォノイコライザーの働きだ。なお、この記録／再生の特性を調整するためのイコライザーカーブ（RIAAカーブ）は世界的な統一規格となっている。

　プリメインアンプ、プリアンプでは内蔵されているモデルもあるが、手持ちのアンプにない場合、単体のフォノイコライザーを用意する。種類は、MM、MCの信号レベルが大幅に異なっているため、それぞれ専用の増幅回路を設計する必要があるため、MM対応、MC対応、MM／MC対応などさまざまで、自分が使うカートリッジにあったものを選ぶ必要がある。

　フォノイコライザーでは、イコライザーカーブを生成するところの回路形式にもNF型とCR型がある。NF型はアンプの歪み率を改善するネガティブフィードバック（負帰還）回路を応用したもので、比較的シンプルに作れる。CR型はコンデンサーと抵抗で構成しており、入念に設計する必要があるが、考え方としてフォノイコライザーを無帰還回路で構成する場合はこちらを採用することになる。

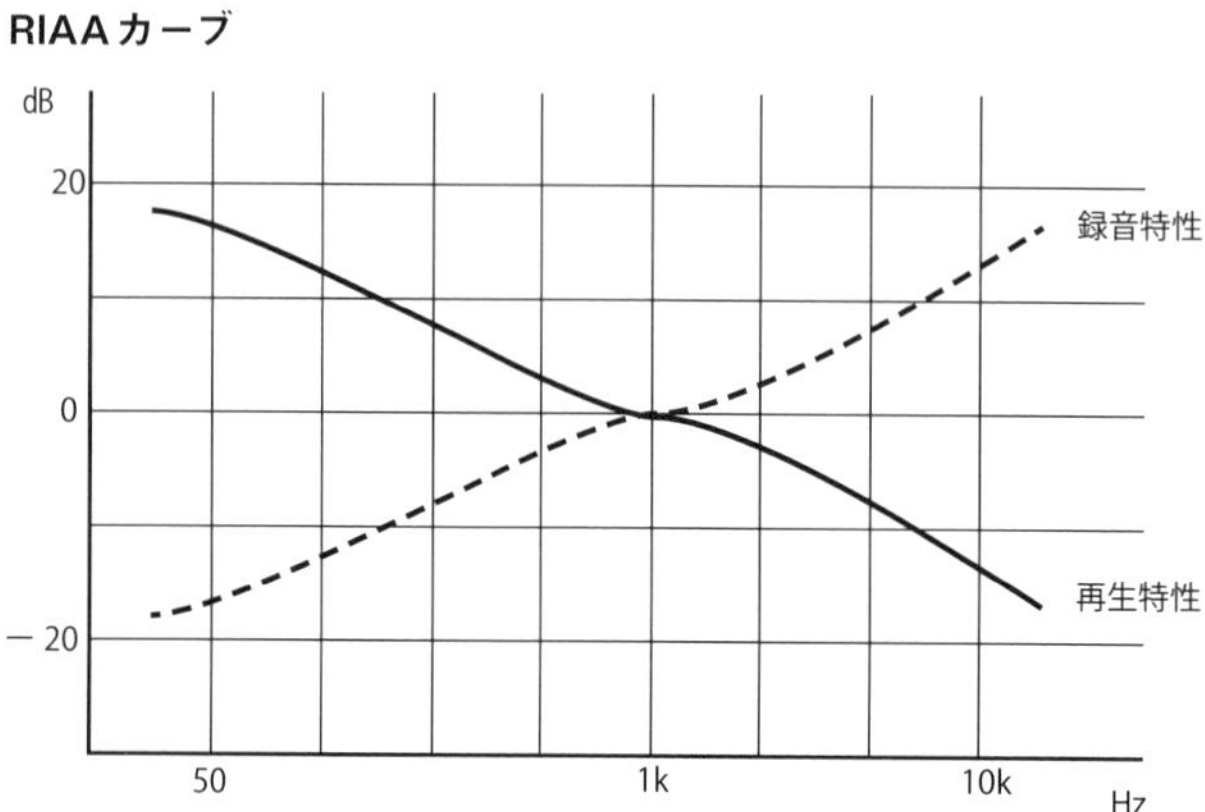

LPレコード盤では、より長い時間で高音質の記録・再生を行うために特性を調整している。概要は周波数1kHzをポイントに、録音（カッティング）時、それより低域は低くなるほどレベルを小さく、高域は高くなるほどレベルが大きくなるようにしておく。このままではバランスが悪く、とても聴けないので、再生時にまったく逆の特性で音を本来の姿に戻してあげる。この特性をRIAAカーブといい、1953年にアメリカでさだめられた（それまでレコード会社は各社独自にこのカーブを設定していた）

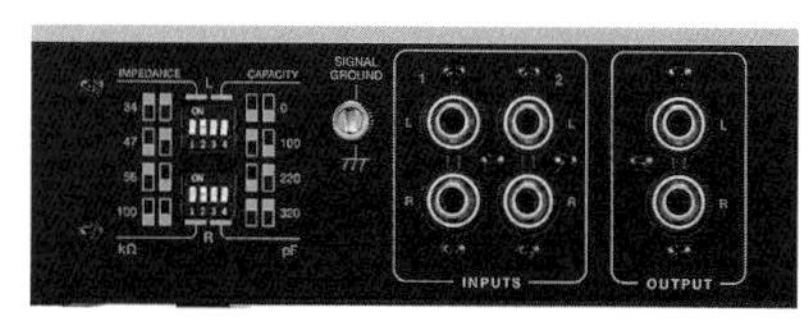

単体フォノイコライザーの入力端子の例。このアンプではMM、MCの表記はなく、2系統どちらもMM、MCに切替で対応している。また、左側のディップスイッチによって、接続するカートリッジに合わせて最適の特性にきめ細かく合わせられるようになっている

PHONO入力

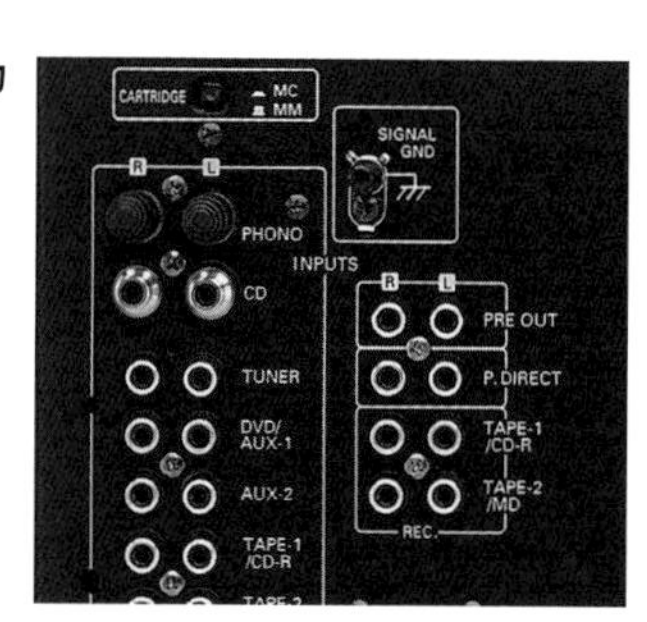

プリアインアンプへのフォノイコライザー回路の搭載例。PHONO入力と記されている場合（写真では最上段）、この入力のみフォノイコライザーを経由するようになっている。このアンプではスイッチの切替えで、MMとMCの両形式のカートリッジに対応する

アナログプレーヤーのセットアップ

あなたがアナログプレーヤーを購入したとしよう。きっと説明書どおりにふつうにセットアップすれば、間違いなく音は出るはずだ。しかしアナログプレーヤーは置き方に始まり、各部の調整をていねいに行うほどに音は良くなるというのが定説であり、楽しみ方の一つ。逆に言うなら、レコードに収録された音を十全に引き出すために、ぜひ、調整することをおすすめする。ここではセットアップに必要な項目を説明していく。調整は使い始めの最初だけでなく折りを見て確認してみよう。

ターンテーブルは取り外す

部屋の中での置き場所については別項で述べるとして、プレーヤー本体はがっちりと作られた台の上に置くことが望ましい。ぐらぐらと揺れるのは論外だが、スピーカーの音圧を受けて共振したり、棚板が鳴いたりすることもあるので要注意だ。なお、本体をセットする前に、置台の水平が出ているかを確認しておこう。できれば水準器を使いたい。

そうして、まずターンテーブルを外した状態でプレーヤー本体を置いてみよう。ちなみに移動や設置の際は、ターンテーブルを外しておくというのは厳守事項。ターンテーブルをセットしたままでは、たとえば置いたときの軽い衝撃でも、鋭敏な軸と軸受け部が損傷する可能性があるからだ。傷や変形するとターンテーブルがスムーズに回転しなくなったり、ノイズが出るようになることがある。ちょっと動かすときも外したほうが安全。置く位置が決まってから、ターンテーブルをセットしよう。

次にプレーヤーの水平も確認しておく。プレーヤーのキャビネット、またはターンテーブルに載せて、前後左右方向の水平を確認するので、両方向の水平が一目でわかる水準器があると便利だ。

なぜ、水平にこだわるかといえば、音溝の左右の壁に信号が刻まれていたことを思い出してほしい。傾きがあれば、針先はどこかに偏って接触することになる。つまり正しいバランスからは微妙に外れてしまうのだ。

カートリッジの取り付け

セットアップはまずカートリッジの取り付けから行おう。ユニバーサルタイプならヘッドシェル、シェル一体型のアームでは直接の取り付けとなるが、基本的に押さえておくべきポイントは同じだ。なおMM型なら針先を外しておく。MC型ならば針カバーは必ず掛けておく。針カバーは再生するとき以外は、掛けておくほうがいいだろう。

カートリッジは左右1本ずつの小ねじでシェルに取り付け。接続は、カートリッジの出力、アームのコネクターのいずれも4本のピン端子があるが、これは右上に赤（R、＋）、右下が緑（R、－）、左上が白（L、＋）、左下が

カートリッジの接続

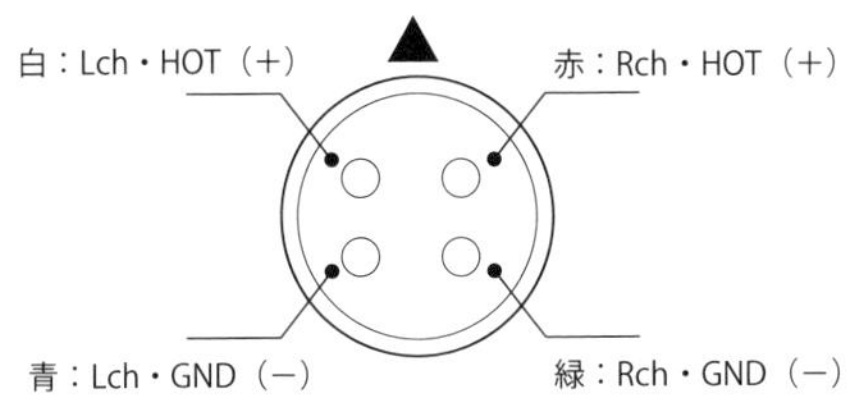

カートリッジの出力端子とシェルまたはトーンアーム側の端子には、左右チャンネルとその＋、－で決められた色で区別されている。またリード線も色分けされているので、間違えないように同じ色同士で接続する。なお、端子部がたいへん小さいことから、トーンアーム側では配置が奥にあるR(赤)、L(白)各チャンネルのHOT(プラス)側からつなげていくと結線がしやすい

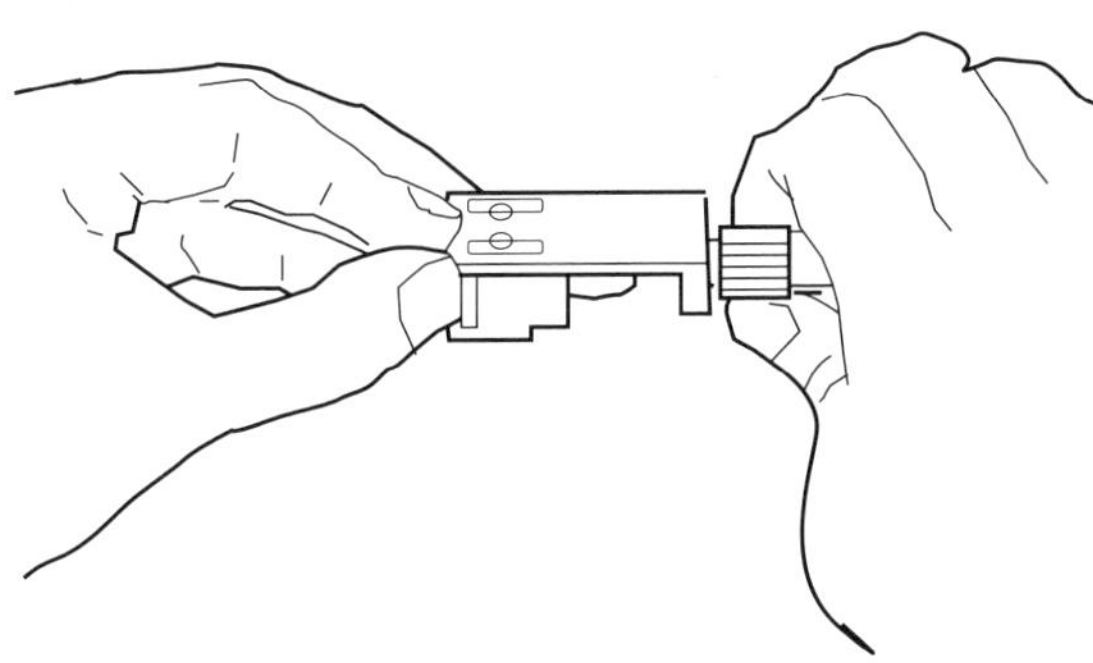

カートリッジ／シェルのアームへの取り付けは、必ず針カバーを付けた状態で行う。コネクターは無理に押し込まず、あまり入らないようなら、コネクターのリング状のロック部でピン位置などを確認しよう。また、トーンアームの軸受に力がかからないように要注意だ

青（L、－）と決まっている。この色分けにしたがって、同じ色同士を結ぶようにする。つなぐ順番は自分から見て奥、下になるものから、リード線のチップを差し込んでいくようにすると、スムーズに各端子をつなぐことができる。なお、チップはピンの径との相対で固かったり、ゆるかったりすることがある。この場合、ラジオペンチなどでチップの開き具合を調整してやる必要があるが、この場合もつぶしてしまわないようにしよう。

結線で注意したいのは、リード線はごく細い線なので切らないように慎重におこなうこと。特にピンにはめこむチップは力を掛けるとポロッととれてしまうので要注意だ。またピンの端子に、手で直接触れないこと。手の汚れ、脂や塩分が付着して電気を流れにくくしたり、長い目で見ると表面の酸化や腐食となって劣化させてしまう。

意外にむずかしいのがシェルへの正しい取り付け。カートリッジは真横から見た場合は水平、真下から見た場合、シェルの中心線とカートリッジの中心線が一致、正面からみた場合は傾きのない垂直に付けられていなければならない。

取り付けるコツは、ネジを左右交互に徐々に締めていくこと。そして、少し締めては真横、真下、正面からの状態を確認し、また少し締めて……、という具合に行っていく。最後もあまりきつく締め過ぎないように注意する。グラつきがなく、しっかりと固定されていればいい。これもまた、針先が最適の状態で音溝と接触できるようにするためだ。

オーバーハングの調整

次に行なうのはオーバーハングの調整となる。その前に、ユニバーサル型トーンアームの場合、ヘッドシェル／カートリッジをアームに取り付けるが、その作業ではアームの回転軸受け部に不用意に力が掛からないように注意しよう。アーム先端部だけでシェルを差し込もうとしないで、必ずパイプアームを一方の手で支えるようにして装着する。どのタイプのトーンアームでも軸受け部に負荷をかけないこと。また、アームに取り付けたとき（交換したときなど）は、必ず正面から見て傾いていないか確認しておこう。シェル取り付け部は、やや余裕をもって作られているので、このような傾きが出ることがある。この傾きがトレースに影響して、左右チャンネルのクロストークが増すとされる。音場の広がりが狭くなるので、しっかりと確認したい。

前置きが長くなってしまったが、オーバーハング調整について説明する。オーバーハングとは、トーンアームをターンテーブル中心のスピンドルまでもっていくと、針先はスピンドルよりもやや先に位置する。このスピンドルから針先までの長さをオーバーハングと呼ぶ。その長さはアームの設計にもよるが、だいたい15㎜前後となる。ただ、一部のヘッドシェルまた特にシェル一体型アームでは取り付けネジ穴位置が固定である。前後に調整できないので、確認のみとなる。ただ相対的にカートリッジは大体、サイズ的にはほぼ同じになるような方向で、ほとんどのカートリッジではオーバーハングは15㎜前後に収まるようだ。

カートリッジはアームの回転に従って、弧を描くようにレコードをトレースする。このため、音溝に対して針先は必ずしも最適に接触するのではない。これらを補正するのがトーンアームの項で説明したトラッキングアングルであり、このオーバーハングだ。オーバーハングも音溝の線方向

カートリッジの
ヘッドシェルへの取り付け

カートリッジのシェルへの正確な取り付けは、針先が音溝にしっかりと接触し、正しく信号を拾いあげるために不可欠であるのは言うまでもない。取り付けで、まず注意したいのはヘッドシェルに対して平行に取り付けること。特に、取り付け部が調整可能になっているタイプは要注意。またネジ穴式の場合もネジが甘いと平行になっていない場合がある

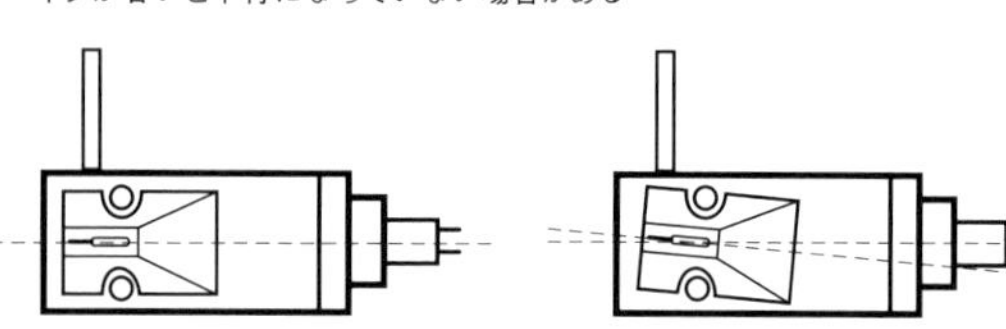

垂直方向も要注意

見逃しがちなのが垂直の取り付け（中央）。特にユニバーサル型アームの場合、コネクター部に若干の余裕がもたされているためシェル全体が傾いている（左）。また、ネジの締め込みが均一でないと、微妙に傾いていることがある

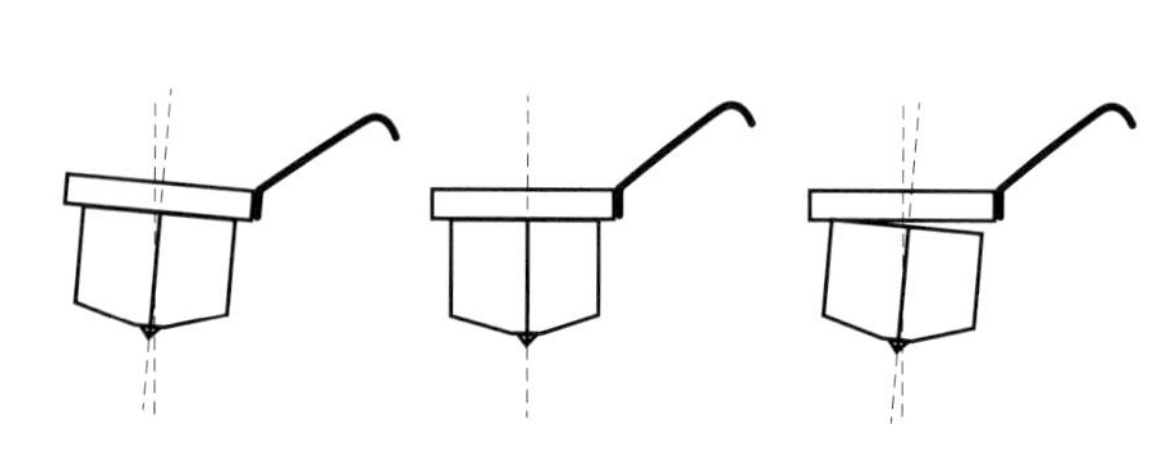

に対して、針先がより適切な状態でトレースするためのものだ。

トーンアームの調整

カートリッジを取り付けたら、次に行うのはゼロバランスだ。ゼロバランスとはアームの軸受け部を支点に、そのカートリッジのついた前側と、カウンターウェイトを付けた後側の重さが釣り合った状態。調整はカウンターウェイトを前後させてバランスをとる。

ゼロバランスがとれたらアームが水平になっているかを確認する。視線をターンテーブルとアームの高さに合わせて、平行となるやや離れた位置から見るとわかりやすい。アームの前側が下がっていても、後端が上がっていても、やはり正しく接触せずに、厳密にはわずかなトラッキングエラーとなる。この場合も音場感などに影響が出ることが考えられる。

トーンアームの水平が出ていない場合、高さ調整が必要性になる。また調整は実際の再生に合わせる。レコード（傷がついてもいいもの）をターンテーブルにセット。針圧も指定どおりにセットして、針を盤面に落とした状態で、先のように目視で確認する。調整の必要があれば、アームをアームレストに戻して高さを調整する。くれぐれもアームは遊ばせておかないこと。調整中にアームが動いて、カートリッジを傷めてしまう恐れがあるからだ。

アーム高が水平でない場合、後端が高いか、前側が高いかで、主に高音域を中心に音に違いが出てくる。たとえば後端のほうが高いと高音域は抑えられ、逆に前側のほうが高いと高音域は強まるという具合。これを音質調整に活用するという考え方もある。しかし、前述のとおり、正しくトレースしてないので、やはり水平を取るのが基本。十分に聴き込んでみてどうしても満足できないようだったら、まず針圧を変えて聴いてみる。それでもだめだったら、この方法を試してみるというステップを踏むことをおすすめする。

適正針圧と針圧範囲

針圧の調整は先のゼロバランスを調整した後、カウンターウェイトに記された目盛に合わせてセットする。針圧計を使えば、より正確に設定できる。

なおカートリッジの針圧には適正針圧と針圧範囲がある。前者は設計上で基準とした値、後者はこの範囲で所期の性能が発揮できるものと考えられる。必ずしも適正針圧がベストの音とは限らない。針圧範囲のなかで、いろいろと変えて音を試してみるのも楽しい。

最後にインサイドフォースキャンセラーを調整する。インサイドフォースは、回転するレコードに針先が接触することで生じる、内周側に引き込もうとする力。このため内周側のほうの音溝に針圧がかかってしまう。このアンバランスを打ち消すための仕組みがインサイドフォースキャンセラーでプレーヤーに内蔵されていることが多い。通常は調整した針圧と同じ値をセットすればいい。

プレーヤーからきちんと音を出すための調整は終わったが、最後にひととおり調整を確認して必要があれば微調整を行おう。また、ひとつの調整をおこなったら、それに関連するところを確認したり調整するといいだろう。たとえばカートリッジとヘッドシェルをいじったらアームも確認するというような形だ。

一度の調整で終わらせるのでなく、折りに触れて確認、調整を行う。その精度をあげていけば、さらに音はよくなっていく。アナログの楽しさ、むずかしさはここにある

オーバーハング
アーム回転中心
針先
センタースピンドル

オーバーハング

オーバーハングは、トーンアーム／カートリッジをレコードまでもっていったときに、針先がセンタースピンドルから飛び出ること。またその値で、標準値は15mm前後。レコードをカートリッジがトレースしていくとき、針がより正対するように調整したときの値

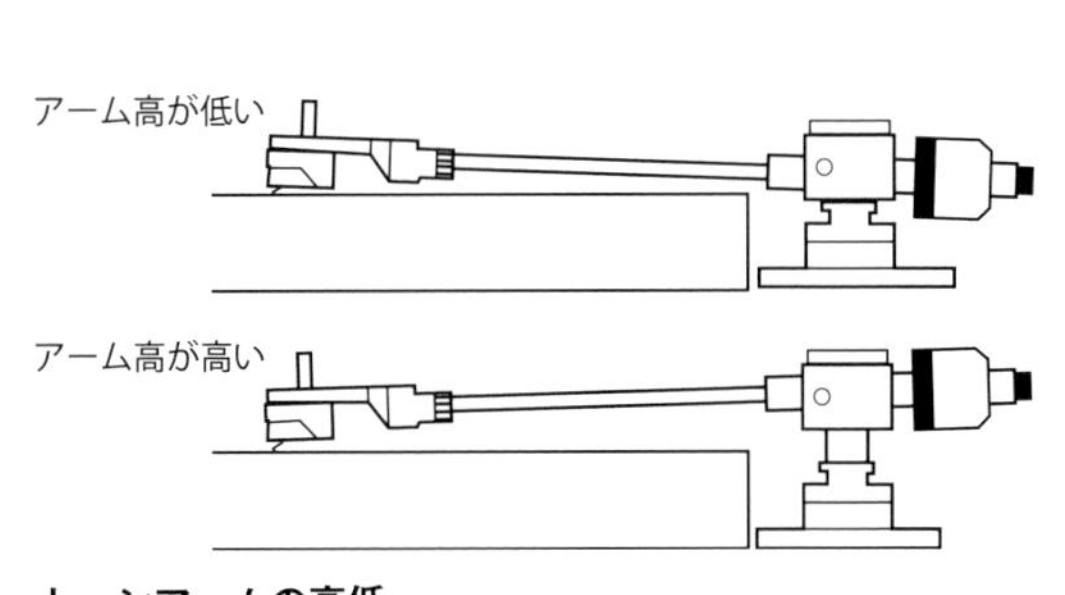

トーンアームの高低

トーンアームがレコード面と平行になるように、水平に調整することは必須。高くとも低くとも、ヘッドシェルの取り付けと同じように、トラッキングエラーと同じ状態になる。特に高めの設定は、音質の調整の方法とする場合があるが、水平の設定での音を十分に踏まえてから行うべきだろう

アナログプレーヤーの設置と使いこなし

レコードからピックアップした微細な振動を、やはり微細な電気信号に変えるアナログ再生では、CDプレーヤーなどほかのオーディオ機器ではほとんど問題とならないような振動でも影響が大きい。アナログ再生では振動の影響を受けてハウリングという現象が起きやすい。そこで、まず考えておきたいのは、振動の伝わり方とそれを抑えるために、部屋のどこに置くか。また、ほかのコンポとの兼ね合いで置き方はどうするかということだ。しかし、日常生活との関係でオーディオ機器を置く位置も決まってしまい、なかなか理想の位置に置くことはむずかしいだろう。

そこで、まず振動の伝わり方を考えてみよう。ひとつは床を伝わる振動、一方はスピーカーから出される音の空気振動だ。つまり、これらがプレーヤーに伝わっていくのをなるべく抑える、遮断するということだ。となると部屋の床の強度があるところ、そしてスピーカーの音圧をいちばん受けにくい場所になる。

床についてはマンションなど強度の心配がない場合が多くなっているが、和室などでは、プレーヤーやオーディオラックを置く場所に音響ボードや厚手の硬い板を敷き込むことで、ある程度、強度を確保できる。

もうひとつの音圧については、スピーカーの音圧が高くなる正面方向、そして近い位置はよろしくない。ちなみにスピーカーから離せるからといって、壁に一部囲まれる部屋のコーナーは、いわゆる音がたまる箇所として、音圧が上がるので昔から鬼門とされている。となると、やはり一般的には壁際、または左右のスピーカーの間ということになるだろうか。

いずれにしても置き場所についてはケースバイケースであり、幸いにもいくつかの候補がある場合はハウリングのチェックを行いながら、アクセアリーなども使ってチューニングしていきたいものだ。

もうひとつセットアップで考えたいのが、電源の取り方だ。アナログプレーヤーは小信号なので電源系を伝わって周り込むノイズの影響が振動と同じように大きいのだ。その影響の大きいものにはCDプレーヤーやUSB DACなどのデジタル機器、またパソコンなどのAC／DCコンバーターなどがある。

対策としては、すでにオーディオシステムでは常識となっているが、デジタル機器とアナログ機器の電源系統を分けるということ。具体的には、デジタル機器、アナログ機器は部屋の別々の壁コンセントから取るといい。壁コンセントの位置の関係でむずかしいときは、タップを2つ用意してアナログとデジタルを分け

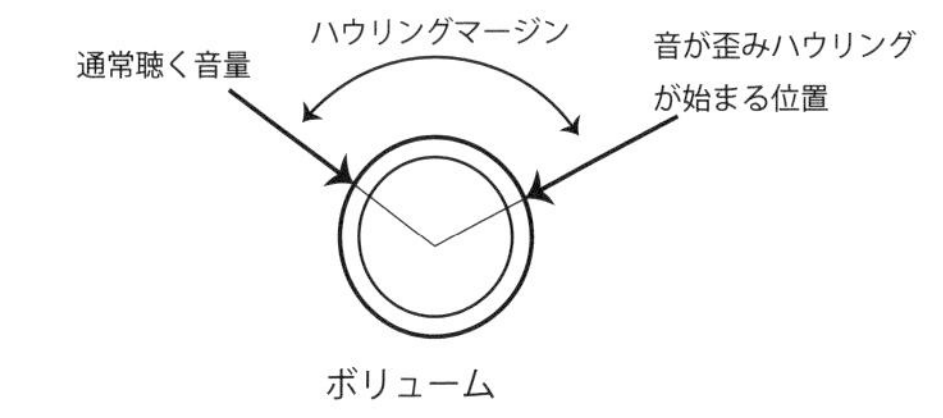

ハウリングマージン

集合住宅が増えてきたためにハウリングは発生しにくくなっている。しかし、ハウリングを発生する仕組みを知ると、たとえば振動対策などが立てやすくなる。図は、ハウリングマージンという、いわばハウリングまでの余裕度をさぐるためのもの。レコードをセットしてボリュームを上げていくと、限界的に歪みを発生するポイントに達する。もちろんマージンが大きいほうがいい。少しボリュームを上げると歪むという人は、何か対策を考えたほうがいい

ハウリングのメカニズム

スピーカーが音をだすときのキャビネットの振動や音圧(音は空気の振動)の影響をプレーヤーが受けて、針先が拾い、またアンプに戻り、それが再びスピーカーから出る。この悪循環がハウリング、アコースティックフィードバックという現象。ハウリングに至らなくても、そうした音が乗っている可能性もある。振動対策を行おう

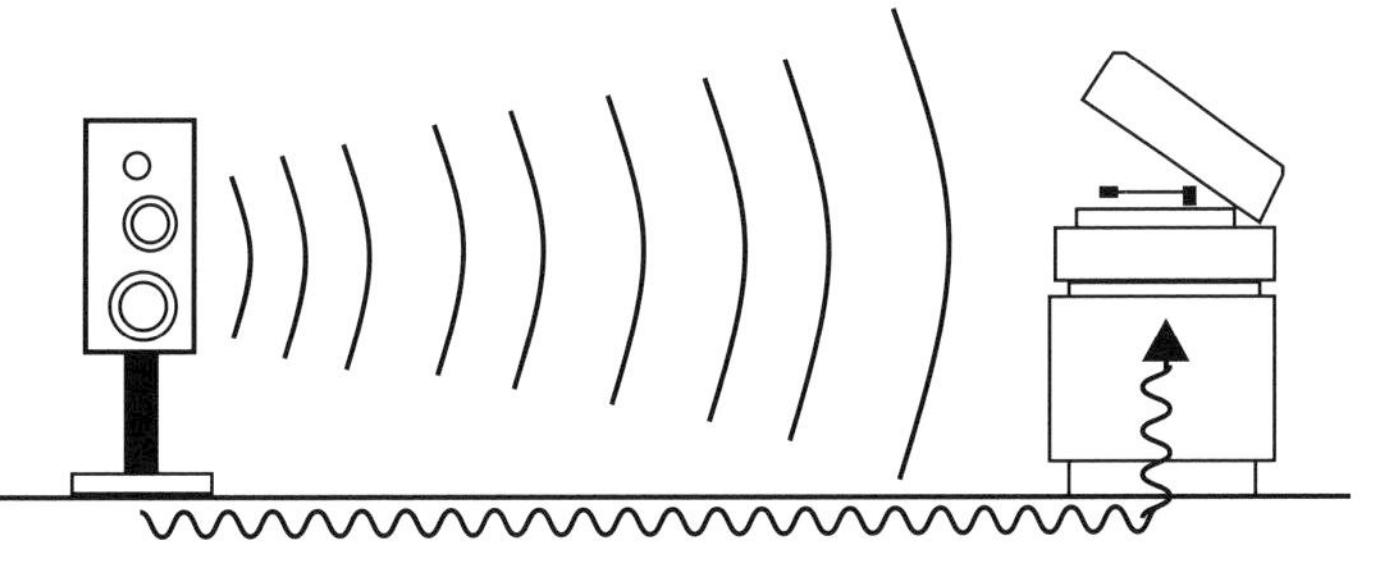

るだけでも効果がある。デジタル機器の電源とアナログ機器の電源の経路の長さがあるほど、ノイズは大きく減衰するからだ。なお、ノイズといっても、プチとかザーといったものではなく、音場空間が曇ったようになる、抜けが悪くなるといった変化なので注意が必要だ。

また、これに関連するが、レコードを聴くときはCDプレーヤーなどのデジタル機器、またFMチューナーやパソコンなども高周波を発するのではOFFにしておこう。もちろん、それらの電源からの影響を少しでも抑えるためである。

ハウリングとチェック法、対策

ハウリングとは、スピーカーから出た振動がプレーヤーに伝わると、それをプレーヤーが拾ってしまい、これがまたスピーカーから音となって出てしまい、それをプレーヤーが拾い……といった、循環（フィードバックループ）を起こしてしまう現象。マイクでしゃべっているときにPAからピー、キーンといった音が出ることがあるが、あれもハウリングだ。音が大きく歪み音量も上がるので、とても再生はできなくなるのはもちろん、スピーカーを壊してしまう可能性もある。

いつも聴く音量からハウリングが起きるまでの間をハウリングマージンという。現在のマンションや家屋の作りは、昔に比べると、格段に強くなっているので、ハウリングは発生しにくく、ハウリングマージンも取れているとされている。しかし、先のフィードバックループで生成される音の成分は、そのレベルは別にしてつねに音に乗っているわけだ。

ハウリングマージンが小さいと、音量を少し上げただけで、音楽が歪みっぽく再生される。そこで、自分のシステムのハウリングの有無、マージンはどれくらいあるのか。チェックしておくといいだろう。

方法には二通りあり、まずいつも聴いているボリューム位置を確認しておく。停止したプレーヤーにレコードをセットして、徐々にボリュームを上げていく。すると、ドッドッドッドッという音が出るようになり発振したようにハウリングが発生する。すぐにボリュームを絞るが、このときの最大のボリューム位置を覚えておく。または、同じように盤面に針を置いたら、通常のボリュームにしてキャビネットを手で軽くトントンと叩く。すると、ゴツ、ゴツやコン、コンと乾いた音が出てくるはず。

それが徐々にボリュームを上げていくと、ゴーン、ゴーンやバワーン、ボワーンといった響きの大きく膨らんだ音が出てくるようになる。この辺りが最大ボリュームとなる。

この通常と最大ボリューム位置の間がハウリングマージンというわけだ。もちろんハウリングマージンが広ければ広いほど良好で、その逆に、ほんの少しボリュームを上げるだけでハウリングが起こるなら置き場所の変更やインシュレーター、置台などの対策を考えなければいけない。

AC電源の取り方

電源はアナログとデジタルを分けるのが基本。壁のコンセントから分けたいもの。壁コンセントが3カ所あるなら、図のように分けよう。図にはないがパソコンもデジタル系になるので、とくにAC電源アダプターは気を付けよう。アースラインを通して盛大にノイズを振りまく。なお、コンセントが不足する場合は電源ボックス（オーディオ用のテーブルタップのようなもの）の使用も考えたい

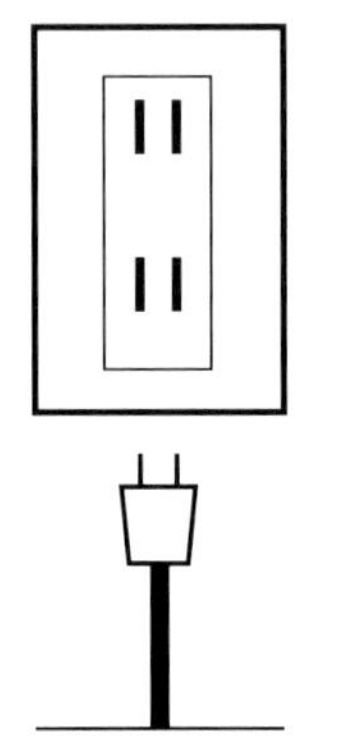
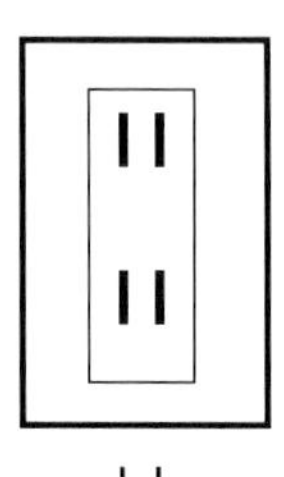
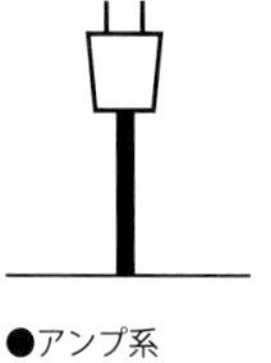

●アナログ系
・アナログプレーヤー
・フォノイコライザー
など

●アンプ系
・プリメインアンプ
・プリアンプ
・パワーアンプ
など

●デジタル系
・CD プレーヤー
・USB DAC
・ネットワークプレーヤー
など

オーディオ用電源ボックス

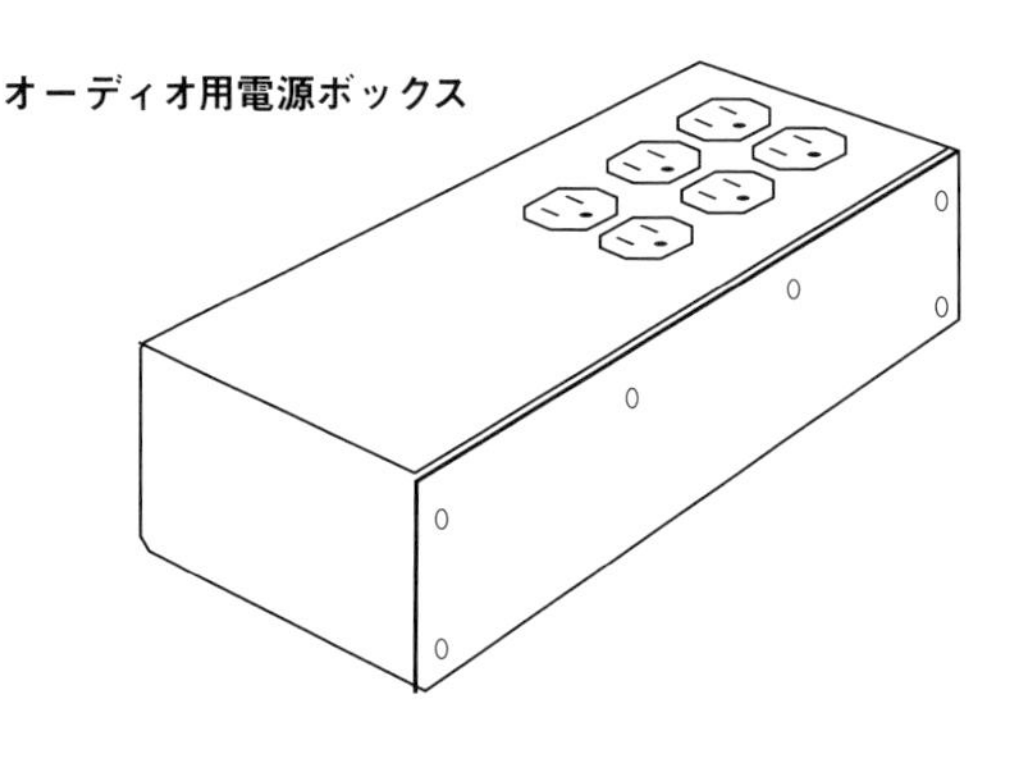

アナログアクセサリーの使いこなしとアイテムガイド

　ミクロンレベルのごく細い音溝を持つレコード、それをトレースするカートリッジとトーンアーム、そしてレコード盤を回転するプレーヤー。アナログ再生にはたくさんのオーディオアイテムが参加している。このため、これをメンテナンスしたり、チューニングする、あるいはグレードアップするといったアクセサリー類もたくさんの種類が用意されている。しかも、そのほとんどが音質に深く関わっているのだ。これらを使いこなして狙いの音を探求していく。これもまた、ほかのオーディオ機器にはない、アナログならではの楽しみ方となる。ここでは各オーディオ機器の使いこなしのワンポイント、さらにどんなアクセサリーがあるかを見ていこう（なおレコードクリーニングについては、別項を設けて説明している）。

［アナログプレーヤー関連］

●フォノケーブル

　アンプとCDプレーヤーをつなぐラインケーブルやスピーカーケーブルなど、ケーブルによるグレードアップやチューニングは、オーディオではいわば常道ともいえる。

　フォノケーブルを変更しようというとき、まず注意しなければならないのはトーンアームの出力端子と接続する部分の形だ。出力端子は規格としては5P（ピン）DINであるが、端子部がまっすぐにケーブルと繋がるストレートと、L字型で横方向へケーブルを引き出すタイプがあるのだ。所有するプレーヤーがストレートかL字形か。L字形の場合、同タイプがラインアップで用意されているかどうか、まず確認すべきだろう。

　また、近年のアナログプレーヤーには、CDプレーヤーと同じRCA端子を採用するものも多くなってきた。すると、ついライン用のRCAケーブルを使ってもいいように思う（アース線はふつうの細いリード線を使えばいい）。確かに音は出るし、さほど問題に感じないかもしれないが、実はあまりおすすめできない。まず、流れる信号レベルがラインからすると、かなり小さいこと。さらにMM、MCによっても、レベルも違えばインピーダンスなどの特性も異なっている。昔はMMとMCでさえケーブルを共用すべきでないという論者さえいたほどだ。さらに、アース線も専用ケーブルで一体化されているもののようにきちんとシールドがされていないので音質への影響も考えられる。ここは面倒がらずに、フォノケーブルを使ったほうが結果として安心だ。なお、長さについては条件もあるが、できるだけ短いほうが好ましい。小さな信号レベルなので伝送ロスやノイズの飛び込みは極力、避けたい。

●ターンテーブルシート

　ターンテーブルシートは、本来、金属プラッターの共振、共鳴を抑えると同時にレコード盤のスリップを

ディスクスタビライザー

ディスクを押さえて安定させるスタビライザー。重量をアップし慣性質量を増大させて回転の安定も狙えるが、プレーヤーへの負担は注意。左はオーディオテクニカ、右がオヤイデ

フォノ用ケーブル

フォノ用ケーブルはアース線がついた専用設計のものを使うこと（オヤイデ）

ターンテーブルシート

ターンテーブルシートを付属のものから変えてみる。レコードの密着度を高め、より確実な信号のピックアップ図り、レコード盤の微振動の抑制も期待できる

防ぎ、安定した再生をすることが目的で、あくまで付属品の扱いだった。しかし、ターンテーブルシートは、たとえばゴムの厚みや素材などによって音が変化することから、アクセサリーとして注目されるようになり、一時は、ゴムのほかにも革、フェルトやアルミ、ガラス、セラミックなど、さまざまな素材のシートがたくさん発売されたものだ。

現在ではプラッターの大質量化、ポリエステル系などの素材の変化や、メーカーでも注力されるようになり、一時ほどではない。それでも無反発ゴムを筆頭に、アルミ、ステンレス、カーボン、マグネシウム、あるいはマニアの間でもてはやされたラッカー盤を製品化したものなど多彩。また、反りを抑えレコードとの密着性を高める形状としたものなどもある。

比較的、素材の音が反映されやすく、音の味付けや暴れなどを抑えるチューニングに効果がわかりやすいとされるターンテーブルシートは、違った音のテイストを求める場合にも恰好のものとなるだろう。

●ディスクスタビライザー

スピンドル（軸）のところで、重量ある本体によりレコードを押さえ、スリップを防ぎ安定した状態に保つ役割をもつ。ターンテーブルの質量を増す効果も狙える。

重量はさまざまで数百gの軽量なものから、kg単位のものまである。材質もアルミ、ステンレス、真鍮、マグネシウムなどや、ガラス、カーボン製など多彩。近年は、単に重さで押さえるよりも、制振素材なども使いながら、盤面の微振動を抑えて効率的に音質改善効果を持たせるという考え方のスタビライザーも登場している。

これはディスクスタビライザーを使うときの注意すべきところでもあるのだが、重量過多になるとフローティングサスペンション（ターンテーブルをスプリングなどで浮き構造として外部の振動を遮断する）では、沈み込んでしまってサスペンションが機能しなくなったり、回転軸への負荷が大きくなりスムーズな回転ができなくなったり、ノイズを出したり、軸受け部分を傷める恐れもあるので注意が必要だ。

もちろん適切に使えば、ターンテーブルシートと同様、材質に応じた音質変化が楽しめ、再生を安定させるので効果は大きいものだ。

［トーンアーム関連］

●ヘッドシェル

ユニバーサルタイプのトーンアームに限られるが、カートリッジを取り受けるヘッドシェルも、音のチューニングを積極的に楽しみたいアイテムだ。特にカートリッジを追加す

水準器

プレーヤーを水平にセットするために必要。最近はスマートホンアプリでも見つけられる。写真はオーディオテクニカのもの

針圧計

正確な針圧でカートリッジを使いたいので、針圧計も用意しておきたいアイテムのひとつ。昔ながらのメカニカルなシーソー式（シュア）やデジタルで小数点2桁まで測れるデジタル式（オルトフォン）がある

ストロボスコープ

回転数をチェックするためのツール。室内の灯りを利用するタイプもあるが、最近はインバーター式の蛍光灯やLEDライトにより、みづらくなってきているので、光源もセットなったタイプもある（オルトフォン）

ヘッドシェル

ヘッドシェルはカートリッジと密接なかかわりがあり。その材質でも音が変わるとされる。上は一般的なアルミ製（オーディオテクニカ）、下が木製（オルトフォン）

シェルリード

カートリッジの信号の伝送を最初に行うのはユニバーサル型では、このリード線になる。より高品位なものにグレードアップが図れる（オーディオテクニカ）

るときには、一緒に考えると製品選びも一層、楽しくなるはずだ。

ヘッドシェルの役割はカートリッジを取り付けて共振を押さえることが第一。そこで、材質もアルミにはじまりマグネシウム、カーボン、木質、チタン、セラミックなどさまざまあるが、これまでと同様、音色や音質にも大きく関わる重要なパーツとして考えられている。製品選びについても、そうした材質のもつキャラクターや効果を考慮するわけだが、ここで忘れてならないのはシェルの自重。アームの動きを妨げないようにと、軽量設計のものが多いのだが、一方で明らかに意識的にやや重めにしたものもある。

これは微細な動きをするカートリッジに対し、重量は増すが、強度、剛性を高め、より安定的にサポートしようという狙い。音も軽快でハイスピード、開放感を活かす軽量タイプに対して、がっちりとして力強い傾向になるといい、そうした音作りを狙うとき威力を発揮するだろう。

●シェルリード線

意外と見過ごされがちなのが、カートリッジとヘッドシェルをつなぐリード線だ。ケーブルが音に大きく関わっているということは、もはやオーディオでは常識になっている。リード線はカートリッジが出力した電気信号をはじめて伝送するという重要な役割を持ち、だからこそ音への影響も大きいことは容易に思い浮かべられるだろう。

リード線はスピーカーやラインほどには多種多様というわけにはいかないが、オーディオケーブルの専門メーカーからはそれらと同様、高純度、高品位の導体を使った製品も発売されていて、特に間に合わせのような細いリード線などを使っている場合、その音質は一変する。もちろん音のチューニングでも活躍してくれるはずだ。

［セッティング&調整関連］

●針圧計

カートリッジの針圧を調整するとき、慣れやちょっとしたコツを要するのがトーンアームの調整。ゼロバランスをとるときのウエイトに刻まれたゼロの目盛り合わせがずれ易いのだ。当然、そのままでは針圧の調整はできない。

カートリッジを適正に動作させるために欠かせないのが、針先を指定の位置に乗せるだけでその実効値がわかる針圧計だ。適正値の調整だけでなく、時折、針圧を確認する、積極的に針圧を変えて、カートリッジの音を変化させて楽しむときもおおいに重宝する。

形式は昔ながらのシーソー式のアナログタイプもあるが、数値がそのまま表示されるデジタル針圧計が主流。デジタル針圧計はコンマ単位の精度で測ることができて、使うカートリッジのクリティカルな適正針圧もたいへん高精度に調整できる。使い方としては、必ず校正をとってから使うこと。また、レコードをセットし、内外周の真ん中あたりに置いて測るようにする。

ところでカートリッジには、たとえば適正針圧2gとか2±0.5gというほかに、針圧範囲1.8g〜2.2gなどと指定しているものがある。適正針圧は設計上の基準値、指定の範囲内で自由に値を設定できるのが針圧範囲となる。

どんな値に設定すればいいのか。実は指定の適正針圧にすればベストかというと、必ずしもそうでないことがある。またカートリッジは新品の使い始めと十分に使い込んだときでは、適正針圧が変化している。つまりカートリッジは、針圧範囲のなかで変えて、音の傾向をつかんでおく。そして自分の好みの音に追い込んだり、針圧を変えて音の違いを楽しむということも使いこなしといえる。そうした楽しみ方にも、精密な表示ができるデジタル針圧計は欠かせない。

●ストロボスコープ

放射状の縞模様を付けた円盤で、回転速度の調整や確認に使う昔ながらのアイテム。ターンテーブルの外周に刻まれていることもある。回転速度が正しいときは縞模様が静止して見え、合っていないときは模様が流れたようになりパターンとしては見えない。家庭用交流電源の周波数(50Hzまたは60Hz)に応じた白熱灯や蛍光灯の明滅に同期する仕組みで、インバーター式蛍光灯では判別ができなくなる。このため、光源となる専用ライト(ごく短いサイクルで明滅)とセットになっているものもある。

●水準器

別項で触れているとおり、プレーヤーの設置にあたって水平に設置することは、針先の接触や軸受けの保護という点からも重要だ。そこで使いたいのが水準器だ。縦、横方向の水平を調整するので、その両方を同時に示すタイプのほうが、泡ひとつの偏りで傾きをあらわすタイプよりわかりやすい。

カメラの撮影用に各種が用意されているが、百均ショップなどのものは精度の点で、いまひとつ心配。ざっくりとした確認用ならばいいが、厳密な調整にはやはり信頼度の高いものを使うべきだろう。

いろいろなディスククリーニング

ジャケットから取り出しターンテーブルにセットするときに、手脂をつけてしまうことがある。部屋のホコリを引き寄せてしまい汚れやすく、またその汚れがノイズにもなる。レーザー光を使いディスクとは非接触で信号をピックアップするCDとは異なって、針先がレコードの音溝を擦るようにトレースするアナログ再生では、盤面に付着したホコリ、汚れは、雑音の原因となる大敵にして、その除去は永遠の命題になっている。

このため、レコードクリーニングについては、昔からさまざまな方法も試みられてきた。やはりノイズレスのアナログ再生の実現はファンなら、つねに願うものだ。これを受け継いで、現在、レコードについては多種多様なクリーニング用製品があるが、その説明の前にレコードの汚れについて知っておこう。

●レコードの汚れ

レコードを聴くとき、まず聴きたいタイトルを手に取り、レコードジャケットから盤を取り出す。ターンテーブルにセットして、プレーヤーをスタートさせる。聴き終わったらレコードを、逆の動作でジャケットに戻す。取り出すときにジャケットの内袋と擦れ、針は盤面を擦っている。一方、レコードは絶縁体だ。この摩擦によって静電気を帯びてしまう。このため部屋にある、空気中を舞っているホコリやごく細かい砂粒などを吸い寄せてしまう。またジャケットから取り出す、しまうときは手の脂分や汗が付着することも避けられない。

ホコリや砂粒は音溝に入り込んで針との接触を妨げ雑音となり、手の脂はホコリと結びついてより強固な汚れとなったり、カビ発生の元にもなる。つまり、レコードはつねに汚れと隣り合わせといってもいいだろう。

●レコードを丸洗いする

そうした汚れやすいレコードは、たとえば聴く前、聴き終わった後にマメに拭き取り式のクリーナーで、軽く拭っておく、ジャケットにきちんとしまうことは必須だ。しかし、長期の保管などでホコリがたまったり、知らない間にカビが生える。そうなったときは自分でクリーニングしてしまうという人も多い。

その中でも多いのが盤の洗浄、つまり丸洗いだ。方法は人によって細

レコードの持ち方

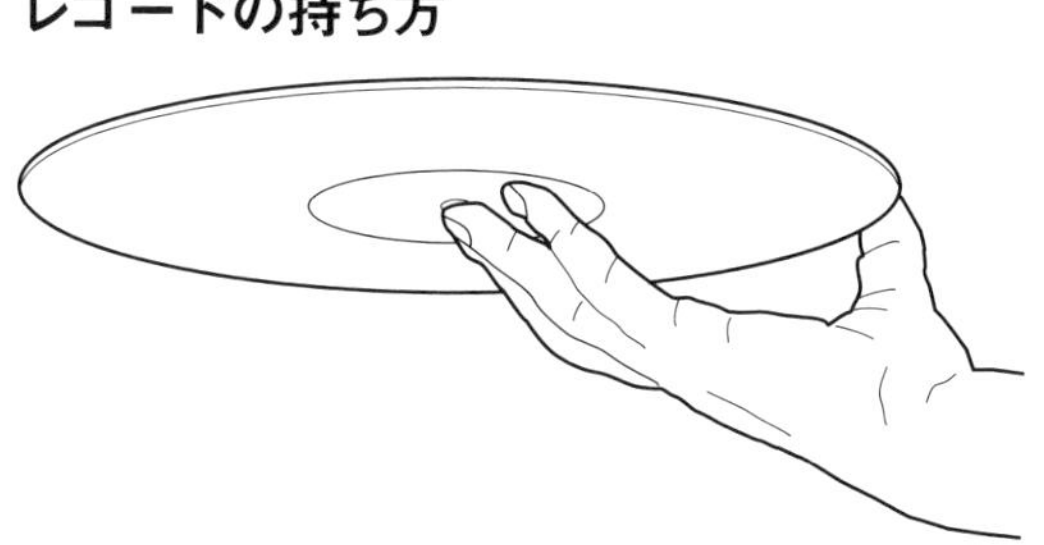

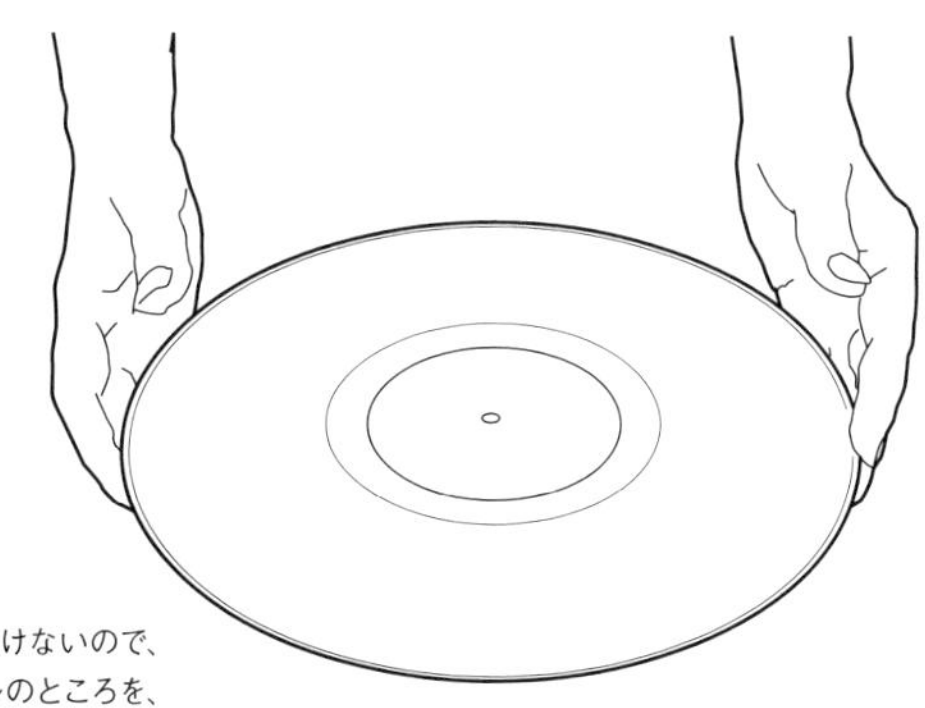

CDなどと違って盤面の汚れが音に直結してしまうレコードの再生。絶対に触ってはいけないので、持つべきところは縁の部分とレーベルの部分のみ。手のひらを広げ、親指でレーベルのところを、また縁の部分を指先で持つ。両手で持つときも、もちろん手のひらで縁をはさむように持つ

かくいろいろあるが、ざっくりと言えば盤面を食器用の中性洗剤を溶かしたもので洗って流す。そして自然乾燥というもの。洗剤の種類や盤面の汚れを拭う、洗う方法などにもいろいろ意見があり、またレーベルの部分を傷めないようにカバーをしなければならない、乾燥させるときは、ホコリが少なく風通しの良いところに立てておくなど、かなり手間がかかり神経も使う作業になる。盤面の保護、潤滑の役割をしている油分までおとしてしまうという意見などもあり、定形的な方法が確立されているわけではない。レコードの丸洗いについては、ネットにもさまざまな情報が上がっているので参考にするのもいいだろう。

　またほかの方法でも、水道水で拭き取るのはカルキなどの不要成分が残ってしまう、無水アルコールを薄めて使うのはレコードの材質に影響するなど、どちらも要注意といったようなことも言われる。やはりレコードはていねいに扱い、汚れの付着にも十分に注意するというのが必須である。

レコードの収め方

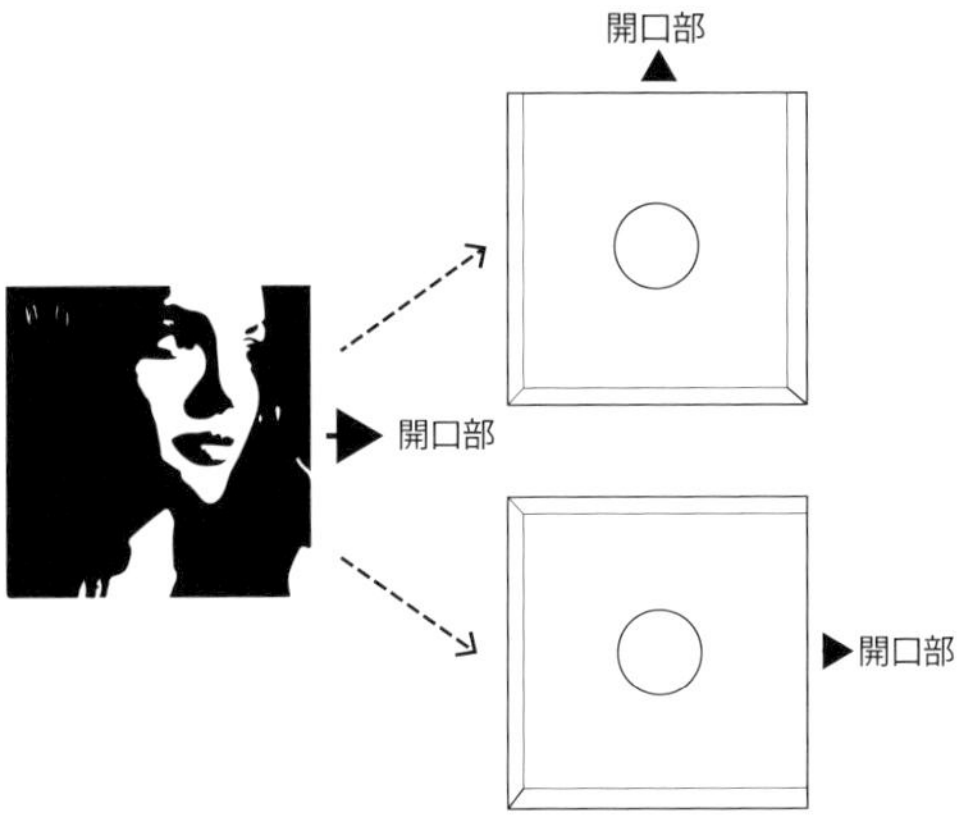

開口部

開口部

開口部

レコードを収めるやり方には2つの流派がある。ジャケットと中袋の開口部をそろえる派と違う方向に変える派。前者は、いちいちレコードを中袋から出すのは面倒、レコードがさっと取り出せるという気の短い人、またDJなど仕事でスピーディに再生をこなさなければいけない人向き。後者は、ちょっとしたホコリ除けになるので、再生するときにホコリをはらう手間がいらない。オーディオファンは、こちらのほうが多いだろう

●レコードのしまい方や保管の方法

　レコードの汚れにも関連することだが、レコードのジャケットへの収納、保管にもポイントがある。まず、しまうときにジャケットと内袋の開口部をそろえるか、違えるか（中袋の開口をジャケットに対して横になるように収める）ということ。前者はさっと取り出せる、後者はホコリの侵入に強そうというのがメリットだ。これは、こだわるファンほど後者が多くなるようで、中古レコードショップでもこの方法で収納しているところが多いし、口を塞ぐ形になるのでカビの発生もこちらのほうが少ないとされている。なお古くなった中袋は替えたほうがいい。ホコリやカビの胞子がたまっていることがあるのだ。なかには1年毎に交換しているという人もいる。

　そして、それ以上に気を使いたいのが保管場所で、やはり直接、太陽光が当たるところは避けたい。温度が上昇し反りやすくなったり、紫外線でジャケットも褪色してしまうからだ。置き方も立て置きとして棚に隙間なく並べるようにする。空いたところ立てかけたようにしたり、斜めに並んでいると、反りが発生しやすくなる。本などを詰め込むなり工夫して、真っすぐに立つようにしたい。

　ということから、アナログ再生ではレコードもクリーニングや保管など、とてもケアが重要である。それらもまたプレーヤーの調整と同じようにひとつの楽しみではあるのだが、適切なツールでより確実な効果を得なければならないのも事実。レコードクリーニングに関連したアイテムについて説明しておこう。

●レコードクリーナー

　表面にベルベットなどの柔らかい布を張ったパッドを持つ、カマボコ型の最もオーソドックスなタイプは今も健在。表面を拭うだけでホコリが払える乾式、さらに汚れを落とすためにクリーニング液をパッドに垂らしてから拭き取って使う湿式がある。使い方は、音溝に沿って軽く拭いてホコリをすくうように取る。うまく取れないときは、1か所に集めて粘着テープ式のローラーで取ると効果的だ。

　湿式のクリーニング液は、ややしつこい汚れも拭き取れ、また静電気の放電を早めたり、帯電を防止するのにも有効。ただし、クリーニング液は薄く伸ばす程度で付け過ぎないこと、クリーナーもごしごしと強く擦らない。盤面を傷つける恐れが出てくる。

　作業は、音溝のある盤面に触れないように、指で支えるようにレコードを手にもって行うのがおすすめ。ターンテーブルの上では軸受け部に負荷が掛かるし、机の上などに置くと持ち上げたときに発生する静電気でホコリをさらに引き寄せてしまうからだ。なお、ゴムリングの付いた四角のガラス板の上にしっかりとレコー

ドをセットし、ていねいにしっかりと拭えるようにした補助ツールもある。

●レコードブラシ

刷毛のようなブラシで、思い立ったとき、レコードをセットする前などに、さっとホコリを払えるタイプ。手で持つ部分を人体アースとなるようにし、放電性を持たせた人工毛を使い表面の静電気を効果的に素早く取り除くようになっているものや、レコード盤面にブラシが接触するようになっていて、聴いているときでもつねにホコリを払うようにようにしたものもある。あるいは、イオン風を当てて静電気を取り除くというモデルもユニークだ。

●レコード洗浄機

近年、たいへん増えてきたのが洗浄式のクリーナーだ。つまりは先述の丸洗いを、専用の機械やクリーニング液を使うことで、きわめてしつこい汚れ、砂埃、指紋などの除去が、安全確実に行えるタイプ。昔は業務用として使われていた大型の高価なもののみだったが、小型の手ごろなものから大量処理もできる大型のものまでが選べるようになっている。

小型のものは容器の下部にクリーニング液を溜めておき、レーベル保護カバーを付けたレコードをセットして、手でレコードを回しながら汚れを落としていく方式が多い。

大型のものでは自動化されていて、クリーニングしたいレコードをセットしてスイッチを押すと、自動的にクリーニング液が盤面にかけられクリーニング、さらに薬液をバキュームで吸い取り、乾燥まで行ってくれる。高価になるが大量のレコードの処理も簡単に行えるので、たくさんのレコードを所有し定期的にメンテナンスしたいというユーザーにはたいへん便利に使える。

●針先クリーナー

レコードに関連するものとして忘れてならないのは針先のクリーナー。カートリッジの針はトレース時、音溝を掻き出すようにしているので、再生した後に確認してみると、ホコリなどが目にみえるほど溜っていて驚くこともある。針飛びを起こすこれらはカートリッジに付属しているような小さなブラシでサッとはらったり、息でとばして解消できるが、気を付けたいのは音溝をたどるときに出る、ごくわずかなレコードの削りカスも溜ること。そうならないようにするために使いたいのが針先クリーナーだ。柔らかい素材（軟質プラスチック）の粘性を利用して、針先に触れるだけでゴミを取るものや、やや硬めのカーボンブラシでホコリやカスを掻き落とすタイプ、クリーニング液とミクロンブラシがセットになったものなどがある。

レコードクリーナー
左は昔からあるフェルトパッドのクリーナーとクリーニング液のセット（オーディオテクニカ）。スプレーで吹いて拭き取るものもある（ナガオカ）。クリーニング液やスプレーは、ホコリを抑える静電防止効果を持つものが多い

静電ブラシ
放電を行う機能性ブラシを取り付けている製品。レコード盤面のホコリが払い、帯電を解消すし、パチパチとしたレコード特有のノイズを抑える（SFC）

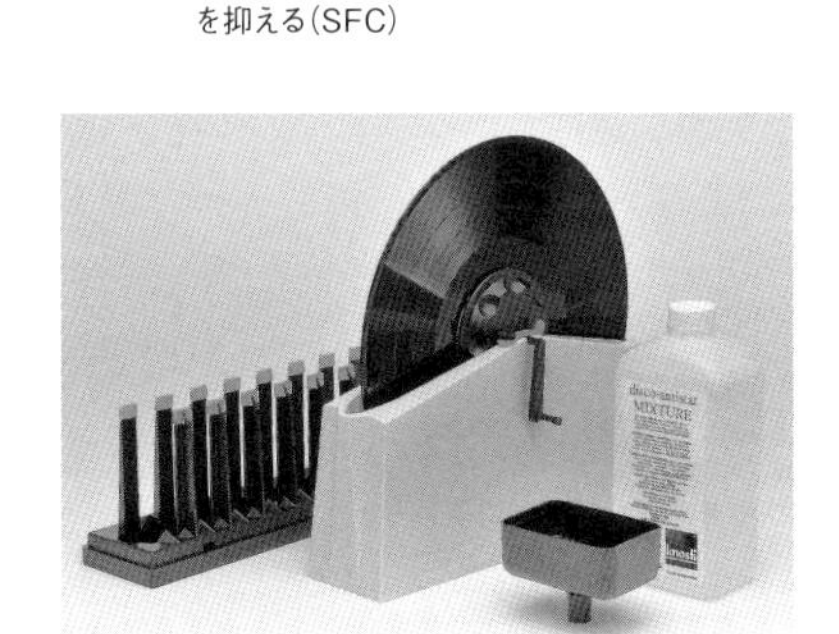

レコード洗浄機
ノスティ Disco antistat GenerationⅡ
超ロングセラーの最新版. レーベルプロテクト部にレコード回転用ハンドルが装備され, 内蔵ブラシと専用洗浄液で効率的に汚れと静電気を落とせる（ロジャースラボラトリー・ジャパン）

レコードクリーニングベース
レコードを置いてていねいに作業ができるようにしたガラス製クリーナー台。ゴムリングで周囲と中央レーベル付近で浮かせ、ホコリが付かないように考えられている（アイレックス）

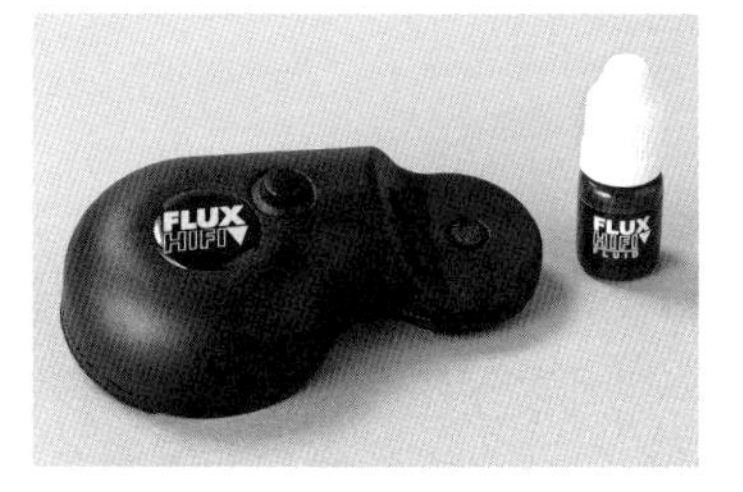

針先クリーナー
レコードとともに忘れてならないのが針先の汚れ。レコードの削りカスなどの頑固なものも超音波振動できれいにする。むずかしかった針先の手入れが簡単に行える（フラックス・ハイファイ）

レコード再生のトラブルシューティングとQ&A

カートリッジに始まり様々なパーツが寄り集まって行うアナログ再生は、そのひとつひとつがきちんと動作しなければならない。どこかひとつに不具合があれば、音が出なかったり、異音、雑音が混じってしまう。トラブルが発生したとき、その原因がわかればすぐに対処できるし、知っていればトラブルの予防にもなるだろう。ここでは、そうしたアナログ再生にまつわるトラブルの代表例を説明する。また、今さら聞けないといった、ちょっとした豆知識をQ&Aで紹介しておこう。

［音が出ない場合］

アナログ再生システムでは、カートリッジ、ヘッドシェルなど大小の機器が多いので、接続箇所も増えている。音が出ない場合、機器の故障を除き、その多くは接続が外れている、緩んでいるといったことが多い。

●カートリッジ↓ヘッドシェル

カートリッジとヘッドシェルの接続で各チャンネルのプラス（R＝赤、L＝白）、グラウンド（マイナス R＝緑、L＝青）が揃っていないと音は出ない。あるいはチップとリード線のハンダが外れている、チップとカートリッジ／シェルのピン端子のところが緩んでいて、接続できていないこともある。この場合、多くは片方のチャンネルは音が出る。

●シェル↓トーンアーム

シェルとトーンアームの接合はピン端子で行われる。アーム側のピンはスプリングにより前後に動くが、これが引っかかって引っ込んだままになっていることがある。綿棒などで押して回復させ、ピンが接触するようにする。古いトーンアームでは内部で断線していることもある。

●プレーヤー↓MCトランス、フォノイコライザー↓アンプ

音が出ない場合、プレーヤー部で疑いが出るのはアーム部の出力のDINコネクターがしっかりと差し込まれていない、外れている、抜けかけているなどの場合がほとんどだ。通常、外れることは考えられないが、プレーヤー本体を動かした、移動したときなどに、発生する可能性がある。また、以下、フォノイコライザー、アンプまでの各入出力のRCA端子でも外れていることがあるので確認してみよう。

［音がおかしい場合］

アナログ再生の場合、音は出ているけれど、なんとなくおかしいと感じることがある。あるいは気づかないでそのまま聴いてしまうこともある。

●音が極端に小さい

まず疑うのはカートリッジ。MM型とMC型では出力電圧が異なり、MC型のほうが低い（約1／10）のでMC型をMM対応のアンプ・フォノ入力につなぐと、アンプの音量を最大にしても音はそれほど大きくならない。

●音が不自然

音がうねったり、音が震えるようになることがある。これはワウフラッターの発生が原因。ベルトドライブ式やリムドライブでのスリップやベルト、アイドラーの劣化、変形が影響している。特にベルトドライブの場合、ベルトやプラッターに手の脂などが付着してスリップを引き起こしている場合もあるが、基本的にはクリーニング、または必要に応じてベルトの交換が対処法となる。

●音が歪む

原因として多いのは針先の汚れによるものだ。針先やその周辺に溜まった汚れの固まりは針先を浮かしてしまい、音溝をトレースするのを邪魔する。きちんと接触していないので音が歪んだり、高域が下がったり、針飛びを起こしやすくなる

同じような原因としては針圧の軽過ぎる調整が挙げられる。やはり音溝のトレースが不安定になるので、音が歪んだり、針飛びが起きる。特に針飛びはレコードを傷つけたり、カートリッジを傷めるので要注意。針先のクリーニングや針圧の調整は欠かせない。

このほか音が歪む原因としては、接続がしっかりとされていない、いわゆる〝浮いて〟いても歪むことがある。

●ノイズが出る

レコード再生中には、ブツッ、ボツッという音やバチっという弾けるような

ノイズが出ることが多い。前者は音溝の傷やホコリ、ゴミによるもの。一定の場所、周期で発生することもあるが、盤面を見て確認できる。バチッというものは放電ノイズ。レコード盤と針がトレースの摩擦によって帯電するが、これが蓄積して起きる放電現象、つまりごく小さな雷が原因だ。これらは音溝の傷以外、静電除去／防止のレコードクリーナーによるクリーニングで解消できる。

もうひとつよく起きるのが、唸るようなブーン、ジーというノイズで、誘導（ハム）ノイズと呼ばれるもの。これはいろいろなケースがあり、対策にも困るが、アース（GND　グラウンド）ラインに起因するものがほとんどで、まず考えられるのが接続、配線の不具合。典型的なのは、プレーヤーから昇圧トランス（MC型の場合）、フォノイコライザー（内蔵アンプ）までのアースラインでアース線が外れている、しっかりと接続されていない場合。トーンアームのシェルコネクターやヘッドシェルのアースラインが機能していなかったり、カートリッジの接続で、プラスとマイナスが逆のときも生じる。また、電気的な特性の関係で、プレーヤーのアース線をフォノイコライザーをパスして、ダイレクトにアンプのグラウンド端子につなぐと消えることもある。ただしMCトランスは必ずアースをとる。

このほかフォノイコライザーやカートリッジがアンプの電源トランスから出される磁力線の影響を受けたり、電源ケーブルとアース線の距離が関係してノイズを発することがある。フォノイコライザーの位置を変えてハムの出方を探ったり、同様にケーブルの配線状態を変えてみよう。

［アナログ再生Q&A］

Q：レコードは何回くらい再生できるのだろう

A：1平方cmに換算すると、針先に掛かる重量は数トンにもなるとか。一方、レコードの材質はポリ塩化ビニール（英語ではレコードのことをVynyl Discと言う）なので、再生の度に大きく削られているイメージがある。オーディオマニアには数10時間程度と主張する人もいるが、物理的には半永久的とされている。これは、針先が接触してもレコード盤は熱で柔らかくなり、また針が通り過ぎれば復元するというのがその理由。もちろん針がレコード盤を擦ったことによる削りカスが出るように、ごく少しずつは針先もレコードも摩耗はしていっている。再生回数を増すごとに、買った当初からの音質が変化する（一定の回数まで良くなり、その後は安定するかわずかずつ劣化していく）のも、これが要因になっていると思われる。というわけで、レコードの寿命よりも気にしたいのは、繰り返しになるがレコードの汚れ。雑音や音飛び、音の歪みの原因となり、盤に傷がつく、針先が傷む原因になる。

Q：針の寿命はどれくらい？

A：レコードの項でも触れたが針先には巨大な力がかかり、しかもこれをトレースするので針先の材質には天然物質では一番硬いダイヤモンドが使われている。LPの片面の音溝の長さは約500mとされるから1枚聴くと約1kmもの間、蛇行する音溝との接触（摩擦）を続けるので、すぐに摩耗してしまうように考えられる。そこで気になるのが針の寿命。何時間くらい使えるのだろうか。これも針メーカーの見解でも針先形状、盤面の状態や使用環境などさまざまな条件の違いもあって異なるが、おおよそ400時間前後は聴けるようだ。一日、2時間ずつ聴いて約200日。これを短いと感じるか、十分と感じるかは使い手次第だろう。なお、レコードと同様、こちらもレコードの汚れ、針先の汚れが、針先の寿命にも大きく関わっていることは言うまでもない。針先が汚れていると、その寿命は急速に進むという。

なお、針先の摩耗でその寿命が近づくと音はどのように変化するだろう。まず高域の伸びが鈍くなるという。聴き慣れたレコードの再生ですぐわかるだろう。そして、高音の強い音などでビリつくようになると、これは危険水域。レコードを傷つけてしまうので、すぐに修理、交換などを行うようにしたい。

Q：ダストカバーは使ったほうがいいか

A：文字通りプレーヤーの上部を覆いホコリの付着を抑えるダストカバーだが、ユーザーの間では、再生時に取り外す派と、かぶせて使う派に分かれている。これは主に使っているプレーヤーのカバーが、ハウリングの原因になっているかどうかが関係している。ダストカバーが質量もしっかりとした、がっちりとしたもので、キャビネットと振動を遮断するようなものならその可能性は低いが、軽いものだとスピーカー音圧を受けて共振し、これが本体に伝わりハウリングの一因になるのだ。

どちらにしてもハウリングマージンを確認して決めるのが確実。方法は別項に記したとおり、ディスク上にカートリッジをセットしてボリュームを上げていき、このときカバーを閉めた状態のままカバーを叩いて確認する。外した状態と比較して決めることになる。

MJ無線と実験にご寄稿いただいているオーディオ評論、
アンプ製作の達人たちは、それぞれにアナログレコードを愛し、独自の再生テクニックを編み出している。
ここではその一端をご披露いただく。
また、盛り上がりを見せるアナログレコード市場で新規稼働が大きな話題となっている、
ソニー・ミュージックのレコード制作現場も紹介する。

プレーヤー周りの音質向上策／カートリッジとシェル周りの音質改善
お薦めメンテナンス用品／GEバリレラカートリッジ
SP盤のクリーニング／MM、MIカートリッジを見直す
最新アナログ制作の現場

プレーヤー周りの音質向上策 ―― 井上千岳

プレーヤーは数年前からラックスマンPD-171Aを愛用している。端正な外観だが意外に質量があって、パーツは吊り下げ構造。振動対策という点では、これで十分に思われる。

トーンアームを除けば、プレーヤーのなかで最も重視しているのがターンテーブルシートである。レコードと直接触れる部分だからだ。ターンテーブル自体はいくら重くしても、それで共振が消えるわけではない。重くするのは慣性モーメントを高めるためで、重ければ重いだけ共振は消えにくくなる。

ターンテーブルの振動を止めるには、異種素材で相殺するのが最も手っ取り早い。ということでサエクSS-300（生産終了）を乗せてある。特殊合金製で、これでターンテーブルとの共振は消える。

ただしレコード盤の振動は、表面が硬質だと収めにくい。そこで柔らかい布を貼って使っている。見栄えが悪いので恐縮だが、市販品で適当なものがないので、いまだにこの状態である。

トーンアームはプレーヤーの付属品だが、フォノケーブルの試聴をするのにユニバーサルでないと大変不便なのである。これとは別に、ヴィヴラボラトリーのリジッドフロートも用意してある。使うときだけ乗せればいいので便利だ。プレーヤー上にそれだけのスペースはある。

当システムで最も特徴的なのは、ことによるとケーブル類かもしれない。フォノケーブルは米国アナリシスプラスのOval Phonoという製品で、現在はモデルチェンジされているはずだ。中空楕円構造という独自の珍しい導体を使用し、大変鮮度が高く情報量が多い。あまり使っている人はいないのではないかと思う。

もうひとつはヘッドシェルのリード線で、ブラックキャットのマトリクスという製品である。まだ発売はされていないかもしれない。

このブラックキャットケーブルはつい最近始まったばかりのブランドだが、もとステレオボックスのクリス・ソンモヴィーゴという人物が2015年日本へ移住して新たに立ち上げたものだ。いずれ詳しく触れるときもあろうかと思う。

プレーヤー本体に戻るが、脚回りにも当然気を配るべきではある。ただ現状ではそのままだ。つい最近、アナログでのフローティングの威力を味わったばかりなので、その方式を導入しようかと考えている。ただのインシュレーターやスパイクとは、改善効果の次元が違うように感じるのである。

ターンテーブルの振動はサエクの合金シートを載せて抑え、その上に柔らかな布を載せている

ヴィヴラボラトリーのリジッドフロートは、使用するときだけ、手前に乗せる

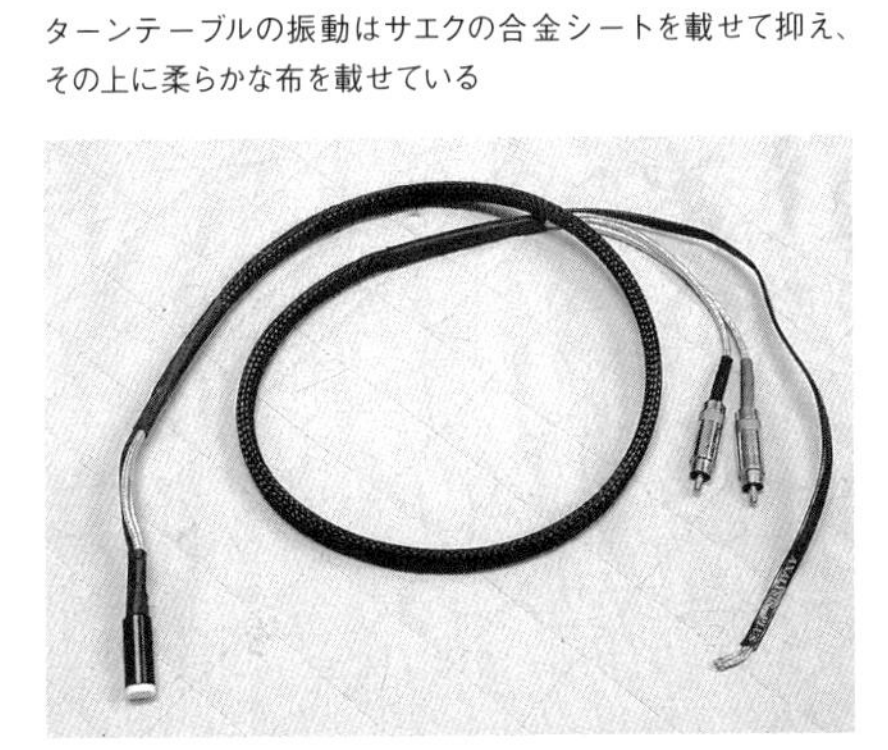

フォノケーブルは米国アナリシスプラスのOval Phono。中空楕円構造の導体を使用している

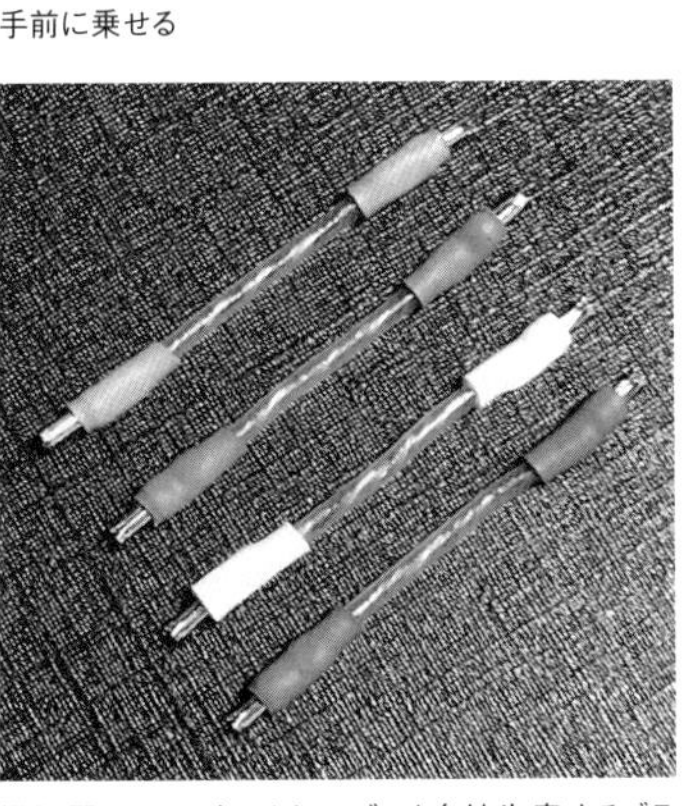

湯河原でオーディオケーブルを自社生産するブラックキャットケーブルのシェルリード線（写真は輸入元のHPから）

カートリッジとシェル周りの音質改善 ―― 柴崎 功

ネジ材質による音質改善

カートリッジをヘッドシェルに取り付けるビスにはアルミ合金や黄銅のビスがよく用いられるが、アルミは音の立ち上がりがなまり、黄銅は華やかな音になって、カートリッジの持ち味を十分に引き出せない場合が多い。そこで、私は写真1の純チタンビスを愛用している。音速が速いチタンにすると、音の立ち上がりや立ち下がりが急峻になって粒立ちとS/N感が向上し、瞬発力と制動力が強化されて癖のない音になる。

制振合金シートの導入

真鍮の約1000倍という驚異的な振動減衰率と、軟鋼並みの引っ張り強度を持つ非磁性マンガン合金M2052の箔を製造元セイシンエンジニアリングでは「ツァウバーシート」と呼んでいるが、これを写真2のように鋏で切ってカートリッジとシェル間に挟むとカートリッジとシェルが密着して不要振動がなくなり、意外なほど音質が改善される。DL-103Rで試したらS/N感が向上し、低域が格段にパワフルとなり、中域と高域がより鮮明で艶やかになった。

ヘッドシェルスペーサーの推奨品

ユニバーサルトーンアームは嵌合部のガタに起因する音質劣化があるので、ヘッドシェルにはガタ吸収用ゴムスペーサーを装着した製品が多い。しかし、ゴムは吸収した振動エネルギーを遅延して放出するので癖があり、私はゴムリングを取り外して使う。これまでに試して効果的だったスペーサーは、ZXY（ジックス）の3点支持ヘッドシェルスペーサーZXY Ring（写真3）と、ビギンズのドライカーボンスペーサーCHP-0.5（写真4）である。前者は、金メッキ黄銅リングの内側に0.3㎜のステンレスピンを3本植え込んだリングで、ヘッドシェルの根元に赤マークが上となる向きで取り付けると、ヘッドシェルとトーンアームが3点保持されてガタが追放される。後者は、0.5㎜厚ドライカーボンのシェルスペーサーだ。これらをシェルに装着すると、分解能と瞬発力が向上して非常に鮮明な音になり、S/N感も向上する。

カートリッジエキサイターで振動系を活性化

針置き台に置いたレコード針を800Hz正弦波で加振し、古いカートリッジは振動系のダンパーを若返らせ、新品カートリッジはダンパーを熟成させて、カートリッジの能力をフルに引き出してくれるのがORBのカートリッジエキサイターCRE-2（写真5）である。20年以上放置したMCカートリッジで試したら、モヤツキが一掃されて躍動的でクリアな音が蘇った。

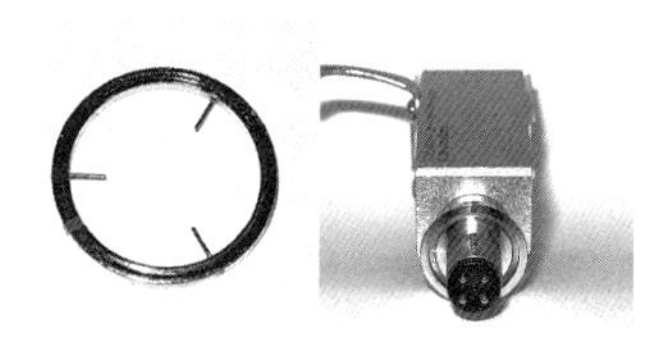

［写真1］ M2.6純チタンビス（左）と、チタンビスでシェルに 取り付けたカートリッジAT33Sa

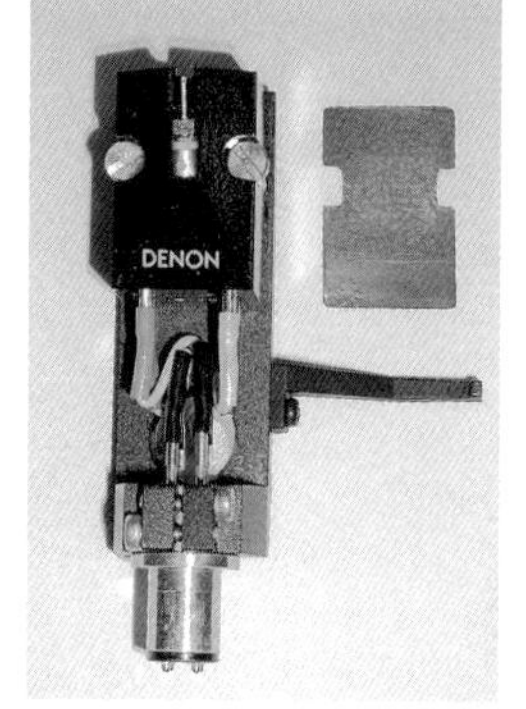

［写真2］ カートリッジに合わせてハサミで切った0.1mmツァウバーシートと、それをカートリッジDL-103Rとシェル間に挿入した使用例

［写真3］ 金メッキ黄銅リングの内側に3本の極細ステンレスピンを植え込んだZXYの3点保持ヘッドシェルスペーサーZXY Ringの外観と、ヘッドシェルへの装着例

［写真4］ 0.5mm厚のリング状ドライカーボンを用いたビギンズのヘッドシェルスペーサー CHP-0.5

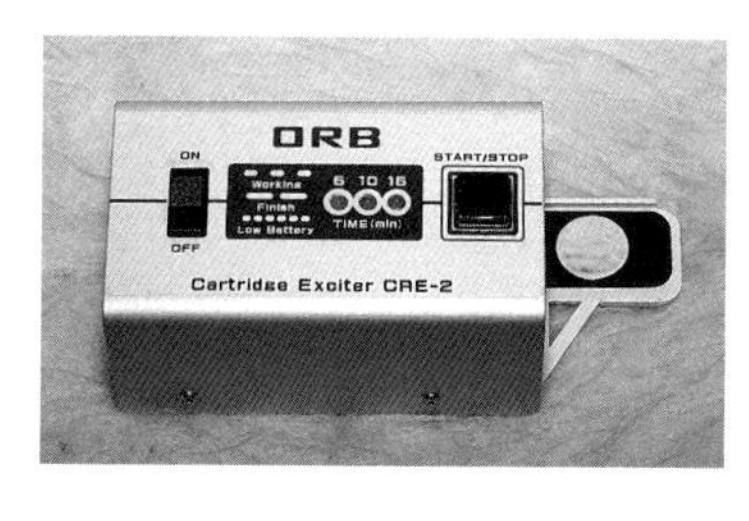

［写真5］ 針先を加振して振動系を活性化するORBのカートリッジエキサイターCRE-2。古いカートリッジだけでなく新品カートリッジにも顕著な音質改善効果がある

お薦めメンテナンス用品 —— 柴崎 功

水平度チェック用品

傾いたターンテーブルはLRの音溝にかかる針圧が不均一になって音質が劣化したり音飛びしやすくなるので、水準器は必需品だ。写真1に示すような水準器をターンテーブルに載せて水平度をチェックし、水準器の泡が中央に来るように調整する。最近は写真2のようなスマートフォン用無料アプリの「水準器ソフト」が数種類あるので、これを使えば経済的だ。

針先クリーニング用品

レコード針に異物が付くと高域レスポンスが落ち、歪みや音飛びを引き起こすので針先のケアは大切だ。ある日を境に、私はスタイラスクリーニング液を使わなくなった。それはスタイラスチップの脱落事故を体験したからだ。レコードを載せ替えて針を降ろしたところ、「ガー」という盛大なスクラッチノイズの中に音楽信号が埋もれ、しかもステレオレコードなのにモノーラル信号になった。針先に大きなゴミが付いたのかと思ってルーペでカンチレバー先端を見たら、何と針がない。針をカンチレバーに固定する接着剤がクリーニング液で劣化し、レコード盤に針を降ろした際に針が脱落したのだ。それ以来、私はクリーニング液を用いず、ブロワーとゼロダストに切り換えた。まず、レコードを片面再生するごとに写真3のブロワーで針先のゴミを吹き飛ばす。これなら非接触なので安全だ。汚れがこびりついて取れない場合は、オンゾウラボの粘着プラスチック針先クリーナー「ゼロダスト」(写真4)に針先を押しつけて汚れを剥ぎ取る。ケースの蓋がルーペなので針先チェックができ、粘着部が汚れたら水洗いすれば蘇る。

静電気除去用品

レコード再生時の悩みの種が静電気だ。盤上のホコリをレコードクリーナーで拭き取ろうとしても、静電気で盤に吸着してなかなか除去できないことが多い。そういう場合は、ORBの送風ファンつき強力除電器SN-03(写真5)で静電気を中和すれば、ホコリが容易に除去できる。これは60kHz/5000Vの高圧発生回路と送風機を搭載した構成で、+と−のイオンを交互に出して帯電を中和する。10cmほど離した距離で本機の電源ボタンを押してイオン風をディスク面に満遍なく照射したら、約3000Vに帯電していたLP盤が30～40秒で10V以下になった。単3電池4本駆動で実測消費電流は約0.5Aだ。盤の帯電は音にも影響し、除電すると硬さが取れて艶やかで伸び伸びした音になる。

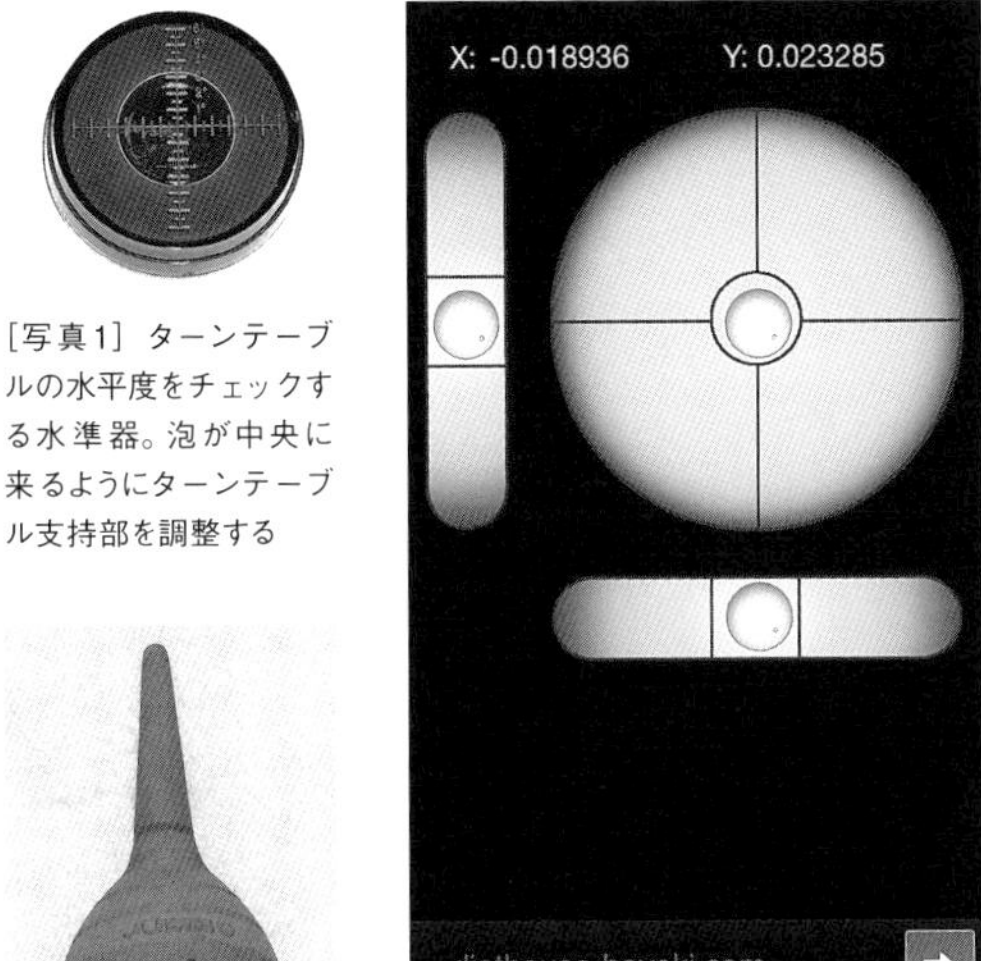

[写真1] ターンテーブルの水平度をチェックする水準器。泡が中央に来るようにターンテーブル支持部を調整する

[写真2] 無料アプリ「バブル水準器」を起動したiPod touchの画面。X軸とY軸の傾斜が画像と数値で表示される

[写真3] カメラ用の強力ブロワー。これで針先についたホコリを吹き飛ばし、こびりついて取れない汚れは写真4のゼロダストで吸着除去する

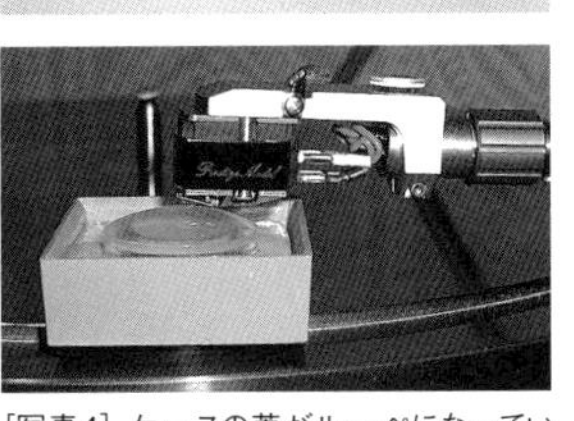

[写真4] ケースの蓋がルーペになっているオンゾウラボの粘着プラスチック製針先クリーナー「ゼロダスト」と、その使用例

[写真5] +と−のイオンを交互に発生して静電気を中和する、ORBの送風ファンつき強力除電器SN-03(右)と、大きさ比較用のLPレコード

GEバリレラカートリッジ —— 柳沢正史

モノーラルレコードを再生するとき、モノーラル専用のカートリッジを使っているだろうか。筆者のまわりでもモノーラル用のカートリッジを使っている人は意外と少ない。試聴会でモノーラルレコードをモノーラルカートリッジで再生すると、厚みのある鮮烈な音に驚かれることが多い。

1950年代当時は、多くのモノーラル用のカートリッジがあった。海外の有名どころではORTOFON CG25D、PICKERING D-120S、FAIRCHILD 225A、SHURE M5D、ELAC MST-2、EMT TMD25など、そしてGEバリレラだ。

日本で通称バリレラと呼ばれている〝General Electric Variable Reluctance Cartridge〟は、モノーラル時代の代表的なカートリッジの一つだ。バリレラはバリアブルリラクタンス(Variable Reluc-tance)の略だ。頭文字をとったVRの発電方式はMM型から派生した広義のMI方式に分類されている。針先の動きによる磁気信号を、コイルが巻かれた磁性体のリーケージフラックス(漏洩磁束)を介して伝える独特の発電機構である。

モノーラル専用のスタイラスは横(左右)の動きのみだがステレオのスタイラスは縦横に動く。特にヴィンテージのモノーラル盤の再生にはモノーラル専用のカートリッジに軍配が上がる。スタイラスの動きが左右に限定されているためノイズを拾いにくい利点もある。

バリレラは初期モデルのRPXと後期のVRⅡのタイプに分けられ、RPX(通称、鉄仮面)は生産時期により、040、041、050、052、061Aなど多数ある。写真1は左がRPX 052で、右が後期のVRⅡだ。また、スタイラスが1つのSingleと2つ付けられるDualがあるが、バリレラといえばやはりDualタイプに人気がある。写真2にある赤いターンオーバーノブをプッシュして回転させ、2つのスタイラスを使い分ける機構になっている(写真3)。通常はモノーラルLP用とSP用のスタイラスを装着することが多い。一般にバリレラトリプルプレイと呼ばれるのは、このDualタイプのことである。トリプルプレイとは、33・1/3、45、78回転のレコードに対応できることだ。

マニュアルによる適正針圧は6〜8gだが、実際には、4〜5gでも問題はなかった。出力電圧が10mVもあるので、直接イコライザーアンプに接続できる。写真4は、バリレラ用に製作したイコライザーアンプである。

スタイラスについても述べておこう。RPXとVRⅡのスタイラスは、どちらもクリップインタイプだが兼用はできない。モノーラルLP用のスタイラスには、1milと0.7milのダイヤモンド針がある。1milのスタイラスはLP初期のMicrogrooveのレコード、大ざっぱに言えば1950年代のヴィンテージ盤に向いている。一方、0.7milのスタイラスはその後のモノーラルLPや再発盤に適している。Dualタイプに1milと0.7milのスタイラスを付けて新、旧のモノーラルLPを楽しむ人も多い。SP用は3milのサファイア針が一般的だが、3milと2.5milのダイヤモンド針もある。サファイア針の摩耗を気にしないで済むので、入手は簡単ではないが3milのダイヤモンド針を使っている。

[写真1] 左がバリレラRPX 052で右が後期タイプのVRⅡ

[写真2] 赤いノブを回転させ、2つのスタイラスを使い分ける

[写真3] LP用とSP用のスタイラスを装着

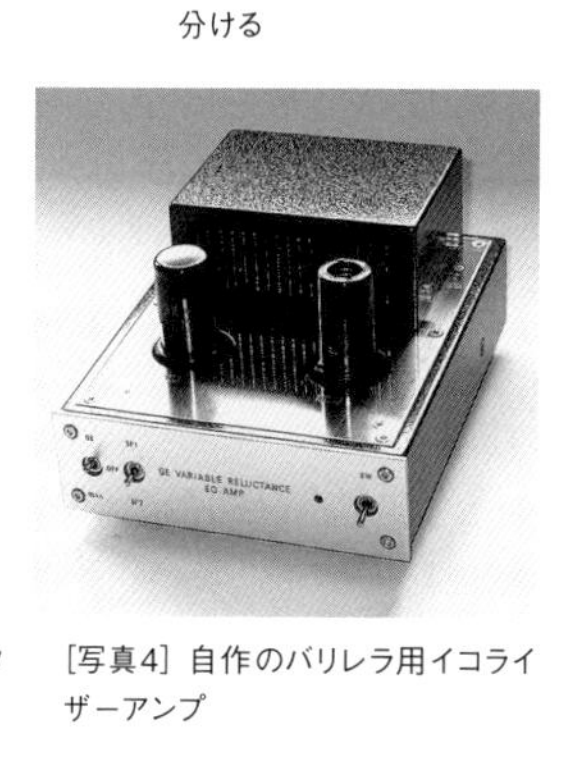

[写真4] 自作のバリレラ用イコライザーアンプ

SP盤のクリーニング —— 柳沢正史

SP盤の汚れはLPとは比べものにならない。今どき入手できるSP盤の中には、ほとんどごみ同様に扱われていたものも多い。リサイクルショップでまとめて売られたりするのもある。LPのような堅牢な紙のジャケットもないので、裸同然の剥き出しである。ほこりや手垢は当たり前で、カビまでこびりついた盤もたまにある。以前は中性洗剤とスポンジを使っていたが、表面の汚れは落とせるものの、溝の中までは難しかった。購入したまま一度もクリーニングをしていないSP盤が数100枚になり、困っていた。

あるとき、インターネットでレコードをクリーニングするマシンのレンタルの存在を知った。OYAGで貸し出すのはVPIのHW16·5である。SP盤にも対応しているので早速レンタルして使ってみると、汚れた洗浄液をバキュームで吸い取る圧倒的な処理能力に驚かされた。だが、いつも手元にクリーニングマシンがあるわけではない。幸いOYAGにはクリーニング道具3点セットがある。「クリーニング液OYAG33」、「特製ブラシ」、「クロス」だ（写真1）。

以下に洗浄の方法を述べる。

1. ターンテーブルにSP盤を載せ、盤上に数か所クリーニング液をストローで載せる（写真2）。クリーニング液が少なくなった場合、スポイトより長めのストローが便利である。

2. ターンテーブルを回転させ、盤面にブラシを当ててクリーニング液が盤全体に広がるように洗浄する（写真3）。筆者の場合、ターンテーブルの回転数は最初は33⅓で行い、最後に45回転にしている。プレートに取り付けられたブラシは角度を持たせて固定されているため、使いやすく効果的なクリーニングができる。なお、ブラシの数により4列タイプと7列タイプがあるが、写真は4列タイプ。

3. 洗浄が終わったらクロスで汚れたクリーニング液を拭き取る（写真4）。盤によってはクロスが汚れで真っ黒になることもあるが、その場合は1〜3の工程を再度行うことをお勧めする。この特殊なクロスはソフトな質感で毛羽立ちもなく、吸収力が抜群でレコードを傷付けることはまったくない。また、水で洗って乾かせば再利用も可能だ。

4. 拭き取った後は乾燥が必要だ。レコードを立てて置くのに便利なスタンド（13枚）が同社にある。既成のスタンド2個を結束バンドで組み合わせただけだが、あるとないとでは大違いだ（写真5）。

OYAGのクリーニング液にはLP用もあるので、当然LPレコードにも対応できる。

[写真1］OYGAのSP用クリーニング液、ブラシ、クロス

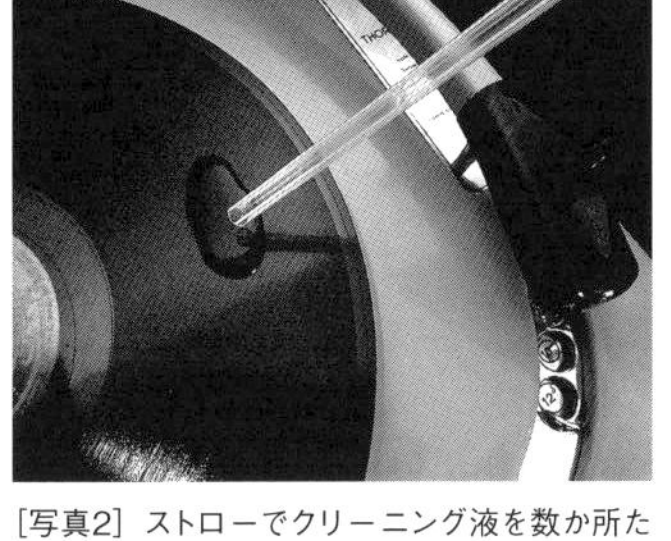

[写真2］ストローでクリーニング液を数か所たらす

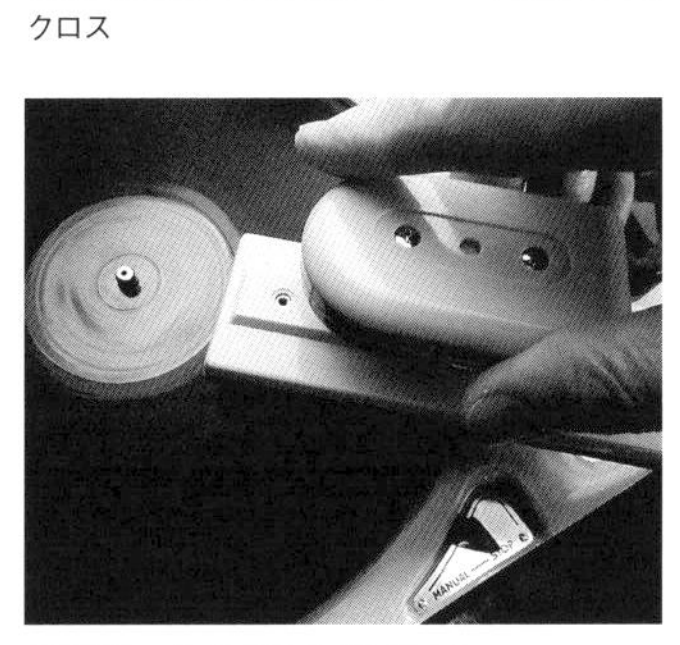

[写真3］ブラシを当てて洗浄する

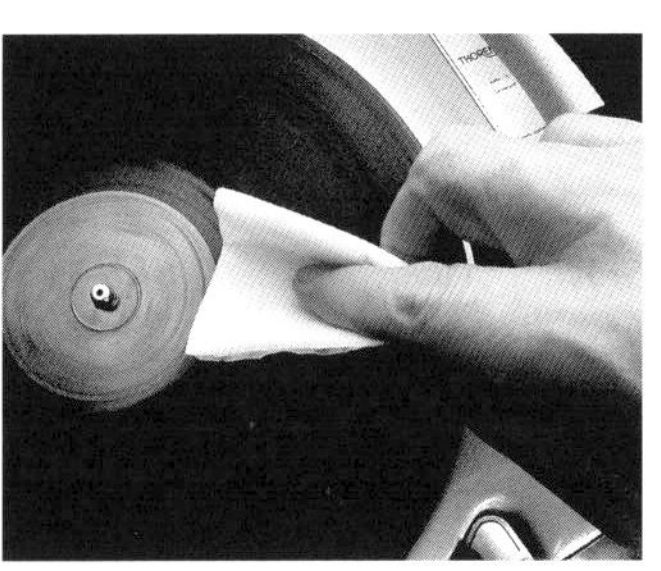

[写真4］汚れた液をクロスで拭き取る

[写真5］乾燥用スタンドで乾かす

MM、MIカートリッジを見直す —— 岩村保雄

アナログ再生装置

現在のアナログ再生系は、ターンテーブルはガラード401、トーンアームはSME 3009旧タイプを使っています。キャビネットは天板にコーリアンを使った箱型のものを自作しました。ガラードのメカニズムが重いことに加えてコーリアンの効果か、再生中に軽く叩いたくらいでは響くことはありません。

これまでは主にDL-103やオルトフォンMC30といったMCカートリッジを使ってきました。MCトランスで昇圧してからLCR型RIAAイコライザーを使って増幅、WE418Aラインアンプを経て標準アンプとして使っているPX4シングルアンプでスピーカーを鳴らしています。

最近はMM用としてNF型とCR型を組み合わせたRIAAイコライザーを製作し、MM／MI型カートリッジの音楽性や楽しさを見直しているところです。

MM型とMI型カートリッジ

最近、遅まきながらMM型とMI型の魅力に気づき、MM型とMI型カートリッジを集めています。その一部を写真1に示します。

それらの長所はMC型と比べて安価なことと、古いカートリッジで問題になるダンパー劣化についても、針交換により安価でリニューアルできることが挙げられます（MC型ではメーカーでの本体交換となり高価）。なお、MM型とMI型カートリッジは、現在でも交換針がJICOなどにより製造販売されているので、使い続けることに問題はありません。

これまでオーディオの世界ではMC型をHi-Fiカートリッジとして、例外を除きMM、MI型を下位に見る傾向がありました。しかし、実際にいろいろ試してみると、たとえばフィリップスGP-412Ⅱは、さすがフィリップスのLPレコード再生には最適、エンパイア4000DⅡの巻の評判は最適負荷100kΩを無視した結果である、オルトフォンVMS20E MKⅡは音楽性豊かなど、いろいろとわかってきました。

MM／MI対応の新作RIAAイコライザー

MMとMI型カートリッジの性能を活かすには、イコライザーの入力抵抗を100kΩも選択可能に、入力容量も400pF程度まで可変にする必要があります。コイル巻数が多いMMとMI型は、負荷容量や抵抗で周波数特性が大きく変化するからです。これらはLP華やかなりしころは当たり前のことでしたが、最近はほとんど考慮されていないようです。なおSMEトーンアームは、純正ケーブルとの組み合わせでは220pFもの配線容量があります。

イコライザーの回路方式は、製作記事では作りやすいCR型が、メーカー製では物理特性の優れたNF型がもっぱらです。アンプビルダーとしては、やはり一番手を出しやすいのはイコライザーなので、CR型、NF型それぞれの良さを組み合わせたNF／CR型RIAAイコライザーを製作して使っています。もちろん入力抵抗／容量可変です。

[写真1] ターンテーブルにガラード401、トーンアームはSME3009を使用している。手前はMM、MIカートリッジの一部
①フィリップスGP-412Ⅱ(MM)　②エラック455E(MM)
③エンパイア4000DII(MI)　④シュアM95HE(MM)
⑤オルトフォンVMS20E MKⅡ(MI)　⑥シュアV-15 TypeⅡ(MM)
負荷：①②⑤47kΩ、③100kΩ、④⑥47kΩ+400pF

最新アナログオーディオ情報 ―― 編集部

アメリカからカッティングシステムを輸入

ソニー・ミュージックスタジオ アナログカッティングルーム完成

東京・乃木坂にあるソニー・ミュージックスタジオに、アナログレコード用のカッティングルームが完成し、本格稼働を開始している。

さまざまなアーティストを擁するソニー・ミュージックエンタテインメント内にあって、アーティスト側からアナログ盤リリースの要請が増え、また、社内からもアナログ盤生産について、何かできることはないかとの意見が出された。それまで国内においてはすべて外注していたアナログ原盤製作を、社内でも行う方針が決まったのは2015年のことであった。

スタジオオフィス次長である宮田信吾氏がアメリカに行き、稼働中のノイマン製カッティングシステム一式を視察、日本からデジタル音源を持参し、現場でテストカッティング、ラッカー盤を持ち帰り、品質をチェックした。それから購入の交渉に入り、導入が決定したのである。

ニューヨーク近郊にあるカッティングシステムは、専門家の手で分解・梱包され、日本に届いたのは2016年4月のことであった。部屋はカッティングシステムが届いてから作り始め、部屋ができると同時に組み立てを開始、完成まで2か月を要した。

マスタリングルームはスタジオ棟最下部にあり、スタジオ施工会社の設計で、超低周波を遮断できる構造になっている。オペレーションは1人でできるようになっていて、現在はDAWからデジタル音源を再生してカッティングヘッドに送り、ラッカー盤を切るプロセスを採用している。デジタル音源なのでバリアブルグルーヴ用の先行ヘッド情報はDAWからタイミングをずらして送っている。ラックにはノイマン純正アンプなどに混じって、ZFのバリアブルグルーヴ機器が収められているが、現在は使用せず。純正機器だけでコントロールしている。

マスタリングエンジニアの堀内寿哉氏は、最初はわからないことばかりで、

カッターヘッドはノイマンSX74で、針先ヒーター、切り屑吸引パイプ、駆動コイル冷却用ヘリウムガス供給チューブが見える

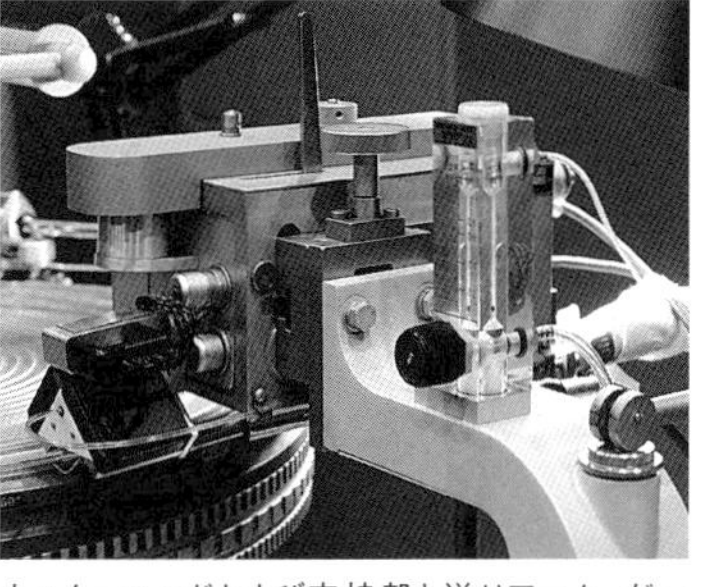

カッターヘッドおよび支持部と送りアーム。ゲージはヘリウムガス流量を監視するためのもの

取材に応じてくださったソニー・ミュージックコミュニケーションズの皆さん。左からテクニカルエンジニアの野口素誠氏、マスタリングエンジニアの堀内寿哉氏、スタジオオフィス次長の宮田信吾氏

OBに尋ねたり、他社のエンジニアに訊いたりしたという。最後発の参入にもかかわらず好意的に受け容れられ、いっしょにアナログレコードを盛り上げていこうという熱意を感じたそうだ。デジタル時代にあって、アナログ時代では実現できなかった処理が可能になり、針飛びするような低域の逆相成分の処理もデジタルで可能になっているという。

ラッカー盤を切ったあとは、カートリッジで再生することなく、顕微鏡で音溝をチェックする。ビデオカメラ付き顕微鏡なので、その映像は液晶モニターで確認できる。

ラッカー盤とカッティング針は国産品を使用しているので、比較的安定した供給を受けているが、これからの課題はレコード盤プレスとエンジニアの養成であると、テクニカルエンジニアの野口素誠氏は語る。当初、さまざまなエンジニアがカッティングルームに来ては、自らカッティングを覚えて作業をしたいと希望したが、その複雑で経験と勘を要する繊細な作業を知るにあたり、生半可にはできないとわかり、まずは専任者に任せる経緯があったという。

カッティングルームの完成の発表から各方面より問い合わせが相次ぎ、録音に訪れたアーティストも見物に来るという。今後ソニー・ミュージックエンタテインメントからリリースされるアナログ盤の多くは、この部屋でカッティングされたラッカー盤から製造されるはずだ。

プラッター表面には同心円状の溝があり、中心に取り付けた管から空気を抜いてラッカー盤を吸着する。音溝を監視する顕微鏡にはビデオカメラが取り付けられ、壁の液晶モニターで確認する

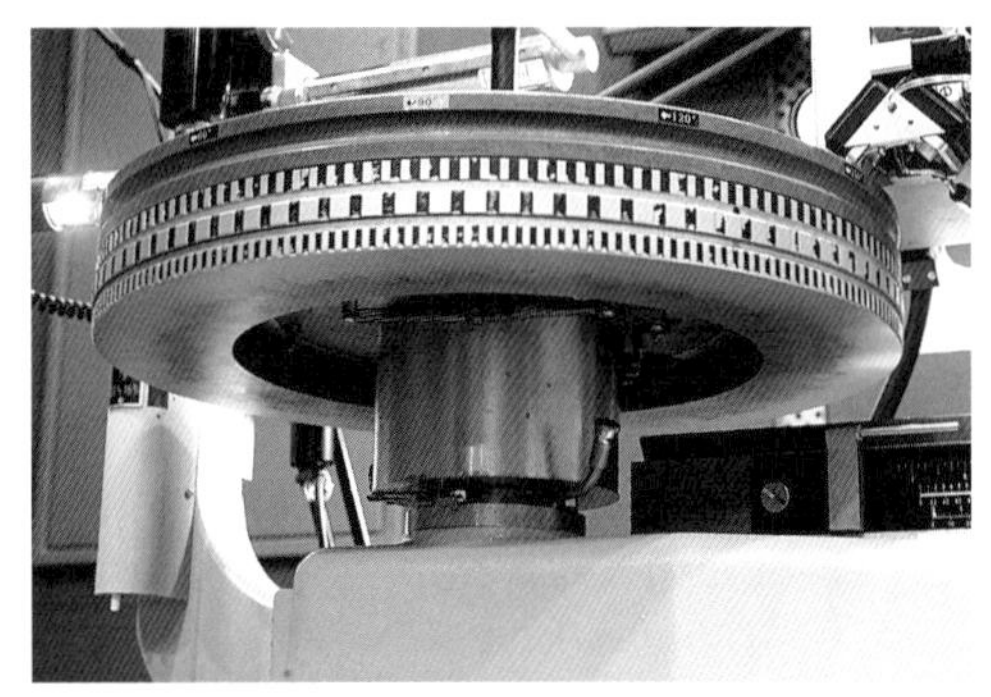

プラッター裏面にはオイル粘性を用いたダンパーがあり、駆動モーターの振動を遮断する

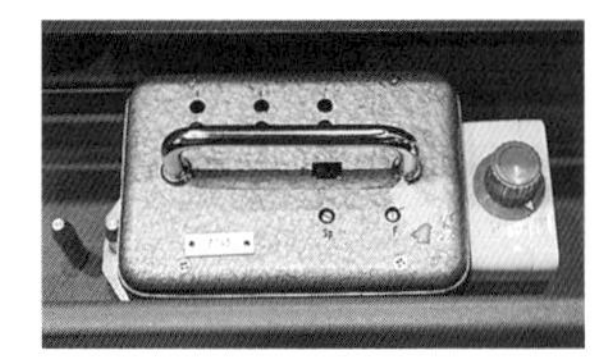

プラッターに載せるラッカー盤のサイズを選択する機能は、プログラムプラグ部を改造してスイッチを付加していた

プラッターを回転させるのは、ノイマン純正のデンマーク・ライレック製多極シンクロナスモーターSM8/3A。右上のガラスビンには吸引された切り屑が溜まる

カッティングシステムの対向面にあるマスタリングデスクには、DAWと各種イコライザーなどが組み込まれている。モニタースピーカーはB&WのMatrix801S2

ラックにはカッターヘッド駆動用パワーアンプ、リミッター、温度監視装置などが組み込まれている。手前のソニー製レコードプレーヤーは、14インチのラッカー盤を検聴できるよう、アームまわりが改造されている

GET! ANALOG PLAYER

アナログプレーヤーを手に入れろ！
休眠機器＆格安機種の
メンテナンスとカスタマイズ

レコードへの憧れがあっても、レコードで音楽を聴くのは難しそうと思われる方も多いことと思う。また、かつてはレコードを楽しんでいてまた聴きたいとは思うが、いまやなにを買っていいかわからない、と考えている方も多いのではなかろうか。ひとまず、長く休眠させたものでも、中古で手に入れたものでも、または格安で売られている機種であっても、アナログプレーヤーで音楽を楽しむことは、さして難しいことではない

少しの手間で古い機器が甦る 古いベルトドライブ式プレーヤーの”再生“ REVIVAL

AFTER

メンテナンス後のレコードプレーヤー。各部を磨き込んだら本来の色と輝きが現れた

ベルトは伸びてしまっているので、交換するしかない

BEFORE

メンテナンス前のレコードプレーヤー。埃が積もり、金属部の輝きが失われている。このままなら粗大ゴミ

アルミ製アームパイプ表面には錆の点が無数に現れている

ブランドのバッジは汚れ、ボード天面には埃が積もっている

ボード天面に埃が積もり、クロームメッキのカウンターウエイトは輝きを失っている

クリーニングに使用した材料。左はレコーディングや映画スタジオ、メンテナンス室常備のキムワイプ。繊維が残りにくい拭き取り紙。中央左は汚れ落としとワックス掛けが同時にできる呉工業LOOXスプレー。中央右は液状のアルミ用研磨剤。右は塩素を含まず樹脂を侵さないルブロイドのスプレーオイル。手前はカメラ量販店オーディオ売り場にあった綿棒。先端が尖って固い

①出力端子はRCAジャックで、アース端子は飾りネジタイプ。錆が出ているので磨いてみる

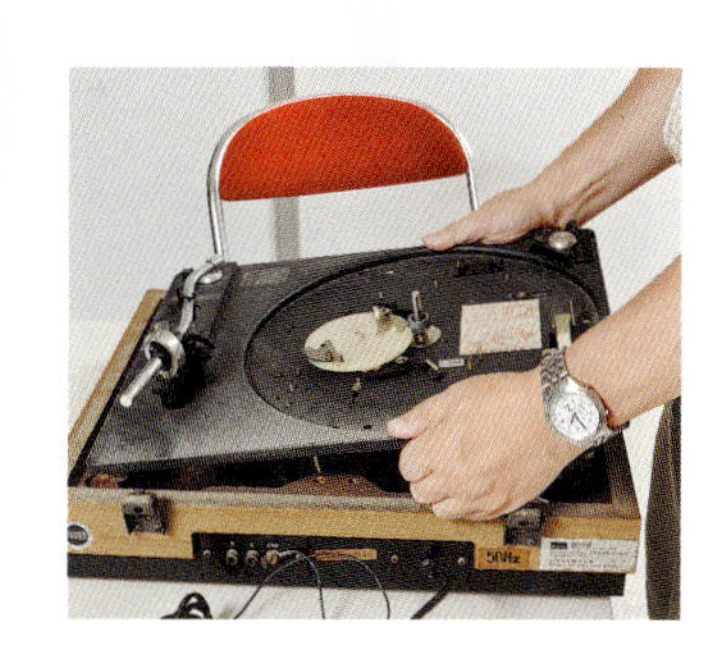

②インターネットで分解方法を調べ、金属フレームと木製キャビネットを分離

③出力とACコードはベークライト板に付いているので、キャビネットから取り外す

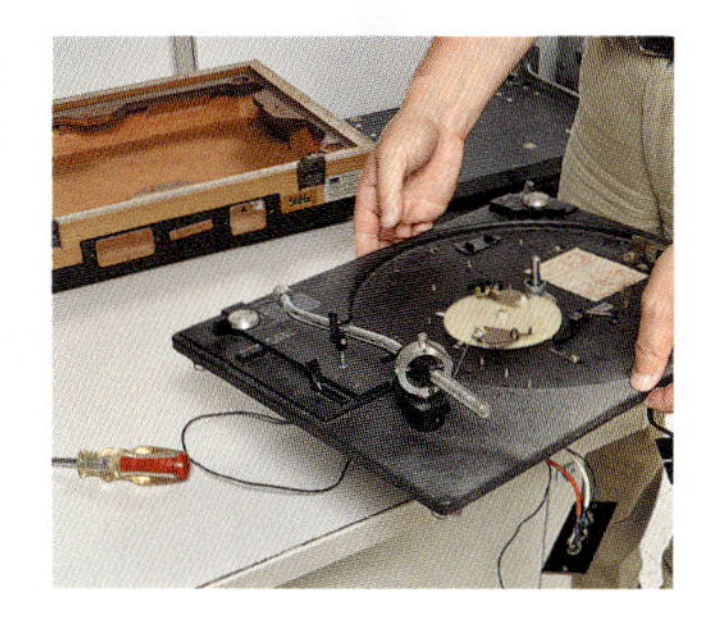

④コード類を抜けば金属フレームと木製キャビネットを完全に分離できる

⑤エアーダスターで埃を飛ばす。室内でやる作業ではない

⑥LOOXを付けたウエスで木製キャビネットを磨く

押し入れや納戸に、昔使っていたオーディオ機器をしまい込んでいて、忘れたころに出てくることがある。捨てるには忍びないので、何とか再利用できないか、試してみた。

古いベルトドライブ式のレコードプレーヤー、サンスイSR-212を再生してみよう。永年放置されたので埃が積もり、金属部表面には錆が出ているところもある。シンプルなACモーターはまだ静かに回転するので、汚れ落としと注油でまだ使えそうだ。DD方式だと駆動回路が故障すると修理不可能な場合もあり、腕に覚えのない方が長く使いたいなら敬遠したほうがよさそうだ。

作業としては、全体をクリーニングすることが主となり、ベルトは伸びぎみなので新品に交換する。これだけで古い機器が甦るのだから、楽しく作業したい。

木部と金属部を磨く

ボードは木製で、飾り縁は木目調の塩ビシート仕上げなので、汚れ落としとワックス掛けが同時にできる呉工業LOOXを使用した。DIY店やカー用品店で入手できる。もちろんこの銘柄にこだわる必要はなく、同様のものを使えばよい。これをウ

⑦磨く前と磨いた後。ここまでキレイになるとは予想もしていなかった

⑧好結果に気を良くしてキャビネット側面、バッジも磨く

⑨45°突き合わせの隙間はキムワイプを巻き付けた竹串などで磨く

⑩金属部表面の埃はハケなどを使用して取り除く

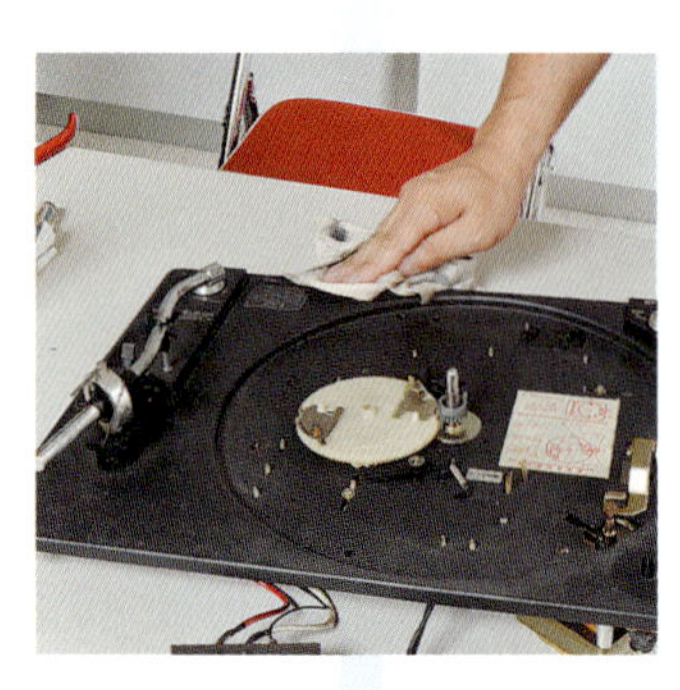

⑪金属フレームは艶消しだが、LOOXを付けたウエスで仕上げる

⑫カウンターウエイトはアルミ用研磨剤で磨く

⑬キムワイプで仕上げ拭きすれば、本来の輝きが戻ってきた

⑭アームパイプもアルミ用研磨剤で磨く。できるだけ軸受けに力がかからないように注意する

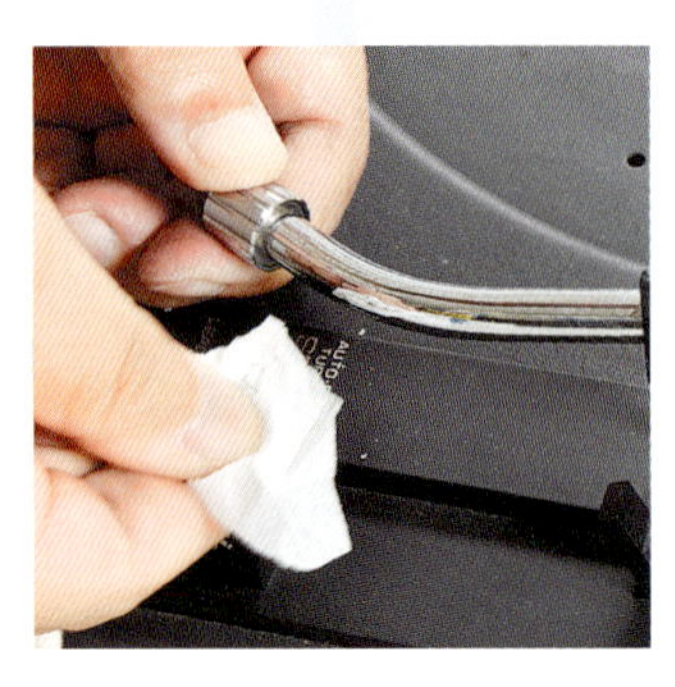

⑮ちょっと磨くだけで輝きが戻ってきた

エスに取り、伸ばしながら磨けば、新品時はこのくらいだったかと思えるほどキレイに仕上がった。45°突き合わせの部分はわずかに隙間が空いているので、綿棒で汚れを拭う。

アームパイプとカウンターウエイトは新品時にピカピカであったろうが、今は表面に無数の錆の点が現れてしまっている。指の脂が付いたまま放置したのであろう、ここはアルミ用研磨剤で磨いてみた。ウエスに取って強めに擦ると、想像以上に錆が落ちてキレイになった。作業前の写真では結構絶望的なキタナサだが、ここまでキレイになるなら、やってみたくなるだろう。

これに気を良くしてアルミダイキャスト製のターンテーブルも磨いてみたくなった。外周と肩部は切削仕上げなので、アルミ用研磨剤で磨くと、新品時とまではいかないにしても、肩部の輝きは取り戻すことができた。

さらに透明樹脂製のダストカバーも呉工業LOOXで磨き、外観上はかなりキレイに仕上げることができた。

背面には直出しのACコード、RCAジャックによる出力端子があり、表面のメッキの光沢が失われて

⑯ 全体を磨き上げたトーンアーム。軸受け部や操作部も軽く磨いたので、使って恥ずかしくない仕上げとなった

⑱ RCAジャックとACプラグはアルミ用研磨剤で磨き、かなり錆が取れた

⑰ なぜか他社のEPアダプターに替わり埃まみれであったが、LOOXで磨くことでツヤが出てきた

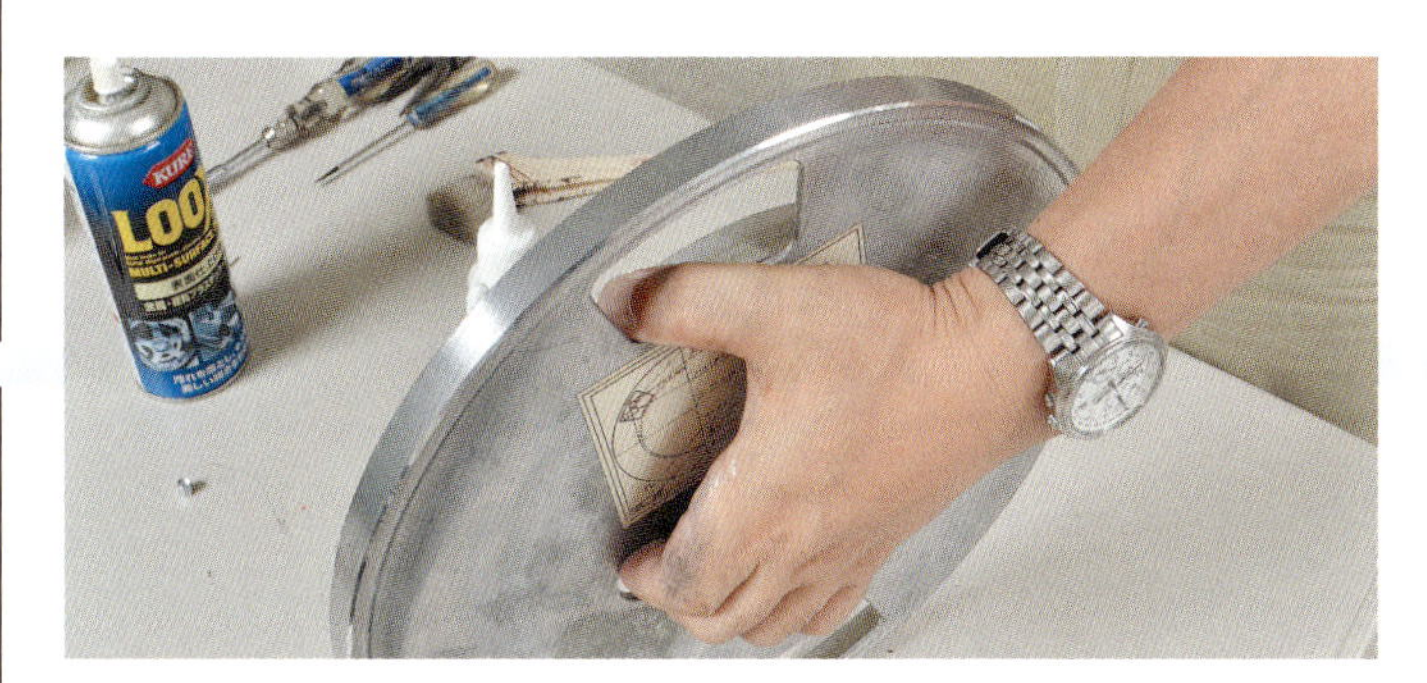

⑳ 磨き込めば、短時間でこの程度まで仕上げることができる

⑲ アルミ用研磨剤でターンテーブル側面を磨く

いたので、アルミ用研磨剤で磨き、多少は光沢を取り戻すことができた。

ベルトは長さを計って相当品を手に入れ、交換するだけ。アナログオーディオの流行で、ベルトが豊富に手に入るようになったのは、一昔前なら考えられない現象だ。

ターンテーブル中心軸も要チェック

交換した新品ベルトでは回転が安定し、ストロボスコープで確認して問題のない状態となった。ところが、数日後の試聴に際し、回転が極端に遅くなるトラブルがあり、調べるとターンテーブルの中心軸が固くなってしまっていた。

フレームを外して軸を抜くと、古い油が劣化してスラッジとなり、軸の回転を妨げていることがわかった。軸を洗ってスラッジを取り除き、軸受けに注油したところ、スムースな回転を得ることができた。

昔のシステムコンポに組み合わせたレコードプレーヤーらしく、オートリターン機能が付いているのは、それなりに便利に感じる。現代のプレーヤーでも用意されていれば、レコードを聴き終わった際、余韻にひたることもできるだろう。

㉑ LOOXでダストカバー磨きに挑戦

㉒ 割れない程度に力を入れて磨く

㉓ 大手カメラ量販店の店頭で求めたベルト

㉔ ターンテーブル内周にピッタリのサイズのものを選ぶ

㉕ モーター軸受けに注油しておく

㉖ 説明書きにしたがってベルトを取り付ける

㉗ スラッジで固着しかけた中心軸を抜いて無水アルコールで汚れを落とす

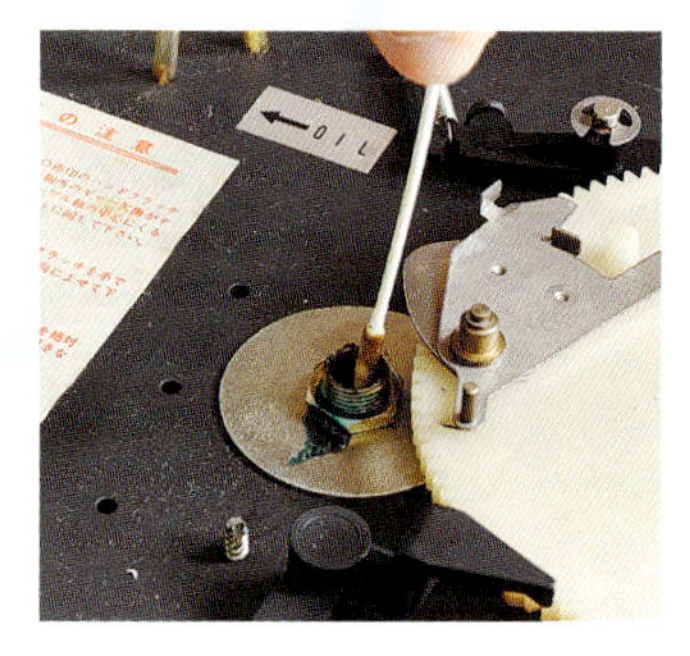

㉘ 軸受け内部のスラッジを綿棒で拭う

㉙ 綿棒にキムワイプを巻き付けて、軸受け内部を清掃

㉚ 軸受けに注油しておく

㉛ 中心軸を元通りに挿入し、スムースに回転することを確認する

㉜ ターンテーブルシートとStudio Kuroのストロボスコープを載せて回転数チェック

REVIVAL!

㉞ ヘッドシェル側の端子も接点清浄剤を綿棒に付けて拭く

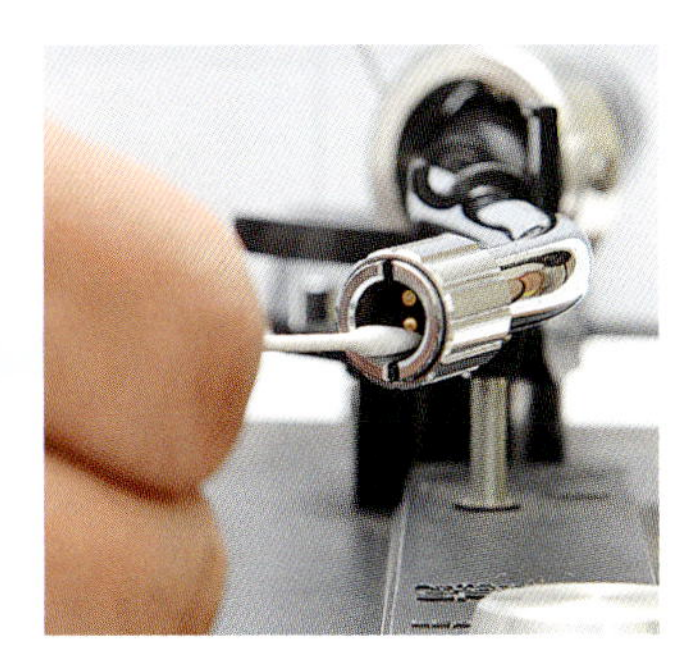

㉝ ヘッドシェル取り付け部の金メッキ端子は、接点清浄剤を綿棒に付けて拭く

SOUND CHECK

『バッハ／ヴァイオリン&オーボエ協奏曲ほか』
ハルモニアムンディ
HMLP 12.509

厚手の艶やかさが心地よい雰囲気

現代的なワイドレンジとは少し違うが、安定した無理のないレスポンスを得ている。いわゆるかまぼこ型なのだが、それが決してナローで上下に詰まった感触を起こさせない。バランスが取れているのである。

バロックがちょうどその感覚で、確かに独奏ヴァイオリンやオーボエは高域へ伸び上がっているようではないが音色はナチュラルだ。低域のコントラバスやチェロなども、深い沈み方ではないが不満がない。オーケストラも力感が乗ってたくましく、厚手の艶やかさが心地好い雰囲気だ。

カートリッジだけは比較的現代のものだが、ほかはどこも手を加えていない。回転もしっかりしているし、音調がこもることもないのが意外である。さらにフルオートの動作は機械式だが、これもきちんと動作する。いまでも十分使用に耐えるレベルである。

ヴォーカルの声の手触りがちょうどよく、ジャズは若干ナローなのを否めないが、それでもウッドベースの質感がくっきりしている。これをベースに色々な発展を望むことが可能で、思いがけない楽しみが見つかりそうである。

（井上千岳）

『ミスティ／山本剛トリオ』
スリーブラインドマイス
TBM-2530

明快な再生音で音楽を楽しめた

2～3年前に30～40代の複数の知人がアナログ盤を聴きたいというので本機と同年代と思えるプレーヤーを2～3台入手し進呈した。3機とも特に高級機ではないが正常に稼働し良質なアナログサウンドが楽しめた。本機はオートリターン機能を備え、カートリッジ付属で3万円を切るリーズナブルな価格だっただけに、幾らかナローレンジで情報量は少ないが、明快な再生音で音楽を楽しめた。低音の重心は幾分高めになるが「バッハ」はバランスが良く、質感も現代でも特に問題なく音楽を楽しめるという印象だ。1974年録音の「ミスティ」でも帯域バランスが整いピアノのアタック音なども明晰さがあり、本作を当時のオーディオファンやメーカー、ショップが試聴用として使用していた事が思い出される。ランディ・クロフォードのボーカルは幾分音像が細身になり、キックドラムやベースも重心は高くなるがタイトで切れの良いビートが抽出される。Eギターの高域寄りのソロフレーズなども適度な張りが感じられた抑揚感がある。オートリターン機能のメカニズムが40年以上を経た現代でも正常に動作していることは嬉しい誤算だ。

（小林　貢）

"改造" CUSTOMIZE

高いコストパフォーマンスとカジュアルな扱いやすさでレコードを楽しむ

PL-J2500

パイオニア

手軽にレコード再生を楽しむことのできるプレーヤー

現在、アナログレコードを再生することは、決してハードルの高いことではない。かつてレコード盤だけでなく、アナログ再生関連のオーディオ機器が店頭から消え去ってしまっていた時期とは違い、オーディオ専門のショップのみならず、大手家電量販店はもちろんのこと、ちょっとしたCDショップにすら、レコードプレーヤーが売られているのを目にすることができる。

そこには、「ちょっとレコードでも聴いてみたいな」と思い立ったときに、気軽に購入できるコストパフォーマンスの高い製品も数多く発売されているが、そんな中で1996年に発売され、ロングセラーを続けているパイオニアPL-J2500を紹介したい。

大手家電店で購入した本機は、8,000円を切る価格で販売されていた。同じようなレイアウトを持つ同サイズのレコードプレーヤーも数社から発売されており、USB出力の有無などにより、価格はさまざまであった。

プラスチックを多用した筐体、カートリッジとアームは固定で交換は不可(針は交換できる)、針圧も調整できず、

Specification
モーター形式：DCサーボモーター
駆動方式：ベルトドライブ
回転数：33・⅓、45rpm
ワウフラッター：0.25%以下（W.R.M.S.）
S/N：50dB
ターンテーブル直径：295mm
トーンアーム：ダイナミックバランス方式
カートリッジ：MM型
針先：0.6mil（ダイヤモンド）
出力電圧：112-270mV（プリアンプ付）
針圧：3.5g（±1g）
電源：AC100V（消費電力2W）
最大外形寸法：360W×97H×349D mm
本体重量：2.4kg

シェルとカートリッジも固定されているが、針の交換は可能（別売）

アーム部はストレートパイプで、シェルの取り外しはできないので、針圧調整機構も省かれている

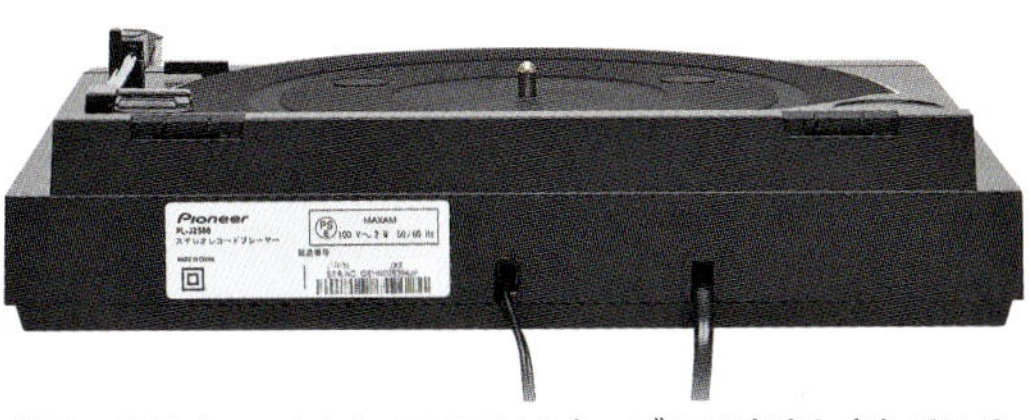

背面にはラインアウトとAC100Vのケーブルが直出しされている。本機にはフォノEQのキャンセル出力がないため、アース線も省かれている

フロントパネルのスイッチは左側が33・⅓、45回転切換、右側がスタート、ストップ、アームのアップ／ダウンで、上面は30cmLPと17cmEPのサイズ切換レバー

全体に非常にコンパクトではあるが、心許ないイメージを抱く人も少なくないだろう。しかし、内部にはフォノイコライザー回路を搭載していて、オーディオ機器のライン入力に直接接続でき、スタートボタンを押せば自動で針がレコード盤の端まで動いて、静かに針が降下する。再生が終われば針は勝手に元に戻り、曲の途中でもストップボタンを押せば自動で針が戻る。レコードを聴くのになんの心配も要らず、まったく不安なく音楽を楽しむことができる。

意外な好音質に高い評価が集まる

じつはこのモデルは、1990年代に発売されていたアイワのレコードプレーヤーを源流に持ち、先にも触れたがOEMによる兄弟機種も豊富である。内部を見ても、簡素な造りでありながら非常に合理的で、音に対する評価も「価格からは信じられない高音質」「高額機器も凌駕する」など、プロ・アマ問わずに以前から定評がある。

「店頭で気になってはいたが、安っぽすぎて手を出しあぐねていた」などと思われる方も安心して欲しい。30年になろうかというロングセラーと、各ブランドからの派生モデルの豊富さが物

トーンアームの付け根も、ブチルシールを貼ると効果が大きい。針圧に影響しないように支点の真上に貼る

ターンテーブルを外すと、裏側には120度の位置で丸い出っ張りがあった。これを目印に山本音響工芸のブチルシールを貼る

ターンテーブルを外さなくてもベルトがかけられるよう工夫されてる。中心軸にはEクリップがあり、ターンテーブルは固定されている

付属のターンテーブルシートと市販の滑り止め用PVCマットを円形に切ったものと交換する。これも効果が高い工夫

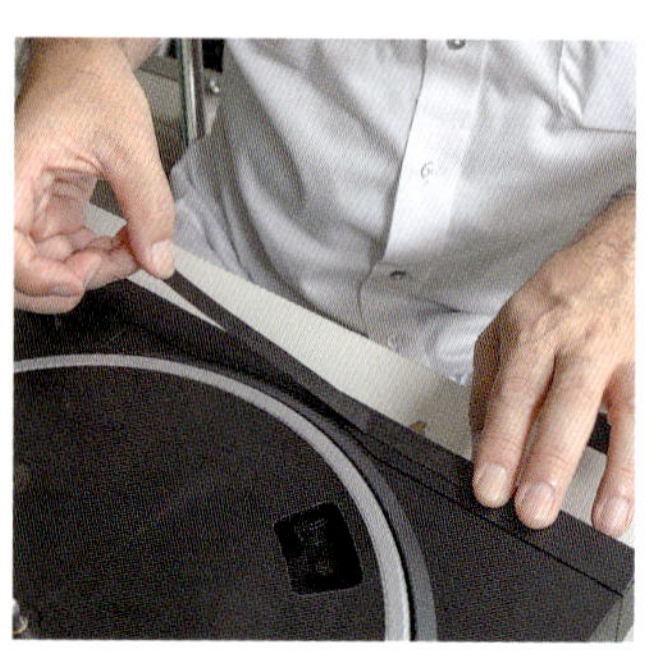

制振テープf_0.Qを本体に貼る。f_0.Qは制振性が非常に高いので、貼りすぎに注意する

ブチルゴムを本体の凹みに詰める。本体の重量が増すと、低域への効果は非常に高い。ブチルゴムは時間が経つと剥がすのがたいへんなので慎重に

用意した制振素材。上段右から木曽興業の制振テープf_0.Q、J1プロジェクトのダンピングシート、厚手の両面テープ、アルミテープ、下段右から防振用ブチルゴム、山本音響工芸のブチルゴム製スペーサー GS8、電工用自己融着テープ

語っているように、買って損のない完成度を持つ、「名機」なのである。

さまざまな工夫で音質向上を図る

とはいえ、さらなる高音質にたどり着こうと思うのも、オーディオに興味を持つ人ならばごく自然の欲求である。安いからこそなんとかしてアップグレードしたいと、情熱と時間をかけて「育て上げる」楽しみもまたオーディオの趣味の醍醐味。本機の外からだけでなく内部にアクセスして、グレードアップのヒントを探ってみよう。

本機はベルトドライブ方式で、ターンテーブルにはあらかじめベルトがセットされ、テープで留められたリボンを使ってターンテーブルを外すことなくモーターの軸にベルトをかけられるように工夫されている。ターンテーブルは中心軸にEクリップで固定されており、ユーザーの不注意による不要のトラブルが起きないようになっている。

さっそくEクリップを外しターンテーブルを取ると内部が見えてくるが、改造行為はメーカーの保証を受けられなくなることをご承知いただきたい。ターンテーブル、本体ともにさほど厚みのない樹脂で作られており、

出力ケーブルを空中配線したら、熱収縮チューブなどを使って絶縁しておく。接触不良やショートはノイズとなるので慎重に

カートリッジからの信号線は、わかりやすく基板に接続されていた。基板上の文字も大きな情報源

裏蓋を開けると内部には簡単にアクセスできるが、改造は自己責任で。蓋を開けたらメーカー保証は受けられないと覚悟したほうがいいだろう

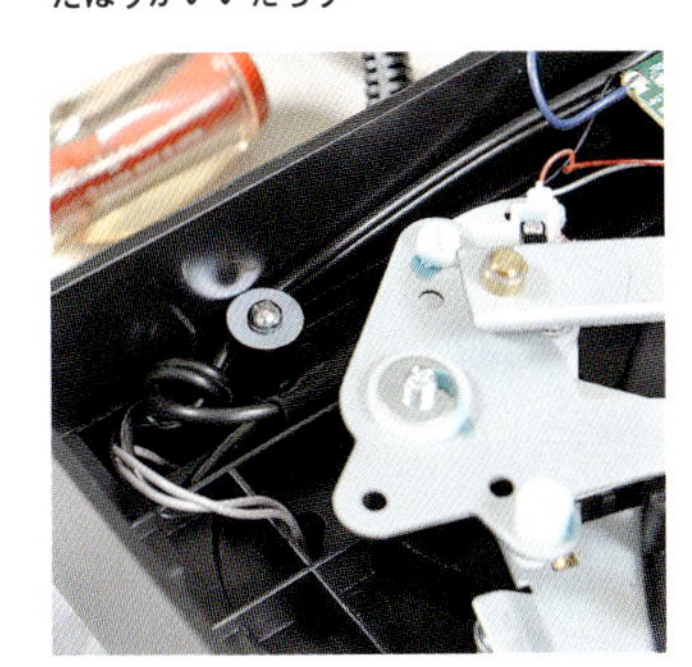

配線が引っ張られて接続部分が切れないように考慮して固定する。加工はたいへんになるがスペースは充分にあったので、市販のRCA端子板を取り付ければ確実だ

ところどころリブを立てて強度が保たれている。どのパーツも手で叩くとプラスチックを叩いたそのままの音と余韻が続く。当然メーカーにより製品開発時には音作りがなされているわけで、すべての部品のバランスで音決めされているとはわかっているが、やはり振動をコントロールする「制振」を中心にいろいろと試してみたくなってしまうのは否めない。

さまざまな制振素材を場所を変えて試してみる

用意した素材は、オーディオショップで制振用として売られているものから、ホームセンターなどで売られているもので制振に使えそうなものを集めてみた。当然制振用のオーディオ専用品は使い勝手がよく、効果も出やすいが、なにか手を加えれば必ず音が変わるのがオーディオの面白いところで、特に音源として音溝の振幅を音楽信号に変換するレコードプレーヤーでは効果がわかりやすい。

ただし、言うまでもないが音が変わったからといって、それがいいほうに出るか、悪いほうに出るかはわからない。ひたすら地道にカット&トライを続け、自分が納得の行く効果を見つけ出すのが、とても楽しい作業であることは皆さんご存じだろう。注意していただきたいのは使いすぎ。まったく響きがなくなるまで制振してやろうなどと思うと、案外つまらない音になってしまうことが多い。また、素材の組み合わせにはまり始めると、無限の選択肢に迷い込んでしまう。効果のありそうな場所に目星をつけ、やや控えめかなと思うぐらいの対策をひとつずつ試してみて、好みの音を探していこう。

外部フォノEQを使うために内部配線を改造

裏蓋を開けて内部を見ると、国産のDCモーターが搭載され、素材のバネ性などを巧みに使った機構が見える。モーターの制御とフォノEQ回路は1枚の基板にまとめられ、本体の後部に搭載されていた。

カートリッジからの信号線はすぐに見つかり、基板の一端にハンダ付けされていた。ここを取り外してカートリッジからの信号を直接取り出すことができれば、内蔵フォノEQをキャンセルして、プリアンプのフォノ入力や単体のフォノEQアンプを使うことができる。

トーンアームから延びるケーブルをハンダごてで慎重に取り外し、いらないRCAケーブルの一端をカットするか、内蔵基板から出力ケーブルを取り外したものと配線する。左右の配線（赤と白）を間違わないように気をつけよう。また、内蔵フォノEQをキャンセルすると、プリアンプなどとの接続にはノイズ対策としてアース線が必要になるので、アームから延びるアース線を延長して、本体の外に出しておくのも忘れないようにしよう。

ハンダごてを使ったDIYも、オーディオの楽しみのひとつである。今回は小型で扱いやすく、組み立ても簡単で1万円弱とコストパフォーマンスも高いフォノEQキットと組み合わせてみた。ほかにもさまざまなフォノEQやフォノ入力付きのプリアンプと組み合わせることができるので、アナログ再生の楽しみが大きく広がる。

フォノEQキットを作ってみよう

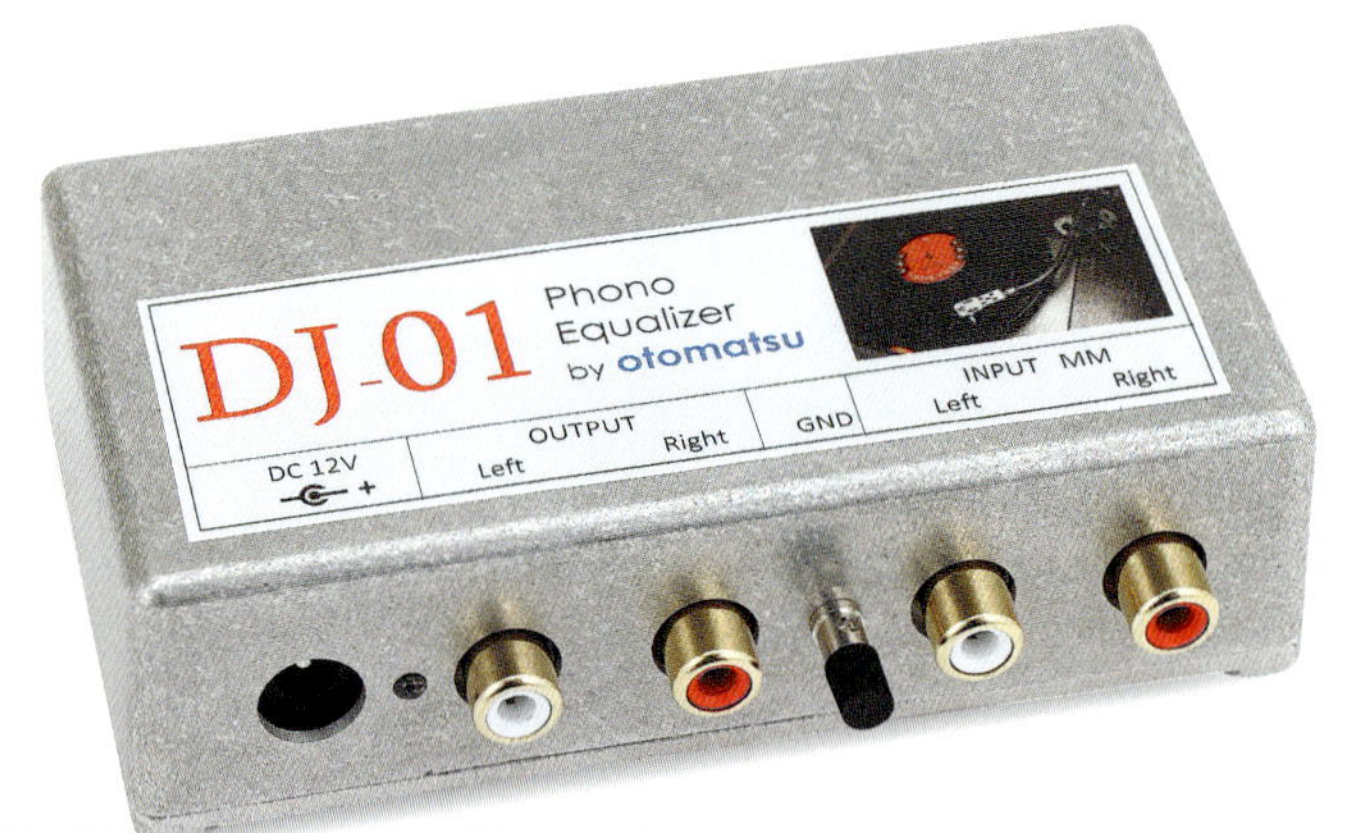

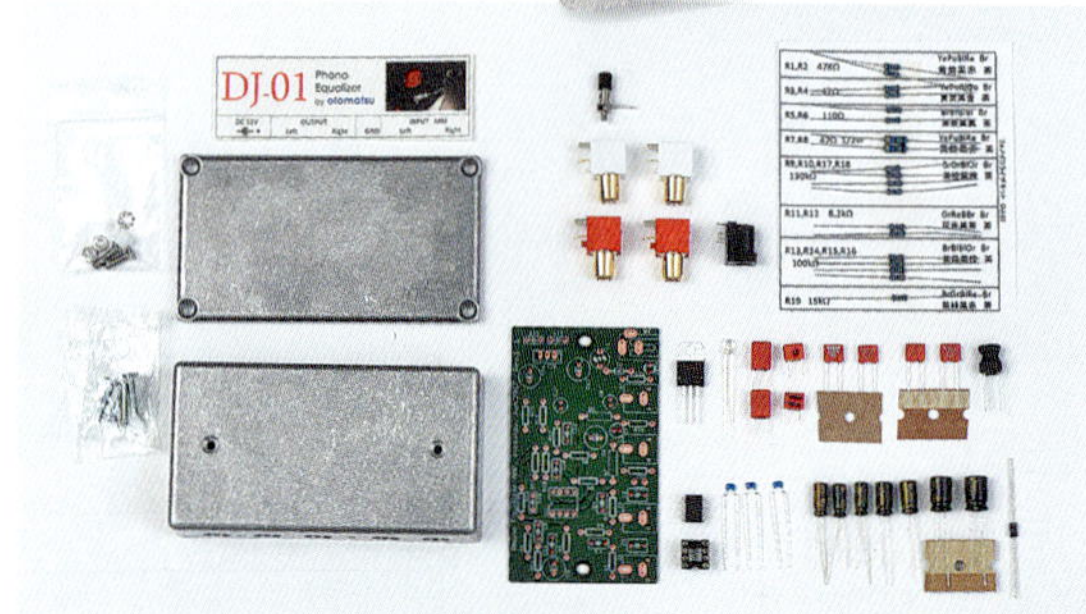

キットの全内容。部品点数は少なく、すべてのパーツが基板上に載る設計。

フォノイコライザーキット
otomatsu DJ-01

Specification

メーカー発表の主な仕様

入力端子：RCAアナログ×1系統（MM型専用）、GND端子×1
出力端子：RCAアナログ×1系統
使用半導体：OPA2134（ソケット換装式）×1、μA7809×1
1N4007×1、LED×1
電源：DC12Vアダプター（センター＋）
外形寸法：111×60×31mm（突起部除く）

キットにはOPA2134が入っているが、ほかのオペアンプICにも換装できる。音松のウェブサイトに各種オペアンプICの情報が公開されている

ケースは加工済みで、入出力端子も基板にハンダ付けするので、基板さえ作れば問題なく動作する

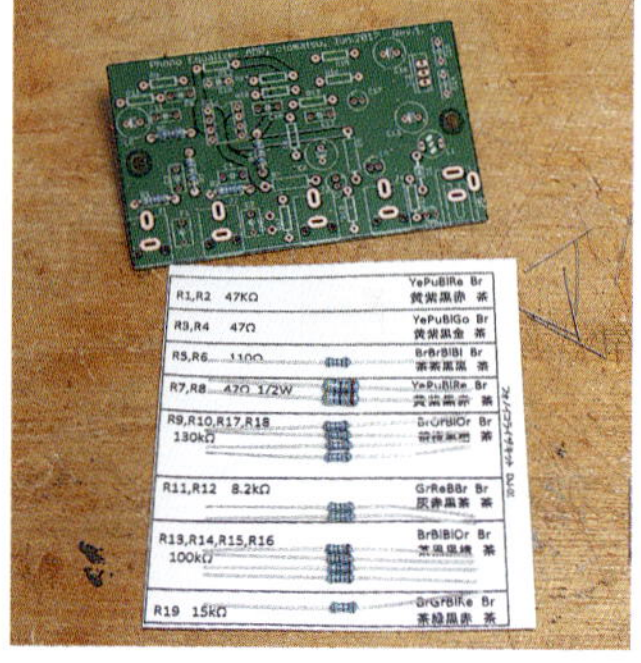

パーツはわかりやすく整理されているので、キット製作が初めてでも迷わない

otomatsu（音松）はオーロラサウンドのクラフトオーディオ分野のブランドで、これまでもヘッドフォンアンプや可変電源キットなどを発売してきた。

本機は小型のフォノイコライザキットで、アナログ再生の裾野を拡げる商品として開発されている。音質に配慮したきめ細かな設計と、オーディオ用高級パーツの採用で、クラフトオーディオファン心理をくすぐる絶妙な商品企画だ。

バー・ブラウンのオペアンプIC、OPA2134をはじめ、WIMAのフィルムコンデンサー、国産の固定抵抗器、金メッキ端子のRCAピンジャックというように、オーディオ用パーツをふんだんに使用している。シンプルな回路だけあって、個々のパーツの質がダイレクトに音質に影響することを考えると、パーツ選択に妥協がないのがうれしい。

オールインワン基板で失敗なく製作でき、MM型カートリッジの出力信号を入力するとイコライジングされた信号が出力されるというシンプルなマシンなので、誰でも手軽に本格的なアナログサウンドが楽しめる。

SOUND CHECK

オーディオの原点を楽しめるプレーヤー

大変手頃な価格のエントリーモデルである。フルオートで、専用のMM型カートリッジが搭載されている。またフォノイコライザーも内蔵しているので、このまますぐに再生することができる。プラグ&プレイである。

筐体もターンテーブルも樹脂製で、ローコストであるのは明らかだ。確かにレンジは広くはないが、意外にS/Nが取れて棘っぽさは少ない。バロックはやや伸びが足りずオーケストラも響きが薄いが、質感や輪郭は明瞭だ。ヴォーカルは解像度も一通り取れているし、アタックの立ち上がりもいい。ジャズはピアノやウッドベースが、くっきりしてはいるがやや弱く粒が小さい。そういう状態である。

さてまず内蔵フォノイコライザーに替えて、外付けのキット製品を試してみる。価格に対してかなりハイグレードなパーツを使用したモデルで、だから音がよくなるのは当然と言えば当然だ。しかしこれだけよくなってしまうのも不思議な気がする。まずレンジが広がり、解像度が向上する。バロックは明らかに2、3段階レベルアップしているし、オーケストラはダイナミックレンジも広がってS/Nがいい。しかも低音弦が伸びている。ヴォーカルもジャズも鮮明で、ちょっとびっくりするくらいの変化である。

つまりこういうグレードアップに耐えるだけの内容が、もともと備わっているということだ。そこで本体の機械的な部分に手を入れてみる。まずはタンテーブルシート。

これはマットの滑り止めとして売られているものだが、その効果は圧倒的と言っていい。振動吸収に加えて、盤が滑らない。それがどれだけ大きな意味を持つか、これを聴くとわかる。S/Nもレンジも目に見えて改善し、音数が増える。だからバロックはコントラバスの低音が明快だし、オーケストラは高域までよく伸びて解像度が高い。ヴォーカルはアタックがよく、ジャズも切れと彫りの深さが増す。おそらくここがアナログプレーヤーも肝と言っていい。ターンテーブル自体よりずっと影響が大きいのである。

そのターンテーブルには、裏側にブチルゴム製の制振材を貼り付けてみる。これも思った以上で、暴れがなくなり伸びやかだ。また静かでもある。さらに筐体にも別の制振材を貼ってみる。利きすぎるくらいだが、量を減らすとちょうど低音のバランスがよくなる。

全てが樹脂製のプレーヤーだが、馬鹿にしたものではない。随所にちょっとした手を加えることで、驚くほど音がよくなる。アナログならではの楽しみと言うべきだが、それがオーディオの原点。嵌まってもおかしくはないと、あらためて思ったものである。　(井上千岳)

音質対策の効果が確実に現れる

本機はいわゆるジャケットサイズのフルオート機、フォノEQアンプ内蔵で本機を購入するだけでアナログディスクを楽しめる。まず内蔵EQアンプで聴いたがナローレンジでやや線の細い音という印象は否めない。しかし質感を大きく損ねることなくランディ・クロフォードのヴォーカルなどは、そこそこ楽しめた。この価格のフルオート機でありアームの動きなど決してスムーズというわけではないが、正確にリードインする様には感心させられる。オーロラサウンドのDJ-1を使用すると確実に音質が向上し、fレンジが拡張され情報量も増しハイファイ的サウンドとなる。そして「バッハ」は弦楽器に繊細さや艶やかさが感じられるようになった。また「モーツァルト」ではオーケストラのスケール感が高まるが、音場感は幾分平面的になるのはカートリッジの限界なのではと思える。またランディ・クロフォードのヴォーカルも質感が向上し、声量も増しブルースフィーリングも高まってくる。

滑り止めのPVC素材のターンテーブルシートを使うと、さらにレンジが広がり聴感上で明らかにS/Nも向上してくる。「バッハ」の弦楽器の高音ロングトーンも滑らかさが感じられ、低音楽器も実在感が増してくる。ランディ・クロフォードのヴォーカルやEベースのフレーズなどのグルーヴ感も高まり、ブラックコンテンポラリー系ならではの雰囲気も醸し出されてくる。また『ミスティ』のピアノはオリジナルのままだと小振りであったが、この状態で聴くとコンサートグランドらしさが感じられるようになる。山本音響製の制振材をターンテーブル裏面に貼ると、やはりレンジが広がり「バッハ」の弦楽器の高音が滑らかに再現され、強奏部でも刺激的な響きや歪み感が減少した。また『ミスティ』のキックドラムなども重心が下がり、アタックの瞬間の音圧感も聴きとれるようになった。f_o.Qの制振材をボディ裏面に貼るとキックドラムなどの制動が利き、パワフルなピアノのアタック音も鋭角的な響きが抑制された。ただし効き目があるからといって大量に投入すると音楽の覇気を損ねるケースもある。本機は音質対策など皆無な製品だけに、各種チューニンググッズの効果は確実に現れるが「過ぎたるは及ばざる如し」を旨とすべきと思う。　(小林　貢)

アナログオーディオ プロダクトレビュー

ANALOG AUDIO Products *Review*

ANALOG AUDIO
アナログオーディオ
Products
Review
No.1

フォノEQ内蔵、VMカートリッジおよびUSB出力付きDDプレーヤー

AT-LP5

オーディオテクニカ

J字アームとVM型カートリッジが付属

数年前から普及しはじめたネットワーク系ハイレゾリューション音源のスペックが急速かつ究極的に高まりを見せ、そのブームが沈静化した。それに反してアナログ系オーディオの人気が高まりつつあるが、世界的にアナログディスクの生産量も年を追うごとに高まっている。

MC型カートリッジやアナログプレーヤーのハイエンド機は、簡単には手が出せない価格の製品が増殖している一方で、アナログを知らない若い音楽ファンや、一度アナログオーディオを離れたファンが復帰しようというときに手軽に入手できる、リーズナブルな価格帯の製品も増加傾向にあるのが好ましい。

そんななか、1962年の設立と同時にMM型ステレオカートリッジの第1号機AT-1を発表して以来、今日までフォノカートリッジを手がけ続けてきたオーディオテクニカからDD方式プレーヤーが発売された。本機と同時に、よりコンパクトで操作性の高いベルト駆動式プ

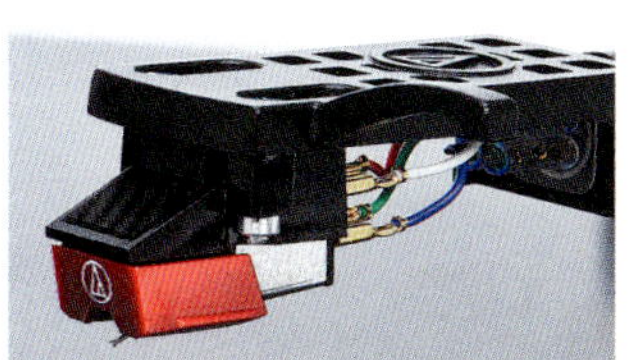
VM型カートリッジAT95EXとヘッドシェルAT-HS10が付属する

ジンバルサポートサスペンション支持のJ字アームはスタティックバランス型で、アームリフター、アンチスケーティング機能付き

レーヤーAT-PL300USBⅡ、さらにVM型カートリッジ12機種が発表されているが、これは昨今のアナログレコードの人気の高まりなどを考慮し、アナログ関連製品の充実を図ったものといえるだろう。

同社として7年ぶりとなるこのAT-LP5はトーンアームとVM型カートリッジが付属し、フォノEQ内蔵で予想実売価格54,000円前後というリーズナブルな価格設定から考えてアジア圏でのOEMということが想像できる。同社では機能性とデザイン性の両立を図ったといい、飾り気のないシンプルな構成とデザインで、高い操作性を実現しているのが好ましい。

付属カートリッジはVM型で、本機のために開発したというAT95EX、これをアルミニウム製ヘッドシェルAT-HS10に取り付けて搭載している。オーソドックスなスタティックバランス方式トーンアームは同社独自デザインのJ字型。同社はカートリッジのみならずトーンアームも各種生産していたが、1963年に発表されたセミインテグレーテッド型の軽針圧トーンアーム AT-1001、1964年に発表されたトーンアーム AT-1501、AT-1503、2002年に復刻されたAT-1503 IIIaなどもJ字型であったことを考えると、同社としてはJ字型にS字型以上の音質上のメリットがあると考えているのだろう。

フォノEQとUSB出力を備える

またデジタル全盛となった現代生まれのプレーヤーだけにUSB TypeB端子も備え、音源のデジタル化（フォーマットはWMA）に対応しているのも特徴といえる。そして録音したレコードの音源を自動で分割し、曲情報を自動認識するソフトMusiCut Plusのダウンロード版が用意されている。このMusiCut PlusはWindows Vista／7／8／8.1／10に対応している。

プラッターはアルミダイキャスト製で、DD方式により33・1/3と45回転の切り換えが可能。1.6kgf・cmという起動トルクは軽量級プラッターの駆動には十分なのだろう、コントロールノブを回すと瞬時に定速回転に達する。プラッターは特に制振材などは投入されていないが、少し厚めの5㎜ラバーマットを採用することで共振を適切に抑制している。一般に、プラッターは慣性質量が高いほど安定した回転が得られると思われがちだが、DD方式では電子制御しているので、いたずらに質量を高めるのはあまり意味のないことといえるだろう。

本機にはRCAケーブルとUSBケーブルが付属しており、RCAコネクターとアースコネクターはメンテナンス性や拡張性を考慮し着脱式を採用したという。本体キャビネットを支える大型インシュレーターは不要振動を抑制し、水平調整、高さ調整も可能になっている。

フォノEQを内蔵しているので、ライン入力専用アンプやパワードスピーカーだけでアナログサウンドを楽しむことができる。またPCにリッピングし、ポータブル型のデジタルプレーヤーでアナログ音源を楽しむというのも良いだろう。アナログ入門者や、とりあえずアナログ回帰しようという人が手軽に手にできる製品であり、アナログディスクの楽しみ方が広がるという意味でも存在感のある製品といえる。

（小林 貢）

透明樹脂製ダストカバーが付属する。脚部には高さ調整可能なインシュレーターを内蔵

出力端子はRCAジャックで、内蔵EQアンプ出力をA/D変換してUSBからPCやUSB-DACに入力することもできる。EQアンプはパスすることもできる。ACインレットはIEC3ピン型

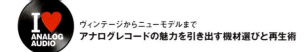

Specification

起動トルク：1.6kgf・cm
ワウ&フラッター：0.2%WRM以下（33・1/3回転）
S/N：50dB以上
出力レベル：4mV（フォノ：1kHz、5cm/s）、
150mV（ライン：1kHz、5cm/s）
オーバーハング：17mm
最大トラッキングエラー角：2.5°未満
針圧調整範囲：0～2.5g
使用可能カートリッジ質量範囲：15～20g（ヘッドシェル込み）
推奨負荷インピーダンス：47kΩ
出力電圧：4mV（1kHz、5cm/s）
スタイラス：接合楕円針（0.3×0.7mil）
針圧：1.5～2.5g（標準値2g）
カートリッジ質量：5.7g
ヘッドシェル質量：10g
ヘッドシェルオーバーハング調整範囲：±5mm
寸法・重量：450W×157H×352Dmm・8.5kg

J字アームを右側から見る。S字アームに比べてパイプ曲げ加工が少なく強度が取れる。カウンターウエイトは針圧直読式

プレーヤーボードに埋め込まれたDDモーター。プラッターはアルミダイキャスト製で、ベルトドライブのものの流用と思われる

SOUND CHECK

『ジェントル・ソウツ／リー・リトナー』
JVC
VIDC-1-E

帯域バランスが整った自然なサウンド

まず内蔵EQで聴いた。エントリークラスの製品だけにレンジは特に広くはなく情報量も多くはないが、帯域バランスが整った自然なサウンドが聴けた。ダイレクトディスクの『ジェントル・ソウツ』を聴くと、全体に密度感が減少する傾向が見られたが、明快なサウンドで爽快感がある。

アキュフェーズのフォノEQ C-37で聴くと俄然fレンジが広がり、情報量も増して本格的なアナログサウンドが聴けるが、逆に付属カートリッジの限界が感じられなくもない。1970年代後半にEQを使わずにリマスタリングしたJVCプレスの『ミスティ』を聴くと、東芝EMIプレスのオリジナル盤よりワイド&フラットなf特と感じられる、素直で鮮度の高い再生音が得られたのが好ましい。またS/Nも高まり、ピアノソロ部のバックは静寂感が漂い、力強いアタック音もリアルに再現された。プリメインアンプの内蔵EQや英国ブランドの2万～3万円程度のEQを使い、カートリッジのグレードを高めることで、より質の高いアナログサウンドを楽しめるだろう。（小林　貢）

『スイトナー ベルリン・シュターツカペレ 78年ステレオライブ／ニーダロス大聖堂少女合唱団他』
TOKYO FM
TFMCLP-1043/4

当たりのいい音調を引き出している

ベーシックなVM型カートリッジを搭載し、フォノイコライザーを内蔵してさらにUSB出力も可能という、マルチユースの手軽なプレーヤーである。カートリッジの交換や単体フォノイコライザーの使用などによって、幅広くグレードアップが可能なのも楽しみを広げるのに役立っている。

低価格機だけに必ずしも音数は多くないが、それよりもクセや耳障りな硬質感がなく、当たりのいい音調を引き出している点を強調しておきたい。ベーシックモデルではこういうところが重要で、自然で素直な鳴り方をすることが条件と言っていい。だからこそ、少しずつ手を加えていくこともできるのである。

ピアノやバロックではバランスの取れたレスポンスを備え、ダイナミズムはやや穏やかだが詰まった感触がない。またオーケストラは混濁がなく、立ち上がりの切れもいい。大編成コーラスでも、崩れることがないのが頼もしい。グレードアップに確実に応えてくれそうな信頼感がある。（井上千岳）

フォノアンプ内蔵のエントリーモデル ベルトドライブアナログプレーヤー

TN-350

ティアック

現代のエントリーモデルに相応しい内容

アナログが意外なブームになっているようで、新製品の発売も少なくない。特に注目されているのがエントリークラスのプレーヤーや、フォノイコライザー内蔵のアンプである。CDの登場以降、アナログは一部愛好家の専有物となっていた時期があるためか、製品構成が高額機に偏りすぎる傾向があった。このため気がついてみると、手ごろな入門機がほとんど手に入らなくなっていたのが現状である。

そういう状況でブームが起きてみると、入門者やリターナーに好適な機材がない。ことにプレーヤーがそうで、このところ相次いで低価格のマニュアルプレーヤーが発売されているのには、そうした背景があると考えていい。

本機もそのひとつだが、シンプルなデザインと機能性や音質によって幅広い支持を集めていると聞く。確かにさまざまな点で、現代のエントリーモデルに相応しい内容といっていい。その特徴として、

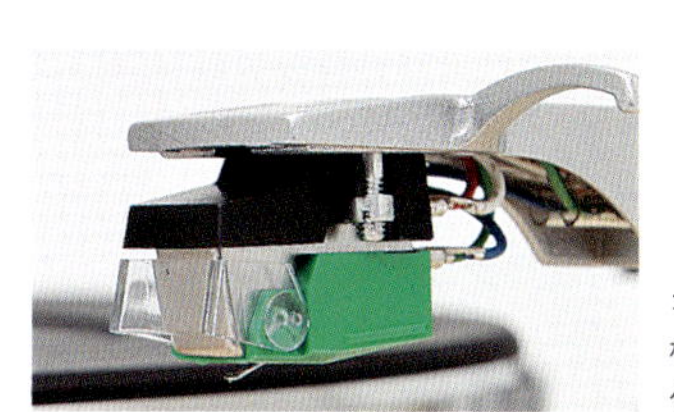
オーディオテクニカAT100E相当のVM型カートリッジが付属する

スタティックバランス方式のS字アームは、ヘッドシェル交換可能。ベース部分にインサイドフォースキャンセラーとリフターを内蔵。針圧調整は直読式

フォノイコライザーの内蔵とUSB出力の搭載という2つが挙げられる。

フルオートタイプにはフォノイコライザー内蔵型が多い。ミニコンポやラジカセなどにつなげば、レコードが聴けるという簡便さが目的と考えていい。しかし、本機の場合はそれとは違って、手軽さと同時に積極的な音作りという意味もありそうだ。

カートリッジとイコライザーアンプをシステム化

イコライザーをカートリッジ出力の直近に置くことによって、伝送条件は有利になってS／Nが確実に向上する。これはハイエンド機にも例がある。また付属カートリッジとの電気的な整合を取ることで、適切な状態での出力が可能になる。アンプ内蔵型スピーカーと同じ理屈である。

このためイコライザー部には、新日本無線製のオペアンプNJM8080を採用している。また付属カートリッジはオーディオテクニカ製で、AT100E相当という。VM型でカンチレバーはアルミ製。スタイラスは楕円の接合針で、パラトロイダル発電系を搭載したAT100シリーズのベーシックモデルである。

フォノイコライザーはオン／オフの切り換えが可能である。オフにすると、カートリッジの信号がスルー出力される。したがって、外付けのイコライザーやアンプ内蔵タイプに接続することも可能だ。

これとともに、USB出力を備えているのが現代らしさというべきかもしれない。TI製チップを使用したA／Dコンバーターを内蔵し、48kHz／16bitで出力される。PCでデータ化すれば、CD-RやUSBメモリーなどにコピーすることができる。

レコードは、レコードのまま聴けばいいではないかという意見もあり、聴くだけならそれでもいいが、ほかのシステムで使いたいというケースも存在するわけである。レコードでしか持っていないソースというのも少なくないはずで、そうした場合にこの種の機能は有用だ。

適材適所の素材を使用したバランスのよい設計

ベースはMDFをコア材とした単板シャシーである。天然木突き板仕上げに多層塗装で仕上げ、色はチェリーとメープルパターンの2色が用意されている。プラッターはアルミダイキャスト製。スピンドルはステンレス、スピンドルホルダーは青銅とし、耐久性と精度を高めた構成だ。駆動はベルト式である。なお、底部にはアルミ削り出しのインシュレーターを装着している。シャシーとの間にはラバークッションを挟み、衝撃を吸収する仕組みだ。

トーンアームは、S字アームによるスタティックバランス型である。カートリッジの対応範囲は自重3.5～6.5gというから、重量級のタイプには少々無理があるかもしれない。またアンチスケーティング機構も備え、細かな設定・調整が可能である。さらにアームリフターも装備している。

（井上千岳）

ベースが薄くスマートなので、インシュレーターが大きく見える。背面にはアナログ出力端子、イコライザーアンプの入り切りスイッチ、USB出力、電源インレット、電源スイッチが並ぶ

左がモーターとプーリー、右がプラッターの軸受けで、粘性の高いオイルを使用している

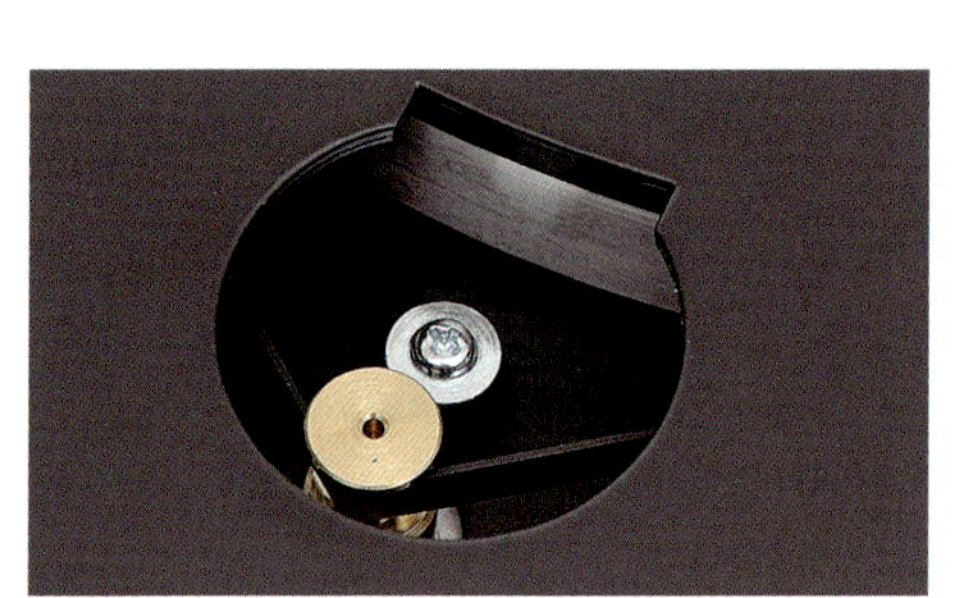
プラッターにあいた孔からモーターとプーリー、ベルトを見る。孔が少々狭く、ベルトを掛けづらい

Specification
［ターンテーブル］
回転数：33-1/3、45rpm
ワウ&フラッター：0.2%
回転数偏差：±2%
S/N：67dB以上（Aウエイテッド、20kHz LPF）
プラッター直径：φ300mm
［トーンアーム］
実効長：223mm
針圧可変範囲：0〜5g
適合カートリッジ重量：3.5〜6.5g
［カートリッジ］
出力電圧：4.5mV±3dB
適正針圧：1.4g±0.4g
ヘッドシェル重量：10g
［総合］
寸法・重量：450W×158H×367.5Dmm・8.6kg

直径300mmのプラッターはアルミダイキャスト製。直径160mmほどの部分をベルト駆動する

電源はACアダプター式で、DC12V/500mAの容量を持つ

SOUND CHECK

『バッハ／ヴァイオリン&オーボエ協奏曲ほか』
ハルモニアムンディ
HMLP 12.509

力感みなぎる豊かな鳴り方

無理にワイドレンジ化を図った音調ではなさそうだが、それが自然な出方を確保することになっている。まとまりがよく、耳障りな歪みっぽさがない。フュージョンのベースなどがよく沈み、タッチの鮮度が高い。ことに感心させられるのがエネルギーの強さで、帯域の端から端まで力感がみなぎって豊かな鳴り方を示している。カートリッジとイコライザーのマッチングが巧みに整えられている印象だ。

バロックでは通奏低音にどっしりとした量感があるが、これはイコライザーによる若干の演出ともいえる。しかしそれが不自然ではなく、ヴァイオリンやオーボエなどの独奏楽器はくっきりとして瑞々しさを失わない。

オーケストラもダイナミックな起伏を捉えてよく追随している。トゥッティの強奏では多少の限界も感じないではないが、S/Nもよく鮮烈である。

スルー出力は透明度のある伸びやかな感触だ。これがプレーヤー自体の再現性と考えられる。（井上千岳）

『リー・リトナー／ON THE LINE』
JVC
VIDC-5

バランスの整ったナチュラルな再生音

まず内蔵フォノEQアンプで得られたのは、特に広い周波数帯域が確保されているわけではないが、バランスの整ったナチュラルな再生音であった。

『ON THE LINE』では爽快感のあるフュージョンサウンドをうまく引き出し、透明度の高いサウンドが構築される。マニアライクな中級機に比べるとキックドラムの重心がいくぶん高く、空気感や音圧感は薄らぐ傾向はあるが、価格や付属カートリッジのグレードを考えたら妥当なところだ。しかしハイハットシンバルの軽やかなビート感やEギターの明快な響き、ダイレクトディスクならではの鮮度感を損ねることがないのは、微弱信号を扱うフォノEQの効果と思う。

アキュフェーズのEQアンプを使うと、再生帯域の伸長がみられるとともにS/Nの高まりも感じられたが、中域の密度感が減少する傾向がみられるなど、付属カートリッジを含め価格の限界が感じられる。しかし美しい仕上げのベースシャシーなどを含め、高いCPを有する製品であるのは間違いない。（小林　貢）

光学式センサーで回転を制御するベルトドライブ方式アナログプレーヤー

TN-570

ティアック

入門機とは一線を画したグレード

フォノイコライザー内蔵の手軽なレコードプレーヤーとしてTN-350が人気を集めているが、本機はその上級モデルとなる製品である。構造や装備の点でもまた機能面でも、単なる入門機とは一線を画したグレードの高さを実現している。

まず注目したいのがシャシーである。一般的な単一素材ではなく、MDFのベースに人造大理石を乗せた構造だ。間にはラバーを挟み、制振性を高める仕組みになっている。また異種素材を組み合わせることによって、固有振動を排除した設計でもある。この結果、総重量は約9kgとなっている。さらにボトムカバーは、内側をハニカム構造として剛性を高めている。脚部はアルミ削り出しのインシュレーターで、高さ調整も可能である。

ターンテーブル（プラッター）はアクリル製である。アクリル単独での使用というのはあまり見かけないように思うが、それ自体制振材として使われること

付属カートリッジはオーディオテクニカのVM型AT100E同等品で、アルミダイキャスト製ヘッドシェルに取り付けられている

も多い。1.2ほどの比重もあり、厚さ16㎜で、重量は約1.4kgとなっている。またスピンドルは削り出しで、軸受けにはカーボンコーティングを施して耐久性とともに導電性を高めている。プラッターとベルトの摩擦によって生じる静電気を逃がす目的である。

高精度な回転制御とトーンアーム

駆動はベルトドライブだが、その回転

トーンアームはS字パイプのスタティックバランス型で、リフター付き。アンチスケーティング調整、高さ調整も可能。内蔵A/Dコンバーターで96kHz/24bit以上のデジタル出力可能なため、「ハイレゾ」ロゴが貼付されている

制御には新しい方式が初めて採用されている。それは回転軸直下にエンコーダーを取り付け、光学式センサーで回転数を読み取ってマイコンでモーターを制御するという仕組みである。一般的なベルトドライブではモーターの回転数が一定になるように制御されるが、この方式ではモーター自体の微調整を行ってターンテーブルの回転速度を一定に保つようにするため、ベルトのスリップや伸びなどによる微小な誤差をも修正することができる。したがってターンテーブルの慣性モーメントに頼る必要がなく、回転数偏差±0.2%という精度の実現が可能となった。なお回転数の切り換えは電子制御で、ベルトをかけ替えることなくスイッチだけで行うことができる。

トーンアームはS字のスタティックバランス型で、±6㎜の高さ調整ができる。またアンチスケーティング機構も装備する。内部配線材にはPC-Triple Cを採用。さらにカートリッジは、オーディオテクニカ製AT100E同等のVM型が付属している。ほかに付属品として、和紙製ターンテーブルシートTA-TS30UN-BWも用意されている。炭酸カルシウムなどによるストーンペーパーを芯紙とし、両面に雲竜紙を貼り合わせたシートである。和紙特有の強さと振動吸収力を持ち、ほかの素材にはない音質制御が興味深い。

内蔵フォノEQと多彩な出力

出力の多彩なことも本機の特徴のひとつと言っていい。まずフォノイコライザーが内蔵されている。MM型専用で、オペアンプICにはTI製OPA1602 SoundPlusを採用。低歪率・高スルーレートの出力を確保する。また、この出力は切り換えが可能で、スルー出力とすることもできる。

さらに、A/Dコンバーターも装備しているのがおもしろい。チップには24bit/192kHz対応のシーラス・ロジック製CS5361を採用し、48/96/192kHzの出力レートを選択することができる。出力端子は光デジタルである。

これを何に使うかというと、ひとつはPCMレコーダーなどでの録音。レコードのデジタル化である。もうひとつはD/Aコンバーターに接続してレコードのデジタル再生を行うというものだ。デジタル伝送とすることでノイズの混入を防ぐことも可能である。デジタル入力付きのアンプやネットワークプレーヤーへの接続にも、好都合なように思える。

さらにUSB端子も備えている。フォーマットは16bit/48kHzだが、PCへ入力してデジタル化が簡単に行える。また、そこからメモリーにコピーしておけば、ネットワークプレーヤーなどで手軽に再生することも可能である。（井上千岳）

左から、アース端子、アナログ出力LR、内蔵フォノイコライザーの入切、光デジタル出力、デジタル出力サンプリング周波数切り換え、USB、電源入力、電源スイッチ。後部脚が内側に寄せられているのはモーターを避けたためか

ボード本体はMDFと人造大理石を積層したもの。プラッターは透明アクリル製。ダストカバーも付属する

回転数切り換えは純電子式で、天板右手前のロータリースイッチで行う。

脚はアルミニウム切削加工品で、接地面にはラバークッションが取り付けられている。高さ調節も可能

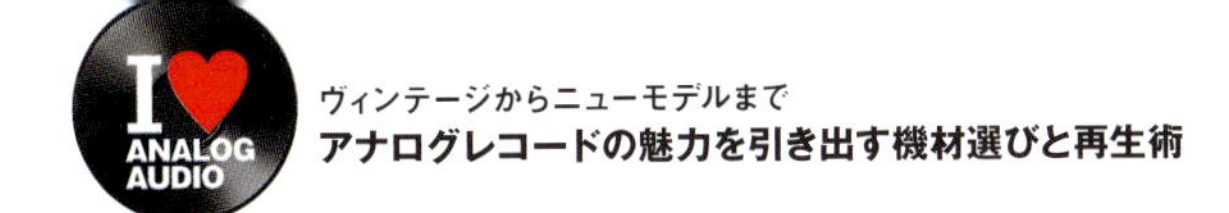

Specification

回転数：33-1/3、45rpm
ワウ・フラッター：0.1%
S/N：67dB（A Weighted、20kHz LPF）
トーンアーム実効長：223mm
オーバーハング：18mm
トラッキングエラー：3°以内
針圧調整範囲：0～5g
適用カートリッジ質量：15～23g（ヘッドシェル含む）
カートリッジ出力電圧：4.5mV（±3dB）
針圧：1.4g±0.4g
フォノイコライザー出力電圧：230mV（－13dBv）
USB出力：PCM 8k、11.025k、16k、22.05k、32k、44.1k、48kHz/16bit
光デジタル出力：PCM 48k,96k,192kHz/24bit
寸法・重量：430W×131.5H×355Dmm・約9kg

アーム基部のパイプ支持機構は、水平軸と垂直軸とパイプが直交するシンプルなもの。天板は石調の模様が付けられた人造大理石

天板左奥にあるモーターとカバー。平ベルトと黄銅製プーリーが使用され、モーターはゴムブッシュで支持され、振動伝播を低減している

プラッターを支えるセンタースピンドル。ボード内蔵の支持部には、サーボ用の光学式ロータリーエンコーダーがある

SOUND CHECK

『バッハ／ヴァイオリン&オーボエ協奏曲ほか』
ハルモニアムンディ
HMLP 12.509

レコードの音が潤色なく出てくる

静かで淀みのない音調である。付属カートリッジと内蔵イコライザーでの再生では、低域に豊かさがあってそれがいいアクセントになっているが、こもったりふやけたりすることはない。プレーヤー全体の作りがしっかりしているため、低音の底のほうまで素直に伸びて、不要な共振が乗らないのである。

バロックでは弦楽器のアンサンブルが柔らかな張りを備えて厚みもちょうどよく、通奏低音が明快で安定しているのが音楽を自然に感じさせる。オーケストラでもトゥッティでの崩れがなく、レスポンスも広く取れて解像度が高い。

スルー出力で単体イコライザーに接続すると、プレーヤー本体の再現性がもっとよくわかる。レスポンスが均一で乱れがなく、高低両端へ滑らかにつながっているのが心地よい。なによりくせや誇張がなく、レコードの音が潤色なく出てくるのが安心できる。また、デジタル出力も力強く明確な出方をする。多様な楽しみ方のできる好製品である。　（井上千岳）

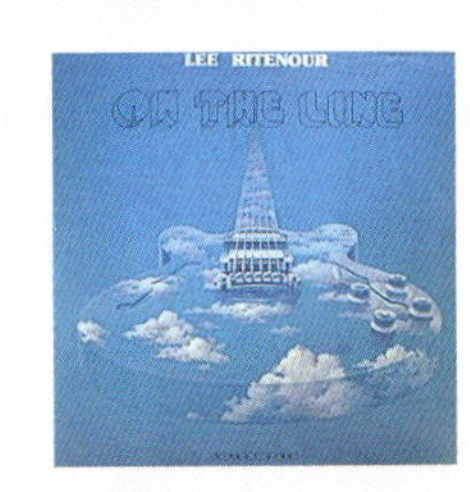

『リー・リトナー／ON THE LINE』
JVC
VIDC-5

新たなアナログファンを生み出す

内蔵フォノイコライザーで聴いた印象は、帯域バランスが整い、アナログ盤ならではの自然な再生音で音楽を楽しむことができた。オーケストラでは中低域に響きの豊かさが感じられ、低音楽器の量感を巧みに引き出し、ナチュラルな質感を得ている。また、ヴァイオリンなど高音弦楽器のフレーズやボウイングに適度な抑揚感をともない、生き生きとした表情で再現されるのが好ましい。『オン・ザ・ライン』はダイレクトディスクならではの鮮度の高い響きが得られ、ギターのピッキングのタッチやエレクトリックドラムの迫力あるアタック音のニュアンスも正確に描き出された。内蔵フォノイコライザーをバイパスして、アキュフェーズのフォノイコライザーを使用すると、情報量の高まりが感じられると同時に質感も向上するなど、確実にクオリティが高まる反面、付属カートリッジの限界が感じられたのは否めない。デジタル出力を活用しアナログディスクを多彩に楽しめる本機は、新たなアナログファンを生み出すと同時に、古くからのファンには従来方式では得られない楽しみ方をもたらしてくれるだろう。　（小林　貢）

ANALOG AUDIO
アナログオーディオ
Products
Review
No.4

MMカートリッジ付き ダイレクトドライブアナログプレーヤー

CP-1050

オンキヨー

マニュアル操作のアナログプレーヤー

このところ音楽配信のハイレゾリューション音源は急速にスペックが向上し、レコード会社のデジタルマスターと同等のクオリティをユーザーが手に入れられるようになっている。といっても、誰もがそのスペックを活かせるような再生装置で楽しんでいるわけではないのではと思う。デジタルソース系機器は低価格化される傾向が強く、廉価な製品であっても数値だけであれば高級機と同等のスペックを得ることができるからだ。

そんな中にあって、世界的にはこの数年アナログディスクの売り上げが伸びている。それはパッケージメディアとしてのアナログディスクの趣味性の高さや、アナログ本来の音の良さが再び注目されてのことと思う。

オンキヨーのアナログプレーヤーCP-1050は、近年のハイレゾリューションデジタル音源と同様に、アナログ音源を「マスタークオリティ」で愉しめるよう開発したのだという。確かに小

付属のMM型カートリッジはメーカー不明だが、オーディオテクニカAT-3600Lに酷似している

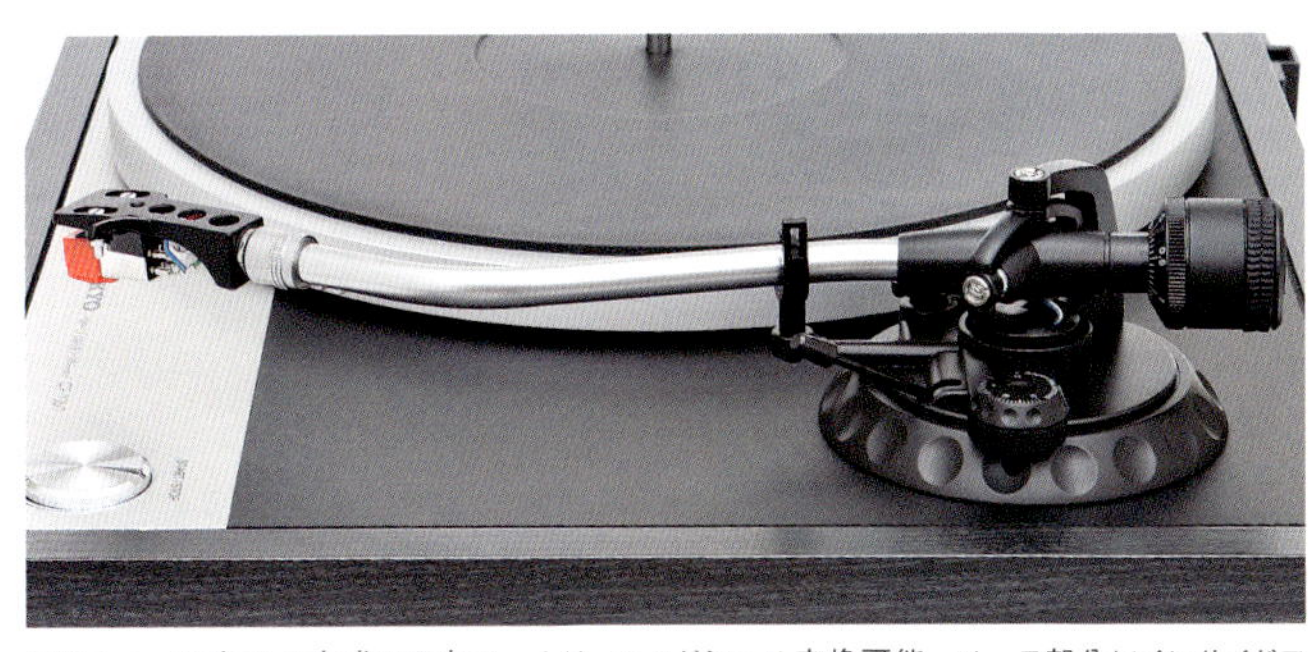
スタティックバランス方式のS字アームは、ヘッドシェル交換可能。ベース部分にインサイドフォースキャンセラーとリフターを内蔵。針圧調整は直読式。アーム垂直動の回転軸を斜めにしているので、針先の上下移動があっても垂直が保たれる

型のフルオート機やＤＪユースなど、近年の廉価なアナログプレーヤーに比べ、本格的な外観と仕様ではあるが、実勢価格５万円前後の本機で、どこまでマスタークオリティに迫れるのだろうか？という思いはある。しかし先にも触れたように、ハイレゾに対応したソース系機器の中には、数値のみがマスタークオリティなのでは、といいたくなる製品も存在する。それを思うと、数値よりも設計開発のノウハウやユーザーの使いこなし次

第で、再生音の質を高められる可能性が高いのがアナログプレーヤーの強みといえないこともない。

同社として約30年ぶりとなる本機では、再生音の質を高めるべくマニュアル方式を採り、各部にアナログ機器ならではの同社のノウハウが盛り込まれている。

スムースな回転を得るDD方式

まず外観は、アナログ全盛時に各社から発売されていたDD方式プレーヤーを思い起こさせる大柄な木製キャビネットが採用されている。その素材は、スピーカーにも使用される高強度なMDF材であるという。キャビネット四隅には高さ調整可能なインシュレーターが取り付けられている。

本機の駆動方式は、1970年代後半に全盛となったクオーツロックDD方式であるが、正確な回転を得るべく、アイドラーやベルトなどの減速機構を持たない超低速ブラシレスDCサーボモーターを採用しているのが特徴だ。さらにモーターへの電流波形を見直し、より滑らかな波形で駆動することで、DD方式の弱点であるコギング現象を抑えている。

本機の30・5㎝径のプラッターは薄く、一見するとアルミプレス製のように思えるがダイキャスト製という。いたずらに重量級にしないのは、コギング現象の抑制をより確かなものにすべく、低トルクモーターを使用し、あえて1.0kgという軽量級プラッターを採用しているのだろう。これによりスムーズな回転を得るとともに耐久性を向上させ、高音質化を実現したという。この軽量プラッターはダンプ材に頼ることなく、裏側に細いリブを設けることと、いくぶん重量のあるターンテーブルマットによって固有振動を排除している。

本格的なS字トーンアームを搭載

搭載されたトーンアームは高感度スタティックバランス型のS字アームで、カートリッジ交換が容易なユニバーサルタイプ。インサイドフォースキャンセラー、アームリフター機能を備えるなどマニアライクな本格設計だ。アーム自体はオリジナル設計のようだが、アームベース部の形状は先に発売されていたデノンDP-500Mに似通っている。

このアームの針圧可変範囲は0〜4g、適合カートリッジ重量はヘッドシェル込みで15〜20gとなっている。付属のMM型カートリッジは出力電圧2.5mV±3dB、針圧3.5g±0.5gで、今日としてはやや重針圧タイプといえる。

電源ケーブルが交換可能で、出力ケーブルは5P仕様ではなくアース線付きのRCAケーブルであり、手軽に交換ができてユーザーの好みにチューニングできるのが好ましい。ケーブル類やインシュレーターなど各種アクセサリーの選択や、本機の各部の調整機能を使いこなすことで、ベストなサウンドを探し出すのも楽しみとなるだろう。（小林　貢）

ボード側面は木目仕上げ、スモーク仕様のダストカバーが付属する

出力端子はRCAタイプで、アース端子も設けられている。AC電源インレットはメガネ形状でケーブル着脱式

Specification
［ターンテーブル］
回転数：33-1/3、45rpm
ワウ&フラッター：0.15%以下
S/N：60dB以上
ターンテーブル直径：φ305mm
起動トルク：1.0kgf/cm以上
［トーンアーム］
有効長：230mm
オーバーハング：15mm
トラックングエラー：3°以内
針圧可変範囲：0〜4g
適合カートリッジ重量（シェル含む）：15〜20g
［カートリッジ］
出力電圧：2.5mV±3dB
適正針圧：3.5g±0.5g
重量：5.0g
ヘッドシェル重量：10g
［総合］
寸法・重量：420W×117H×356Dmm・約4.9kg

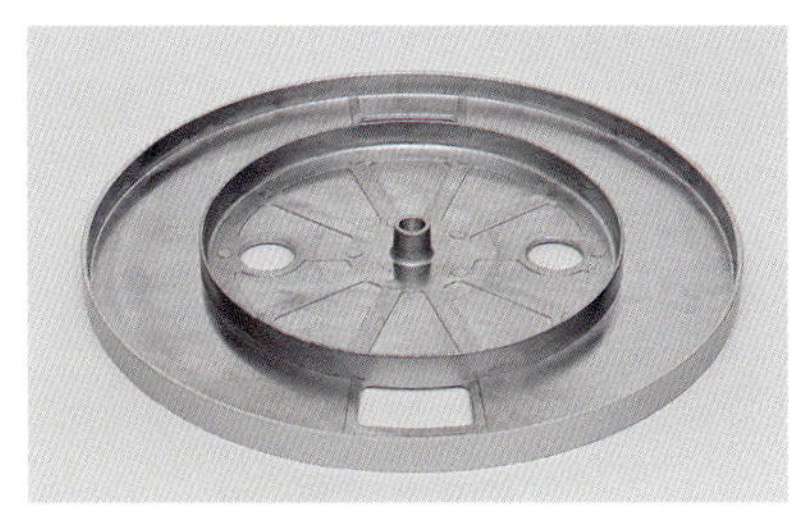

ダイレクトドライブ方式だが、プラッターはベルトドライブ用のものを流用しているようだ

モーターの軸がセンタースピンドルとなるダイレクトドライブ方式のため、プーリーやベルトは使用しない

SOUND CHECK

『バッハ／ヴァイオリン&オーボエ協奏曲ほか』
ハルモニアムンディ
HMLP 12.509

低音楽器の音像に厚みが感じられる

無理にワイドレンジ化を図った音調ではなさそうだが、それが自然な出方を確保することになっている。まとまりがよく、耳障りな歪みっぽさがない。フュージョンのベースなどがよく沈み、タッチの鮮度が高い。ことに感心させられるのがエネルギーの強さで、帯域の端から端まで力感がみなぎって豊かな鳴り方を示している。カートリッジとイコライザーのマッチングが巧みに整えられている印象だ。

バロックでは通奏低音にどっしりとした量感があるが、これはイコライザーによる若干の演出ともいえる。しかしそれが不自然ではなく、ヴァイオリンやオーボエなどの独奏楽器はくっきりとして瑞々しさを失わない。

オーケストラもダイナミックな起伏を捉えてよく追随している。トゥッティの強奏では多少の限界も感じないではないが、S/Nもよく鮮烈である。

スルー出力は透明度のある伸びやかな感触だ。これがプレーヤー自体の再現性と考えられる。（井上千岳）

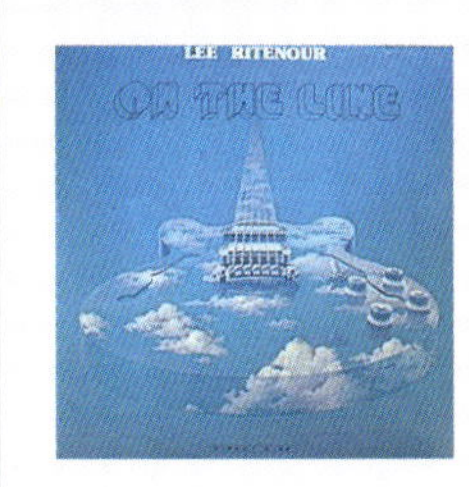

『リー・リトナー／ON THE LINE』
JVC
VIDC-5

アナログから柔らかさと暖かみを引き出す

まず内蔵フォノEQアンプで得られたのは、特に広い周波数帯域が確保されているわけではないが、バランスの整ったナチュラルな再生音であった。

『ON THE LINE』では爽快感のあるフュージョンサウンドをうまく引き出し、透明度の高いサウンドが構築される。マニアライクな中級機に比べるとキックドラムの重心がいくぶん高く、空気感や音圧感は薄らぐ傾向はあるが、価格や付属カートリッジのグレードを考えたら妥当なところだ。しかしハイハットシンバルの軽やかなビート感やEギターの明快な響き、ダイレクトディスクならではの鮮度感を損ねることがないのは、微弱信号を扱うフォノEQの効果と思う。

アキュフェーズのEQアンプを使うと、再生帯域の伸長がみられるとともにS/Nの高まりも感じられたが、中域の密度感が減少する傾向がみられるなど、付属カートリッジを含め価格の限界が感じられる。しかし美しい仕上げのベースシャシーなどを含め、高いCPを有する製品であるのは間違いない。（小林　貢）

ANALOG AUDIO
アナログオーディオ
Products
Review
No.5

復活したテクニクスブランドのダイレクトドライブ方式アナログプレーヤー

SL-1200G

テクニクス

短期間で開発されたプレーヤーシステム

テクニクス（Technics）は、大手家電メーカーである松下電器産業株式会社（1965年当時。現在はパナソニック株式会社）が設立したオーディオ専業ブランドだ。ブランド名のテクニクスは、1965年に発売された小型2ウエイスピーカーSB-1204の愛称として使われたTechnics1に由来している。同ブランドは、オーディオファンだけでなくDJ関連での使用実績が高かったダイレクトドライブ方式のプレーヤーシステムSL-1200Mk6の販売が終了となる2010年まで継続した。

そのテクニクスブランドがヨーロッパと日本において2014年に復活し、このときから高い人気を誇り、多くの愛用者を生み出したテクニクスSL-1200シリーズの復活があるのではと予想していたが、2016年1月、ラスベガスで開催されたCES 2016でSL-1200GAEが発表され、国内限定300台（世界限定1200台）

が２０１６年６月に発売されることが決まった。同年４月に予約受付が開始されたが短期間で完売となったという。そして同年９月９日には量産仕様のＳＬ-１２００Ｇが発売開始となった。

ＳＬ-１２００シリーズのオリジナル機が登場したのは１９７２年で、最終モデルのＭｋ６は先述のように２０１０年まで生産されていた。２０１４年のテクニクスブランド復活までわずか４年であるにもかかわらず、設計図や金型などは既

スタティックバランスのＳ字アームと速度調整スライダーを本体右側に備える。アームパイプはマグネシウム製

に失なわれており、旧SL-1200シリーズの流れを汲むモデルではない。そのためデザイン、機能などは旧SL-1200シリーズを継承しているが、SL-1200GAE、SL-1200Gはすべてが新たに設計・開発されたという。ただSL-1200は実用性を追求していたのに対し、今回のSL-1200GAE、SL-1200Gでは随所に現在考え得る音質対策を施したHi-Fi仕様となっている点が注目される。

コアレスモーターで重量級プラッターを駆動

SL-1200Gはダイレクトドライブ方式を採用しているが、DCモーターに付きもののコギングを排除するため、モーターをコアレス構造としているのが大きな特徴だ。コアレスでは高磁束密度が得難く高トルクが得られないため、本機はコアレスステーターを上下から挟む面対向式ツインローターにより高トルクを確保している。

旧SL-1200のプラッターは比較的軽量であったが、本機では形状は継承しているものの、真鍮とアルミダイキャスト材を強固に一体化し、裏面全体にデッドニングラバーを貼り合わせた3層構造を採り、重量はMk6の2倍以上の3.6kgとなっている。この重量級プラッターは、先述のツインローターの高トルクにより瞬時に定速回転に達する。またこのプラッターは、新幹線の車輪などの製造工程で使われるバランス調整機を本機用にカスタマイズして使い、1個ずつダイナミックバランスを調整することで安定した回転を実現しているという。プラッター裏面にはバランス調整済を示す「BALANCED」のシールが貼られている。

さらに本機ではBD機器のモーター制御技術を応用、モーターの動作状態に合わせ駆動モードを切り換える高精度制御技術により高トルクと高安定性を実現しているという。また、エッチングとレーザー加工の高精細スリットによりエンコーダーが回転位置を検出し、負荷変動に応じた補正も可能にしている。

同シリーズの特徴的な機能である可変ピッチコントロールは±8%、±16%で任意に調整できる。またHigh~Lowのトルク調整、Slow~Fastブレーキ調整機能を備えユーザーの使用状況に合わせた調整が行える。

精密なトーンアームを搭載

ジンバルサポート方式スタティックバランス型トーンアームはSL-1200GAEと同じく軽量・高剛性素材のマグネシウム製だが、表面の仕上げがシャイニーシルバーからマットシルバー塗装に変更されていた。そして軸受部に切削加工の高精度ベアリングを採用し、5mg以下という初動感度を実現している。また安全かつ精密な高さ調整機構も、複数のカートリッジを使うユーザーにとって便利な機能といえるだろう。（小林 貢）

樹脂製ダストカバーは従来品の金型が残っていたので再生産できた。ACインレットは中央右奥、出力およびアース端子は中央左奥に備わっている

直径33cmプラッターとS字トーンアームを最小限のスペースに収めた完成度の高いデザイン。各種スイッチ、針先照明、ドーナツ盤アダプターもコンパクトにまとめられている。天板は厚さ10mmのアルミ板を切削加工

各種基板とモーター、トーンアームはアルミダイキャスト製ベースフレームに取り付けられている。出力とアース端子はトーンアーム直下に配置。電源部はスイッチング式

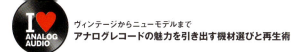

Specification

回転数：33･1/3、45、78rpm
回転数調整範囲：±8%、±16%
ワウ・フラッター：0.025%W.R.M.S(JIS C5521)
S/N：78dB(IEC 98A Weighted)
オーバーハング：15mm
アーム初動感度：5mg以下
適用カートリッジ質量：14.3g～28.5g
（ヘッドシェル含む／付属ウエイト2種）
寸法・重量：453W×173H×372Dmm・約18kg

コアレスモーターはコイルの上下に磁石の付いたローターを備えることで、充分な起動トルクを得ている

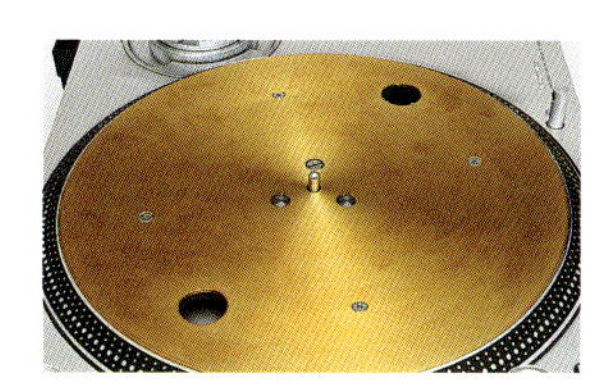

外周部にストロボの突起を持つ直径332mmアルミダイキャスト製プラッターは、真鍮板を取り付けることで重量約3.6kgと重い。モーターのトルクが大きいため、モーターとプラッターとはネジで固定している

モーターの回転を検出してFGサーボをかけるためのロータリーエンコーダーは光学式。円盤周囲に設けた細かなスリットを光センサーで検出する

SOUND CHECK

『リー・リトナー／ON THE LINE』
JVC
VIDC-5

バランスの整った安定感のあるサウンド

ハイエンドブランドの斬新なシステムのような超ワイドレンジ、超高分解能を意識させる先端のサウンドではないが、バランスの整った安定感のあるサウンドが得られ、粛々とした回転が得られている。また質感もアナログならではのナチュラルさがあり、音楽ジャンルに関わりなく上質なアナログサウンドが恒久的に楽しめる。『オン・ザ・ライン』はキックドラムや大口径フロアタムなどの音像に厚みがあり、パワフルなショットでも乱れがなくエネルギー感がリアルに引き出された。ギターのアドリブソロの抑揚感のあるフレーズで、高音スティール弦の閃きが感じられる。S/Nも十分確保され、クラシック系ソフトの弱音部や余韻などが明晰に再現され、先述の安定感の高さとともに新世代DD方式プレーヤーということを意識させられる。低域方向への伸びもあり、コントラバスの響きも豊かで胴鳴りも感じられる。合奏部の大音量も危なげなく再現され、刺激や歪感がなく強弱の差を正確に再現された。

瞬時に定速回転が得られる利便性や操作性の高さ、多機能性など魅力の多い製品だ。（小林　貢）

『バッハ／ヴァイオリン＆オーボエ協奏曲ほか』
ハルモニアムンディ
HMLP 12.509

安定した質感と響きが巧まずに出てくる

整って破綻のない音調で、格別誇張や偏りのない鳴り方である。余計な響きや付帯音が乗らず、濁りのない再現を引き出している。バロックではヴァイオリンとオーボエの独奏が明瞭に立ち上がり、アンサンブルもていねいに描き出される。古楽器らしい繊細なニュアンスと張りのある艶にも不足しない。ただエネルギーはそれほど強力には伴ってこないようで、弾みはやや控えめに感じられる。

オーケストラは濁りのない出方で、弦楽器や木管楽器を歪みのない感触で捉えている。トゥッティでも楽器の音色がわからなくなるようなことはない。炸裂するような大音量ではないが、がっしりと構えて安定した質感と響きが巧まずに出てくる印象だ。

ピアノは曇ったところのないタッチが落ち着いた感触で引き出される。余韻にも混濁はなく、棘のような歪みや金属的な音色は聴かれないが、高低両端への伸びは穏当な範囲に収まっている。ジャズはややスケールが小さいが、にじみのない鳴り方をする。（井上千岳）

No.6

ベルトドライブ方式、ストレートアーム&MCカートリッジ付きアナログプレーヤー

C-Sharp
EAT

開発を重ねるごとにコンパクト化するアナログプレーヤー

EAT（ユーロオーディオチーム）は真空管メーカーとして出発したが、当初はチェコのプラハにある工場に生産を委託していたようだ。2003年ごろのことだが、やがてそこを買い取り、工場もプラハの別の場所に移転し現在の形ができあがった。そしてForteでアナログプレーヤーの市場に参入したのが2010年のことである。

アナログプレーヤーとしては4機種目の製品となる。先のForteに始まり、ForteS、E-Flatと続いて本機が4作目である。

同社のプレーヤーはオーバーサイズ、つまりレコード盤よりも大きなターンテーブルと、2基のモーターによるベルトドライブが特徴となってきた。しかし、本機ではモーターは1基となり、多少設計の方向に変化が現れたようにも思われる。

Forteはモーター2基を別シャシーに搭載し、2本のベルトで巨大なターンテーブルを駆動する。ジュニア機の

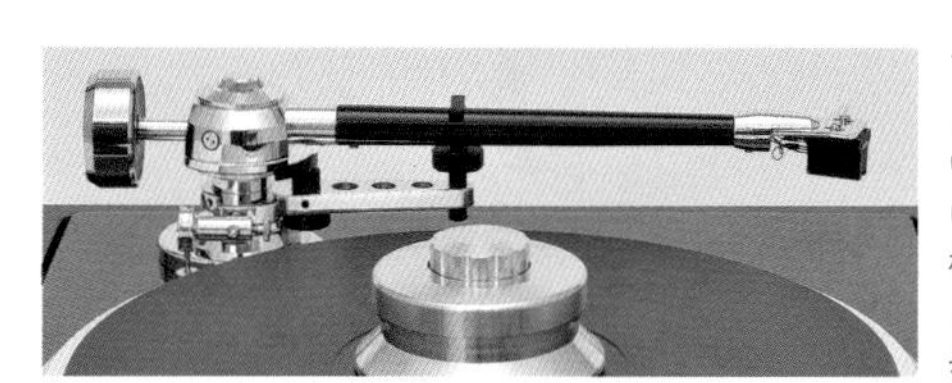

アーム先端のカートリッジ取り付け部と、分厚いアームレスト支持材は、よく磨かれたアルミ材を使用。インサイドフォースキャンセラーは糸かけ式。

CFRP製テーパードパイプを使用したストレートアーム。カウンターウエイトは針圧直読式ではないので、カートリッジのセットには針圧計が必要。メインシャシーは額縁状で、サブシャシーとは振動絶縁されている

ForteSでもモーターは2基備えているが、メインシャシーの中に収めて一体化してしまった。

これがE-Flatになると、シャシーに座繰りを入れて対向配置したモーター2基でサブプラッターを回転させる。つまりメインプラッターに直接ベルトをかけるのではなく、駆動方式が変更されたわけである。本機C-Sharpでもこのサブプラッター方式が踏襲されているが、先にも触れたとおりモーターは1基

となっている。ただし、スイッチを含むコントローラーは別筐体である。

フローティング構造のシャシー

このように見てみると、構成が次第に簡素化されてきているのがわかる。しかし本機で最も特徴的となっているのは、シャシーの構造である。

メインシャシー（ベース）は高密度MDF製で、底部にはアルミ製の大型コーンスパイクが3個装着されている。ネジ込み式で、高さ調整が可能だ。

上部は外周のフレーム部が立ち上がり、内側にサブシャシーが落とし込まれている。これが前の3機にはなかった構造で、新機軸と言っていい。

サブシャシーはMFD材の表面にカーボンファイバーを貼り付けたもので、熱可塑性エラストマーの円錐10個でメインシャシーの上に乗せてある。

ターンテーブルを外すとサブプラッターが現れるが、その周囲に3個のネジがあり、これを抜くとエラストマー円錐がサスペンションとして機能することになる。スプリングではないが、構造としてはフローティングタイプと考えていい。したがって、サブシャシーにはベアリングとアームベースが乗っている。なおサブプラッターはアルミ削り出し。厚さは15㎜で、非静電性ゴムの丸型ベルトで駆動する。

ベアリングはインバーテッドタイプで、φ10㎜のシャフトの上部にセラミックボールが埋め込まれている。E-Flatと同様の構造である。

ターンテーブルもE-Flatとよく似たもので、外径340㎜の円錐台形をしている。レコードを乗せる表面はφ300㎜で、廃棄されたレコードを砕いて固めた素材を使っているのはForte以来の同社の特色である。裏側にはソルボセインを詰めて共振を排除している。円錐台形であるため安定度が高く、またフライホイール効果によってイナーシャを確保している。付属のクランパーはネジ込み式で、底部にはフェルトが貼ってあるため、レコードを傷付けることがない。

新開発のストレートアーム

本機でもうひとつ新たに導入されたのがトーンアームである。新規の設計で、10インチのスタティックバランス型。ユニピボットすなわち一点支持方式ということだが、一般的なワンポイント構造ではなく、詳細は明らかでない。

アームパイプにはカーボンが採用されている。内部にはシリコン系のグリースが封入され、ヘッドシェルとの共振を50%以上減衰させるという。ヘッドシェル自体はアルミ製である。また、カウンターウエイトにもソルボセイン系のダンピング材が充填され、外側から小さな蓋をした形になっている。

なお本機には、オルトフォン製のMCカートリッジMC Quintet Black（MC Q30相当）が付属する。（井上千岳）

メインシャシーが非常に薄いので、アーム出力端子は下側ではなく背面に露出しており、接続しやすい。右側の端子はモーター制御用。脚部は後ろ側が1個、前側が2個の3点支持

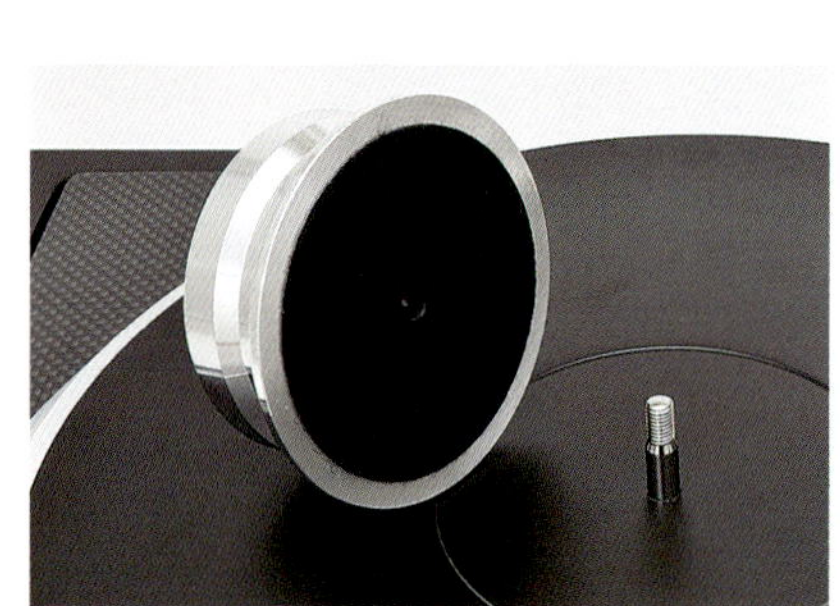

レコードクランパーはアルミ切削加工品で、センタースピンドルに切られた雄ネジを利用して締め付ける。接触面にはフエルトが張られている。ターンテーブル表面には、レコードを砕いて固めた樹脂素材が貼られている

サブシャシー表面にはCFRPを張って音の伝播速度を向上させ、音質チューニングしている。サブプラッターにベルトをかけて、メインシャシーに固定したモーターの回転を伝達する。

Specification
回転速度：33.1/3、45rpm
S/N：70dB
トーンアーム実効長：254mm
適合カートリッジ重量：5〜9g（カウンターウエイト125g）
8.5〜13g（カウンターウエイト142g）
寸法・重量：500W×115H×400Dmm・13.5kg（本体）
0.5kg（制御部）

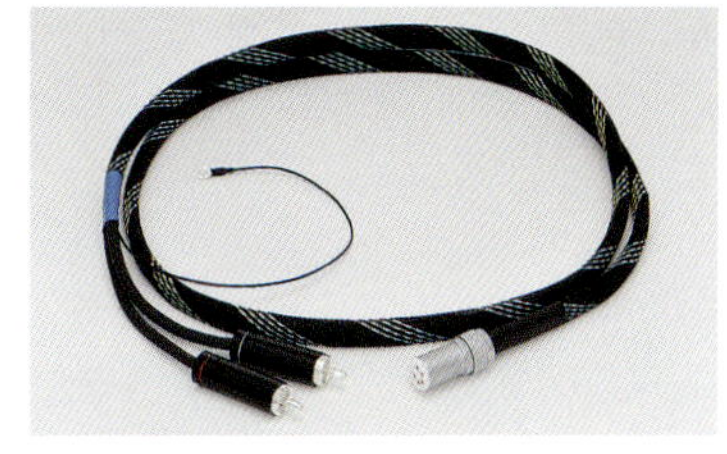
付属のアームケーブルには、アルミ筐体のピン端子と、銀メッキ接点のピンプラグを使用。ケーブル自体はOFCシールド線

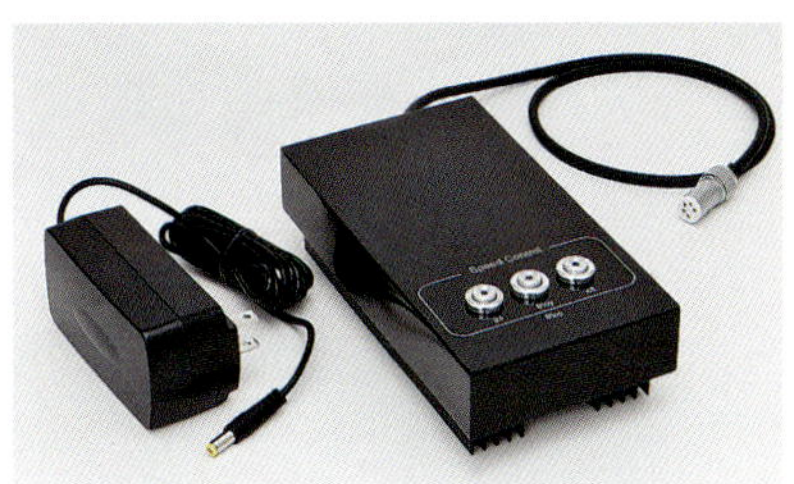
右はモーター制御部で、下側に放熱器がある。本体とはアームと同じ5ピン端子で接続する。左は90〜264V入力に対応し15V/1.6Aを出力するACアダプター

SOUND CHECK

『シューベルト
／4つの即興曲作品90／142』
ヴァンガード
SR5117

密度の高い質感、厚手の鳴り方

大口径のターンテーブルと自社設計のトーンアーム、それにMCカートリッジまで付属してこの価格は、コストパフォーマンスの高いものと言うべきだろう。本格的にアナログ再生に取り組んでみたいというユーザーにとっては、恰好のエントリー機となるかもしれない。もっとも一般的な意味でのエントリーとはやや意味が異なるが。

音調もしっかりした密度の高い質感を備え、帯域の中を充実した感触で埋めている。ピアノのタッチにも太い芯があり、重心が安定してがっしりとした手応えを感じさせる。また、バロックも全体に厚手の鳴り方で、ヴァイオリンやオーボエといった古楽器も粘りのある艶やかな音色が際立っている。重苦しくなることはないが、腰の落ちたバランスだ。

オーケストラは立ち上がりの力感が高く、ふやけたところのない厳しい再現を示す。整然としてアンサンブルが緻密な出方をするが、響きも適切に乗る。ジャズでも強弱のコントラストが明快だ。　（井上千岳）

『Jast Friends／LA4』
コンコード
CDJ-1001

良質なアナログサウンドを楽しめる

EATブランドとして4作目のアナログプレーヤーである本機は、エントリークラスのE-Flatとアッパーミドルの ForteSの狭間を埋めるべく開発された製品だ。付属カートリッジでは幾分ナローレンジと感じられ、高級MC型などと比べてしまうと、若干細部の情報が少なく感じられたものの、帯域バランスの整ったナチュラルな質感が得られている。シェルターModel 7000に付け替えると、帯域内の密度が向上すると同時に各楽器の質感が高まり、音楽の表情がリアルさを増してきたので、グレードの高いカートリッジを使用しても、その特質をスポイルすることはないだろう。

新開発のオリジナルカーボン製ストレートアームと大径プラッターを搭載し、オルトフォンのカートリッジを付属しながら¥555,000という価格は、高額化しがちなアナログ系製品が多い中にあって良心的といえる。

比較的扱いやすいサイズにまとめられ、特別なスキルを必要とせず、良質なアナログサウンドを楽しめる可能性を秘めた製品と思う。　（小林　貢）

MMカートリッジ付きベルトドライブアナログプレーヤー

Elemental Esprit
プロジェクト

音楽ファンにアナログサウンドの魅力を訴求

オーストリアのプロジェクト（Pro-Ject）は、1991年、ハインツ・リヒテネガー（Heinz Lichtenegger）氏によって、音楽の都ウィーンに設立されたメーカーだ。当初はアナログプレーヤーとフォノEQアンプなどでスタートし、比較的リーズナブルな価格の製品を中心に展開して、若い音楽ファンにもアナログサウンドの魅力を訴求してきた。また同社は自社製品だけでなく、アメリカで展開しているMusic Hallブランドをはじめとして、多くのブランドにプレーヤーやトーンアームをOEM供給してきた。その結果、量産効果により低価格化を可能とし、CPの高い製品を数多く市場投入することを可能にしたのが、大きなアドバンテージとなっている。そして、どちらかといえば、高級機よりもエントリークラスからミディアムレンジの製品を得意としてきたように思う。

そんな同社のこれまでのエントリ

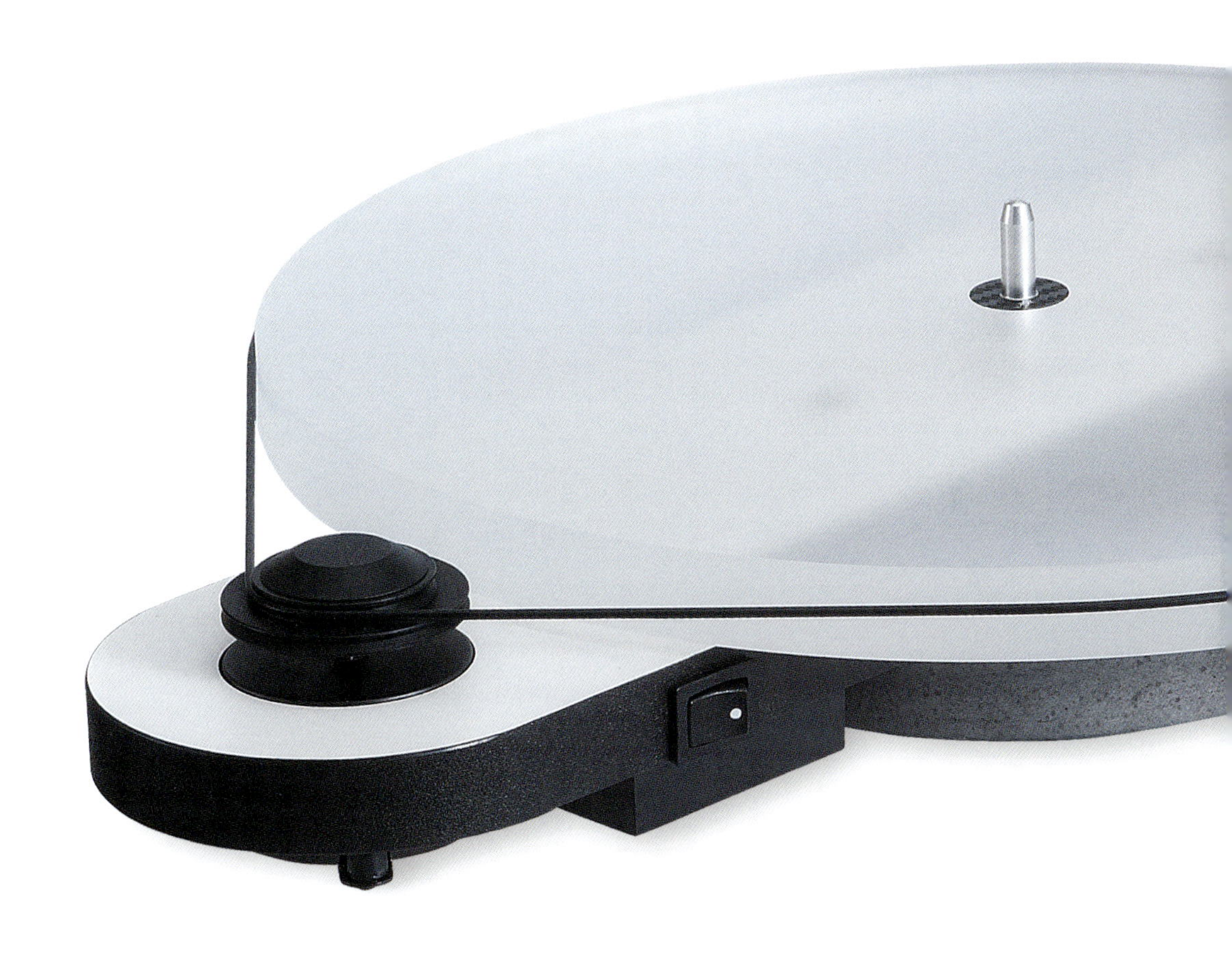

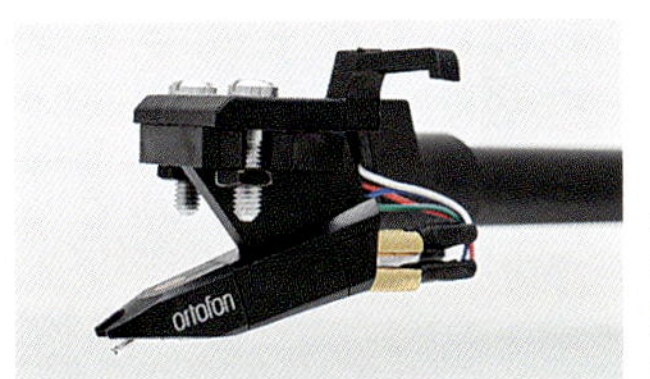

カートリッジはMM型のオルトフォンOM 5Eが付属する。ヘッドシェル部分は樹脂製

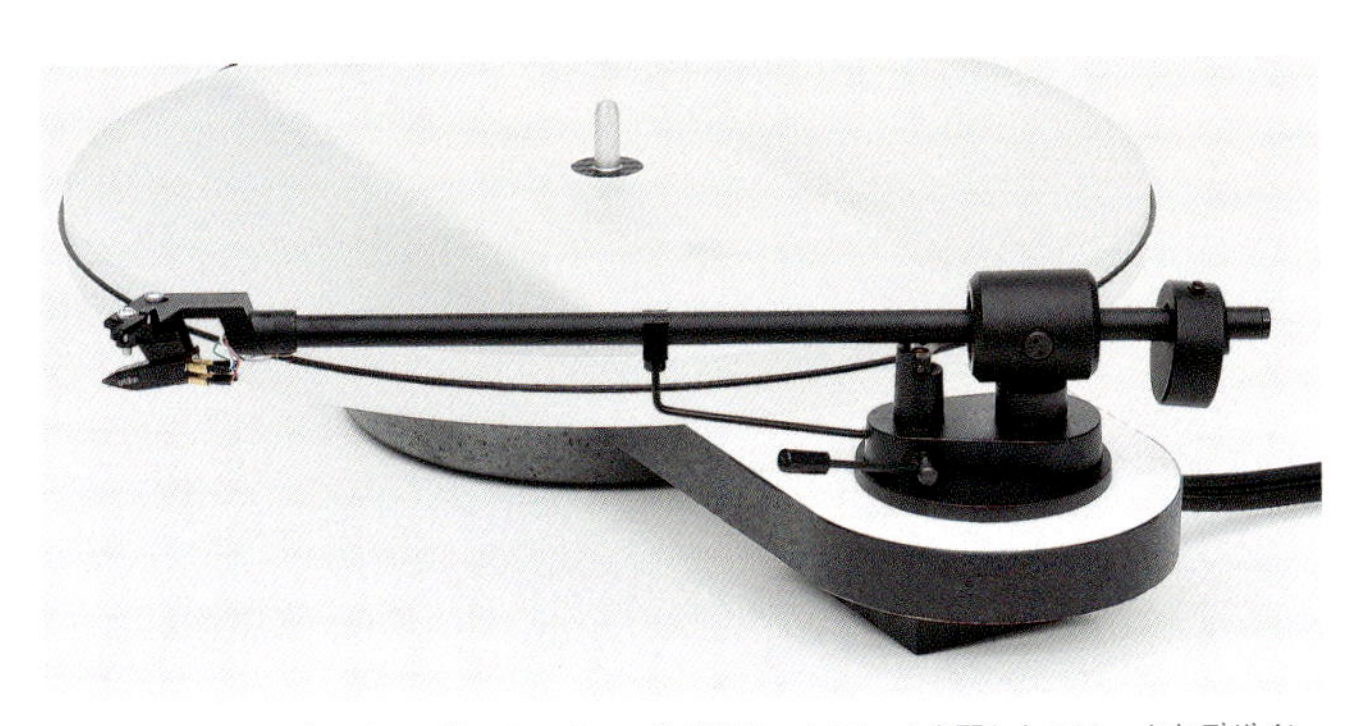
MDF製の細長いボードの一端にモーター、他端にトーンアームを配したユニークなデザイン。トーンアームは細いアルミパイプを使用したストレート型

ークラスにはEssentialⅡシリーズが存在しているが、より廉価でありながらアナログサウンドの魅力が十分に味わえるElementalEspritシリーズが発売された。従来のEssentialシリーズでは、プレーヤー本体のみの標準品EssentialⅡ、そしてUSB出力とMM型カートリッジ対応のフォノEQアンプを搭載したEssentialⅡ Phono USBの2タイプを展

開していたが、このElemental Espritシリーズも同様の展開をしているのは時代の要請といえるだろう。

これ以上シンプル化できない簡潔なデザイン

Elemental Espritはフォノ EQアンプ／ステレオアンプに接続するだけで高品位なアナログサウンドを楽しめる「プラグアンドプレイ（Plug and Play）」を基本コンセプトとして設計開発されたという。それだけに、これ以上シンプル化できないという潔いほど簡潔かつ簡素なデザイン手法を採っているのが特徴だ。このコンセプトを考えると、新たにアナログオーディオに挑戦したいというファン向きといえるかもしれない。しかし再生装置の格や価格、サイズや重量などにこだわることなく、数多く所有する愛聴盤の音楽そのものを、何の気兼ねもなく楽しみ続けたいという熟達のアナログ愛好家にとってもターゲットたり得る製品ではないかとも思う。

本機はMDF材の長円形シャシーにモーター、プラッター、トーンアームが一直性に並んだ簡潔なデザインだが、これはトラディショナルな木製キャビネットを持つ製品に比べ、音圧を受ける体積が小さくなり、ハウリングマージンに関して圧倒的に有利になるのはいうまでもない。このシャシーを支える円形のベースを、十分な重量を確保した人造石で構成することにより、設置面からの振動やモーター振動、シャシーやベースの共振の抑制を可能にしている。簡潔・簡素な構成を採りながらも要所を抑えた設計は、アイデアマンのハインツ・リヒテネガー氏ならではと思わせられる。

スモークドアクリルのプラッターは精密に真円加工され、スピンドルは高精度のステンレススチール製、青銅製のスピンドルホルダーとのコンビネーションにより接触面のフリクションを減少させ、スムーズな回転を得ているという。33／45回転の切り換えをベルトの掛け替えで行うのはいくぶん手間取るが、本機のシンプルな設計と簡潔な構成、価格を考えたら十分に納得できる。

MMカートリッジを標準装備

「8.6 ultra low mass tonearm」と呼ばれる付属トーンアームはアルミニウム製。左右両サイドから高精度のニードルベアリングでサポートすることでトレース精度を高めているという。煩雑な調整や特別なスキルを必要とせず、カウンターウエイトを取り付けてゼロバランスを取った後、適正針圧にセットするだけでアナログレコードの

回転数の変更は、モータープーリーへの丸ベルト掛け替えで行う。プラッター最外周にベルトを掛けているので、充分なトルクが得られている

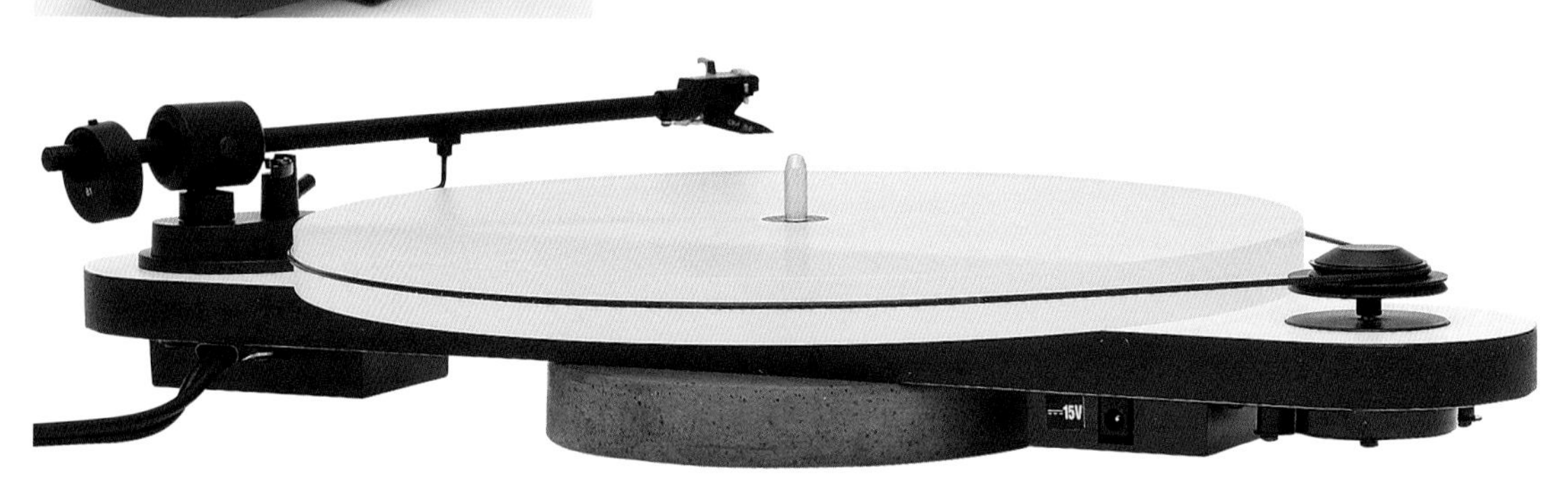

ターンテーブル軸受け部には人造大理石ベースを取り付け、安定した設置を実現。
左側からはトーンアームケーブルを直出し、右側にはモーターと電源インレットがある

電源はACアダプター式で、DC15V/1.2Aの容量を持つ

再生を楽しむことが可能だ。

カートリッジはオルトフォンのMM型OM 5Eを標準装備しているが、付属カートリッジ以上のハイグレード品を付属させた日本向け特別仕様のハイCP機も発売してもらいたいものだ。しかし、いずれにしてもきわめて高いCPを有する製品であることに変わりはない。

（小林　貢）

Specification

［ターンテーブル］
回転数：33·1/3、45rpm
ワウ&フラッター：0.14％（33·1/3rpm）、0.13％（45rpm）
回転数偏差：0.2％（33·1/3rpm）、0.18％（45rpm）
S/N：65dB
［トーンアーム］
有効長：218.5mm
オーバーハング：22mm
［カートリッジ］
周波数特性：20Hz～25kHz
チャンネルセパレーション：22dB（1kHz）
出力電圧：4mV
推奨負荷抵抗：47kΩ
適正針圧：1.75g
重量：5.0g
［総合］
寸法・重量：465W×90H×350Dmm（配置により変動）・3.3kg

SOUND CHECK

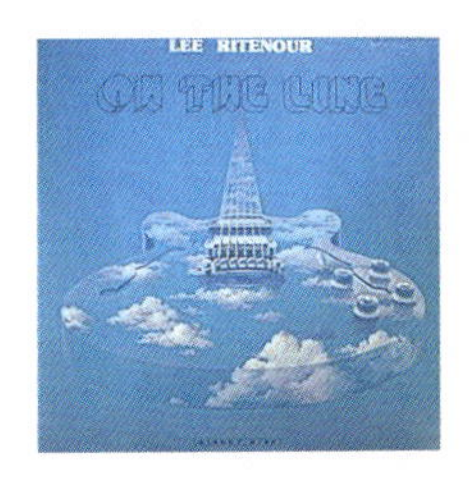

『リー・リトナー／ON THE LINE』
JVC
VIDC-5

基本性能の高さを物語る

これ以上のシンプル化が不可能と思える外観でありながら、アナログ盤の魅力を十分に味わえるクオリティを持つ製品という印象を受けた。オーケストラのトゥッティ部分でのスケール感や重厚感はいくぶん抑制されるものの、価格を考えたら十分に納得できる範囲といえる。『ON THE LINE』は超低域までの情報を持つソフトであるにもかかわらず、プリアンプの音量を最大にしてもハウリングの兆候を見せないのは、スケルトンタイプに近い簡潔なデザインならではのメリットといえるだろう。ダイレクトディスクという一発録音ならではの意気込みや緊張感までが伝わる演奏がリアルに再現されたが、この価格ランクの製品でそれが得られたのは嬉しい誤算といえる。また、リー・リトナーのギターのピッキングやフィンガリングのニュアンスがリアルに再現され、30年以上前に録音された作品とは思えない精彩さが得られたのは、本機の基本性能の高さを物語る部分と思う。　（小林　貢）

『バッハ／ヴァイオリン&オーボエ協奏曲ほか』
ハルモニアムンディ
HMLP 12.509

音を緻密に拾い上げていく

スマートなデザインは斬新だが、一見華奢に思えるかもしれない。しかしこれでバランスが取れていて、ターンテーブルの重量とベースの強度とがちょうどいい関係を保っているのである。

実際に聴いてみるとわかるが、重心が意外に下がって安定感がある。またノイズが乗らず背景が静かで、音数が十分に確保されている。決してシャープに尖った出方ではないが、レンジが広く、一音一音を緻密に拾い上げていく印象である。

フュージョンはややおとなしいかもしれないが、付属カートリッジとの関係もありそうだ。バロックではそれが逆に利いて、厚みのある均整の取れた質感と響きを引き出している。上下とも伸びやかで、刺々しさを感じさせない鳴り方である。

オーケストラは楽器どうしの分離がよく、情報量も豊富だ。このため鮮明で陰影にも富んでいる。

この先さまざまな発展性を見込むことができ、価格も含め入門機として実に得がたい製品である。（井上千岳）

ベルトドライブ方式アナログプレーヤー

2Xperience JPN

プロジェクト

日本向け仕様のアナログプレーヤー

プロジェクト（Pro-ject）は、オーストリアのウィーンで1991年に創業した、主にアナログプレーヤーを手がけるメーカーである。すでに数多くのアナログプレーヤーを発売しているが、歴代のモデルはいずれも決して大型な製品ではなく、シンプルで洗練されたデザインが特徴となっている。しかし、シンプルゆえに振動排除や回転などの機械的精度を高め、カートリッジからの音だけをピュアに伝送できるような技術が随所に織り込まれている。

今回紹介する2Xperience JPNは、同ブランドの2Xperienceを進化させ、日本仕様にしたモデルである。現在日本では、ハイレゾ再生が盛んになると同時に、アナログ再生も人気を集めているところであるが、アナログプレーヤーの値段は年々高額になりつつある。このモデルは、カートリッジこそ別売であるが、精度の高いトーンアームが付属し、価格を30万円に抑えた高品位な

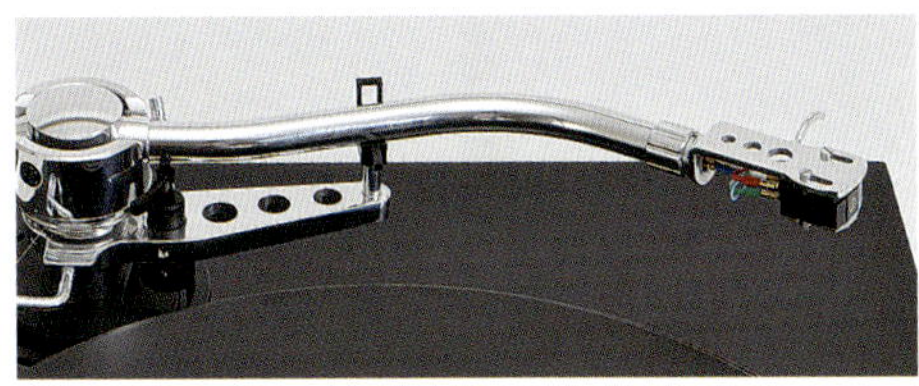
ヘッドシェルは軽量のアルミ製。インサイドフォースキャンセラーは錘でテグスを引いてアームに作用する仕組み

S字アームはジンバルサポートのスタティックバランス型で、カウンターウエイトはルーズに取り付けることで共振を防ぐ仕組み。アームレストの基部は分厚いアルミ製

ベルトドライブ方式のアナログプレーヤーである。

MDF材のメインボードとプラッター

まず、プラッターを支えるメインボードは、共振の少ないMDF材が使われ、ピアノ塗装で仕上がりが良い。高さ調整ができる3点式アルミ製コーンスパイクが付いているので、水平が取りやすい。床からの振動が伝わりにくいように、このスパイクはゴムのように弾力性のある防振材、ソルボセインを介して、メインボードに取り付けられている。

軸受けは、底にテフロン板材を使った銅合金製である。プラッターは、MDF材の上に4㎜厚のビニールを貼り合わせて、共振・振動を抑制していることが特徴で、重量は2kgである。プラッター軸（スピンドル軸）は、スチール製であるが、表面にクロームメッキが施されていて、前述の軸受けとともに、滑らかで高い慣性力を実現している。実際にベルトを外し、手でプラッターを回転させると、回転は実に滑らかで、静かであることが理解できる。軸と軸受けの摩擦を低減させ、高いS/Nに貢献しているように推察される。

このプラッターには、専用のネジ込み式のレコードクランパーが使用でき、レコードを押さえて反りやスリップを抑えることができる。

駆動ACモーターの取り付けも配慮され、モーターの振動がメインボードに伝わらないよう直接取り付けず、ゴムを使ったサスペンションで、フローティング設置している。なお、33・⅓と45回転の切り換えは、ベルトのかけ替えで行う仕組みで、電源はDC15Vを供給する付属のACアダプターを使用する。

使いやすさと音質を向上させる仕組みが、随所にシンプルにまとめられ、好感を持った。

高品位なS字型トーンアーム

付属のスタティックバランスS字型ショートアーム9cc S-Shape Tone Armは、仕上がりが実に美しく高品位である。ダイヤモンドカッターによる精密な機械加工を行ったそうで、摩擦抵抗がきわめて低いベアリングを使用し、アームの感度とトレース能力を高めている。小さなウエイトを使ったインサイドフォースキャンセラーも採用されている。実際に上下・左右に動かしてみると、きわめて滑らかな動作で、精度の高さを実感できる。このトーンアームには、アルミ製のヘッドシェルも付属しているが、使い慣れたら、好みのシェルに交換してもよいだろう。ただしシェルとカートリッジの合計の重さは、15～20gの範囲だ。

トーンアーム出力は5ピンのDINコネクターではなくRCAコネクターなので、好みのRCAラインケーブルが使えるほか、カートリッジからの微弱な信号を劣化させないように、ごく短い長さのケーブルを自作して、最短距離でフォノイコライザーと接続するという工夫もできる。

EPレコード盤用のアダプターやRCAフォノケーブル、そしてアクリル製ダストカバーまで付属し、高品位で、海外製品であるのに価格を抑えていることに感心させられる。レコード再生の初心者や、またレコードを楽しみたいという団塊の世代の方に、長く大切に使えるアナログプレーヤーとしてお勧めできる。

使用にあたっては、スピーカーなどによる床の振動が伝わりにくいラックを使用し、ハウリングが起きない位置を探ることが大切である。

（角田郁雄）

透明樹脂製のダストカバーはフリーストップ式。
前側の脚部は2個取り付けられている。ボード下側左に電源スイッチがある

後ろ側の脚部は中央に1個取り付けられている。左にRCAジャックの出力端子、右にDC15Vの電源入力端子がある

回転バランスを取ったMDF製プラッターのシャフトはクロームメッキの鋼材、軸受けは底にフッ素樹脂を仕込んだ銅合金。スタビライザーはアルミ製で、スピンドルにねじ込むことでレコード盤をプラッターに密着させる

Specification

ワウ&フラッター：±0.08%
回転数偏差：±0.5%
S/N：70dB
トーンアーム長：230mm
オーバーハング：18mm
適合カートリッジ重量：約15～20g（シェル含む）
付属シェル重量：約10g
電源アダプター出力：DC15V/1.6A
寸法・重量：460W×155H×360Dmm・8.0kg（ダストカバー、脚部含む）

電源部はスイッチング電源式ACアダプター。出力コードはアース付きの両端RCAタイプ。ボードはピアノ塗装仕上げ

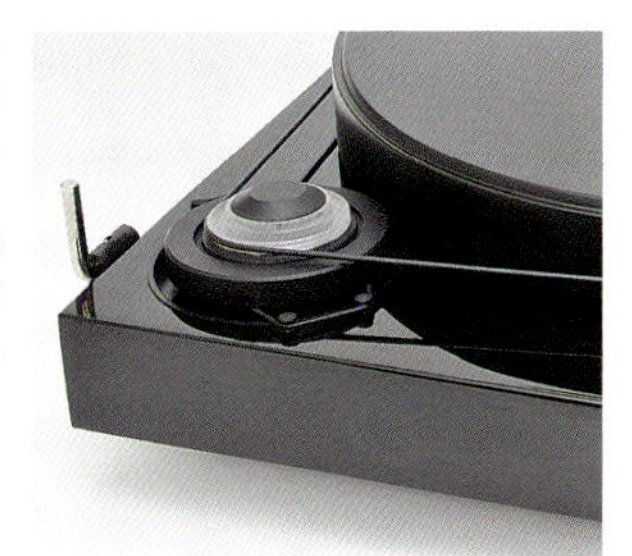

振動をボードに伝えないよう、モーターは丸ベルトで浮かせている。モーターの回転は丸ベルトでプラッター外周に伝え、回転数切り換えはベルトのかけ替えで行う。左端はダストカバーのヒンジ

SOUND CHECK

『処女航海／ハービー・ハンコック』
ブルーノート／東芝EMI
ST-84195

レコードに内包する倍音を満喫

本機の試聴では、カートリッジにオーディオテクニカAT33PTG/IIを、フォノイコライザーにアキュフェーズC-37を使用した。

その音は、この規模とは思えないほどワイドレンジで、弱音から強音まで、透明度の高い音質を聴かせてくれることが特徴だ。高域の伸びが良く、中低域に厚みがあり、レコードに内包する倍音を十分に満喫させてくれる。

ハービー・ハンコックの名盤では、シンバルのアタックと響きの対比がバランス良く、ピアノとドラムの音が不明瞭にならない。解像度の高さも十分である。

ジャクリーヌ・デュ・プレのチェロ協奏曲は、冒頭のチェロの低音は重厚で迫力がある。弦楽パートはしなやかで木質感たっぷり、開放的である。

セッティングに難しさを感じさせず、扱いやすいアナログプレーヤーとして推薦したい。　（角田郁雄）

『Chester and Lester／チェット・アトキンスとレス・ポール』
RCAレコード
RVP-6054

開放的で耳あたり良い音質

アームの角度に応じてインサイドフォース打ち消し力を自動可変する、オリジナルのS字形トーンアームを搭載したベルトドライブプレーヤーだ。ACモーターは定速回転で、2つのモータープーリーのベルトをかけ替えてターンテーブル回転数を切り換える。付属のアルミ製レコードスタビライザーは、軽量のねじ込み式にして軸受けの負担を軽減。アームはシェルを含めた適合重量が15～20g、付属のシェルが10gなので、MCカートリッジには6.9gのAT-33PTG/IIを使用した。

本機はターンテーブル表面に4mm厚ビニールを貼っててディスクを制振し、脚にはソルボセインなどの柔らかい制振材を用いているので、ソフトダンピングの開放的で耳あたり良い音質傾向である。

本機の持ち味がとりわけ発揮されるのはヴォーカル曲とギター曲で、レス・ポールとチェット・アトキンスが会話を交えながら和気あいあいとギターを奏でる『Chester and Lester』では、明るくて伸び伸びした、ノリの良い演奏が満喫できた。　（柴崎　功）

二重反転プラッター搭載 ベルトドライブ方式ターンテーブル

SPARTA

クロノスオーディオプロダクツ

慣性モーメント相殺による音質改善

クロノスオーディオプロダクツはカナダのモントリオールに2010年に設立されたオーディオメーカーで、デビュー作は2012年発売の慣性モーメント相殺型ターンテーブルKRONOS（クロノス）である。2014年に登場したSPARTA（スパルタ）はKRONOSの普及版で、その現役上位モデルがKRONOS PROである。

ターンテーブルが回転すると、その反作用でシャシーにねじれ力（捻転力）が発生する。捻転力があるレベルに達するとシャシーの復元力で元に戻り、戻るとまた捻転力が発生して蓄積される。このためシャシーのねじれ方向のスティッフネスと慣性モーメントで決まる周期で、シャシーはねじれたり戻ったりという捻転振動を起こし、音溝に接したレコード針に周波数変調歪みがもたらされて音質が劣化する。

この捻転力を解消するために開発されたのが双方向二重回転板ターンテーブル、すなわち回転軸を揃えて上下に2段

トーンアームHELENAの軸受けは、アーム側の金属球をベース側の放物面で受ける構造。カウンターウエイト位置が低いので、これでも安定する。細い信号線はアームパイプ軸受け直上で外に出て、四つ編み状態で出力端子に結ばれる

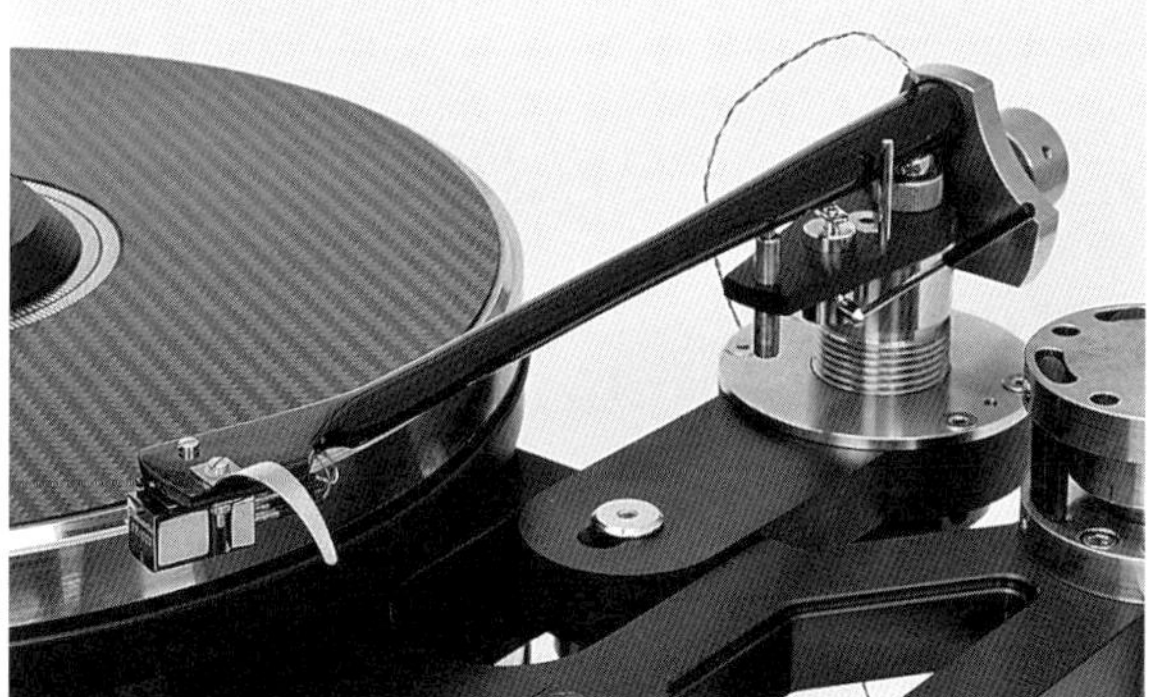

試聴機に取り付けられていたトーンアームは同社製HELENAで、カーボンファイバー一体成形構造。

重ねたターンテーブルの上側を正回転、下側を等速逆回転させて慣性モーメントを打ち消し、シャシーに捻転力が発生しないようにする方式だ。この技術は山水電気が「サイレントシンクローターシステム」と名付けて1981年に技術発表し、同年に製品化したが、もうパテントが切れているので誰でも使用できる。この双方向二重回転板ターンテーブルを最新技術で蘇らせたのがクロノスオーディオプロダクツというわけだ。

　山水電気がダイレクトドライブのターンテーブルを用いたのに対し、クロノス

オーディオプロダクツではベルトドライブのターンテーブルを用いている点が大きな違いで、各ターンテーブルを駆動するモーターにはスイス製DCモーター、ベルトには特殊配合のシリコンゴム系継目なしベルトを採用し、マイコン制御で両ターンテーブルを等速で逆回転させる。2つのターンテーブルはアルミ削り出しで質量は12kg。上のターンテーブルにはカーボンファイバーのターンテーブルシートが載っており、ターンテーブル内周にはストロボスコープがあり、付属のストロボライトを照射すれば縞模様の動きで回転数がチェックできる。

本体から独立した電源ユニットは、2つのDCモーターと光学センサー、およびストロボライトにDC電源を供給するもので、電源回路以外にマイコンを用いた2つのモーター制御回路も内蔵。両ターンテーブルの回転を非接触の光センサーで検出し、±2電源のA級DCアンプを介して両モーターの回転数をリアルタイムで制御する。ターンテーブルの回転数は毎分33⅓回転と45回転で、回転数の切り換えと回転数微調整は、電源ユニットのトグルスイッチで行う。

シャシーは3段構造で、一番下のベースシャシーに高さを調整できる脚が付いた4本の支柱が取り付けられている。逆転ターンテーブルが搭載された中段サブシャシーと、正転ターンテーブルとトーンアームが搭載された上段メインシャシーは、支柱を通す四隅の円筒で機械的に結合され、メインシャシーを4本の支柱からOリングで吊り下げて床振動を遮断している。各支柱に4本ずつ付いているOリングはベルトと同じ素材で、特殊ポリマー配合の高耐候性長寿命シリコンゴムが使われている。付属のレコードスタビライザーは、コレットチャック式の軽量タイプだ。

試聴機はオプションのHELENAアームを搭載

試聴機にはオプションの10.5インチスタティックバランス型インテグレートアームHELENA（ヘレナ）が搭載されているが、これは3層カーボンファイバーのテーパー付きストレート形パイプアームを採用。カーボンだけではドライな音になるため、内部に木を入れて音質チューニングしているとのことだ。軸受けはアームの根元下部に付いた球状ピボットを、潤滑と制動用特殊オイルを入れた半球状カップ付きベースで支える構造にして回転方向による感度差を追放。バランスウエイトの重心位置を下げてピボット先端を針先とほぼ同じ高さにし、外部振動に対するトレースの安定度が高められている。

（柴崎　功）

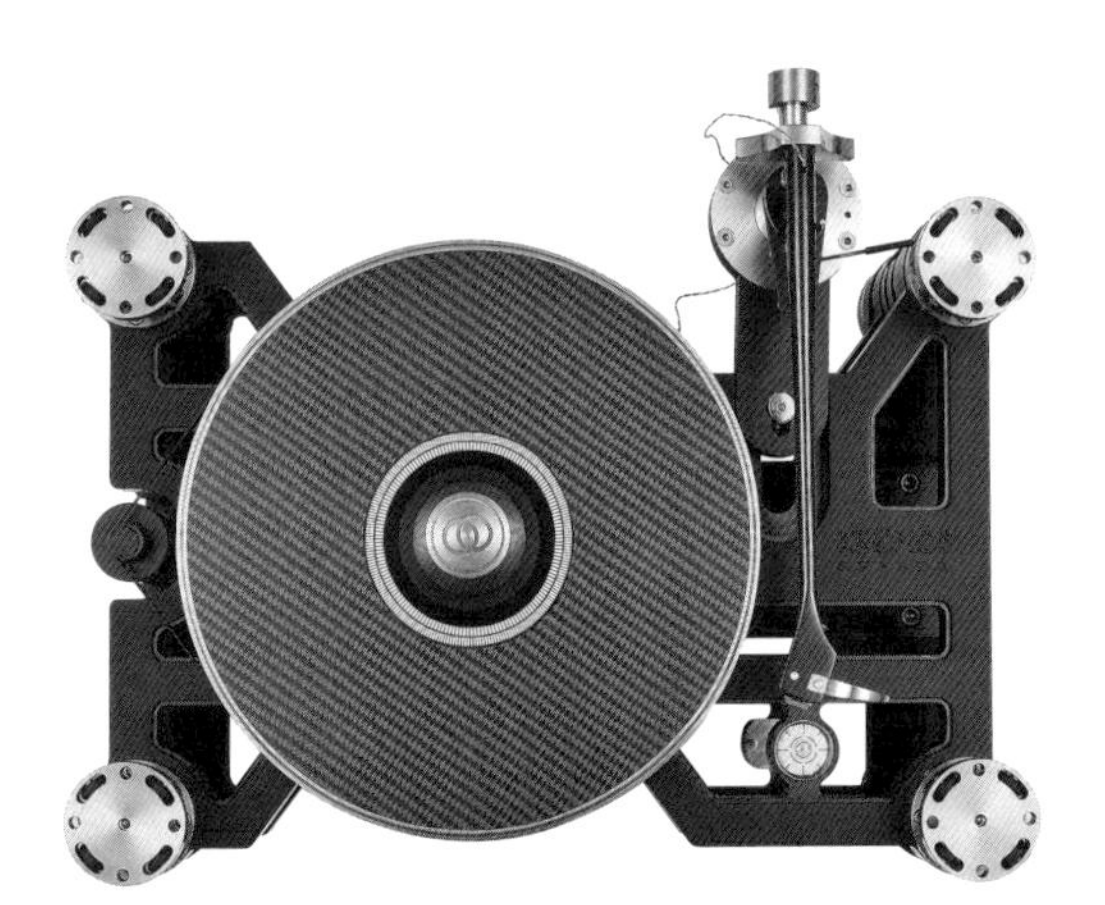

一般的なプレーヤーボードはなく、アルミ切削フレームにターンテーブルとアームを取り付けたスケルトン構造。ターンテーブル上面にはカーボンファイバー板が貼られている

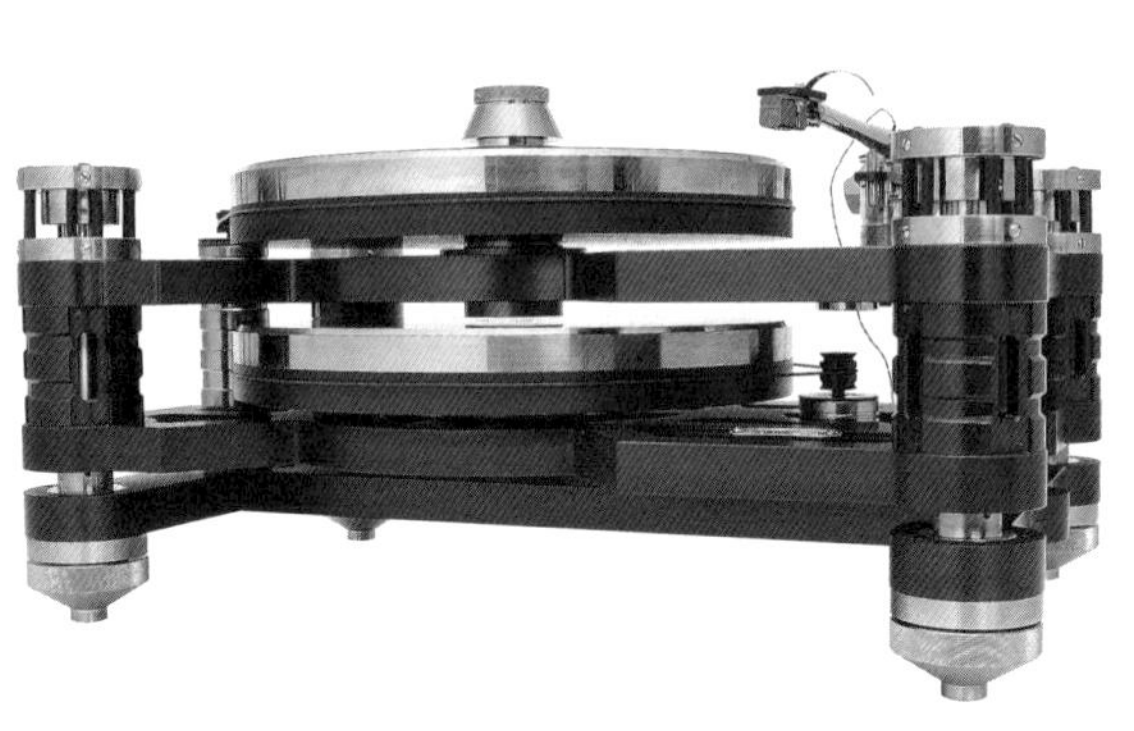

四隅の柱には最下層のフレームが固定されており、中層と上層のフレームは一体化されてシリコンゴム製Oリングで吊り下げられている。中層と上層のフレームにはそれぞれターンテーブルとモーターがある

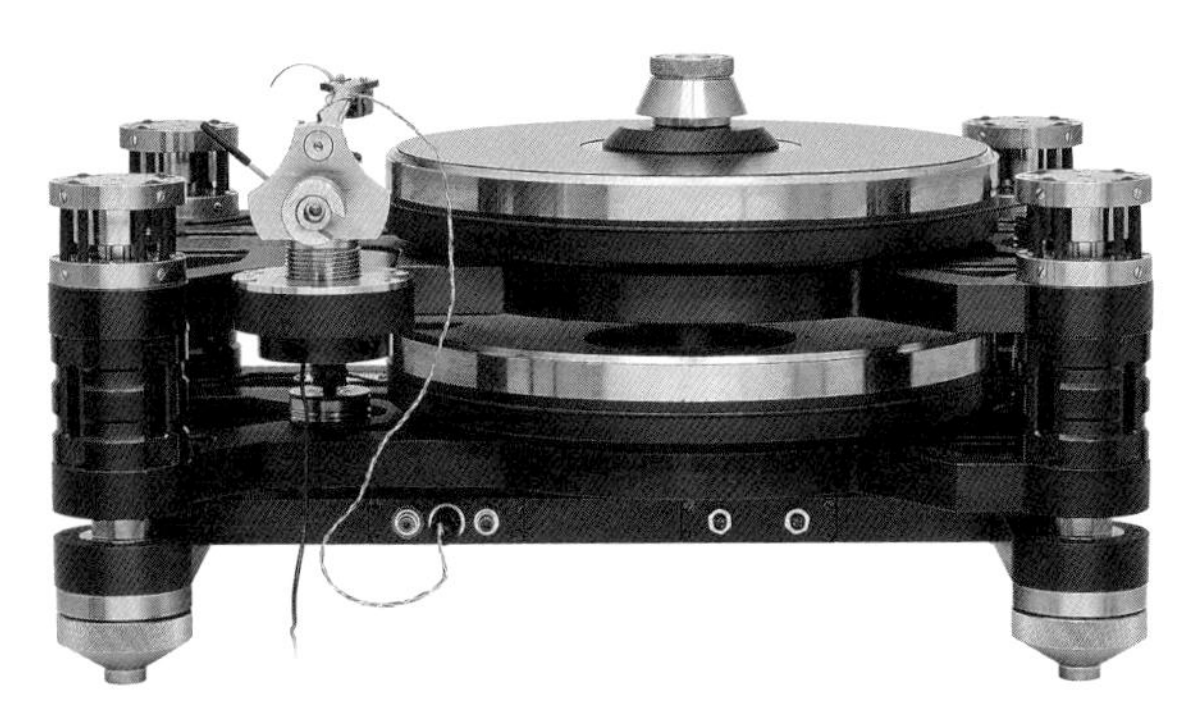

最下層のフレームにはトーンアームからの配線が結ばれ、RCA端子でフォノイコライザーなどに出力する。アース線はアームベースから出ている。右寄りの端子はモーター電源供給用で、左が3ピンで光学センサー用、右が4ピンでモーター用

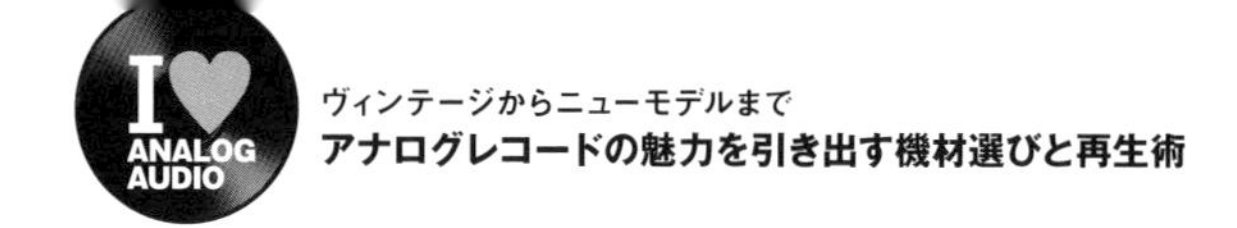

Specification

回転数：33・1/3、45rpm
取り付け可能トーンアーム長：229～267mm（9～10.5インチ）
寸法・重量：本体510W×280H×360Dmm・32kg
電源部100W×85H×130Dmm・1.2kg

スタビライザーは黒い部分がアルミ製で軽量だが、コレットチャックでセンタースピンドルを締めてレコード盤を密着させる構造

コントローラーのリアパネルには、モーターおよびセンサーの端子が2口あり、その間にストロボ電源端子が備わる

電源内蔵のコントローラーは、回転数切り換え、回転数微調整ができる

ターンテーブル内側に2条のストロボがあり、LED照明を当てると回転数の確認ができる

SOUND CHECK

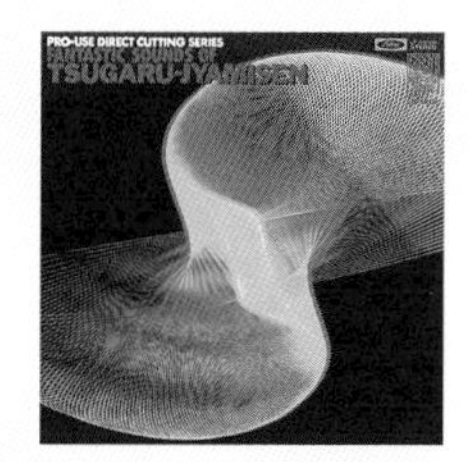

『FANTASTIC SOUNDS OF TSUGARU-JYAMISEN／津軽三味線の響き』
（ノンリミッターダイレクトカッティング盤）
東芝EMI LF-95005

熱気溢れる超ハイレゾ迫真音場

これは凄いプレーヤーだ！ 低域は大地に根を生やしたような安定感があり、聴感上のノイズフロアが低くて音の立ち上がり立ち下がりが急峻で、しかも山が高くて谷が深い。楽器やヴォーカルの質感は非常にナチュラルで曖昧なところが一切ない。私はマスターテープの音を聴いたことがあるが、レコード盤からマスターテープのような凄まじい迫力の超ハイレゾ迫真音場が引き出される。しかもノンリミッターでダイレクトカッティングした津軽三味線LPなどは、テープを介さないのでマスターテープクオリティを凌ぐ生々しさで、バチで弦を弾いた際に発生する、鼓膜が一瞬痛くなるほど強烈な衝撃波が見事に再生され、眼前に奏者がいるような超迫真音場だ。下側のベルトを外して反転ターンテーブルを止めると、周波数変調気味のふわついた音になってダンピングや分解能が低下するので、本機の熱気溢れる怒濤の迫真音場には、慣性モーメントの相殺効果が大きく貢献していると言えるだろう。

（柴崎　功）

『リンダ・ロンシュタット／Hasten Down The Wind』
モービル・フィデリティ
MFSL1319

躍動感があり、開放的な音

本機は、プラッターが回転すると土台となるフレームも、その反作用で回転しようとすることに着目し、その慣性力を逆回転するプラッターで打ち消していることが大きな特徴だ。さらに外部振動を排除するために、プレーヤー部をゴムで吊り下げるサスペンションを採用した。付属のトーンアームは、上下、左右の動作に一切のストレスを加えない一点支持のカーボンファイバー製で、外部振動を受けにくい構造になっている。

フェーズメーションのMCカートリッジPP-1000と組み合わせた本機の音は、驚くほどに高解像度でワイドレンジである。しかも格別に力強く、高S/Nであるため、再生する音楽に躍動感を感じ、開放的な音であることが大きな魅力だ。付属のトーンアームも剛性が高いので、カートリッジがトレースした音をダイレクトに伝送しているように思え、レコードが内包する空間性や、普段気付きにくい微細な音、空気感などをクローズアップしてくれる。まさに技術を駆使した驚愕もののアナログプレーヤーである。

（角田郁雄）

ベルドドライブ方式アルミターンテーブル S字アーム搭載アナログプレーヤー

Avorio 25/60

トランスローター

アクリル素材を活かしたプレーヤー作り

トランスローターは、1971年にヨハン・レイカ氏が創業したドイツのアナログターンテーブルの専業メーカーである。創業以前は、イギリスのジョン・ミッチェル氏（現在、フローティングタイププレーヤーを製作するミッチェル・エンジニアリングの創始者）とともに、アクリル素材に着目し、レコードプレーヤーの研究開発を行っていた。

同社はその後、リジッドタイプのプレーヤーを発売。現在は20機種を超えるモデル数があり、プレーヤー本体のベース部にアクリルを使っていることが特徴である。アクリルというと、美しいが強度は弱いのではないかと考えられがちである。しかし実際は、厚みがあれば外部の振動を受け付けず、非常に強固である。したがって、同社ではアクリルを本体ベースや一部のモデルでは、ターンテーブルに採用している。また近年のモデルでは、厚みのあるアルミを脚部、ターンテーブル、駆動モーターケースに採用し、

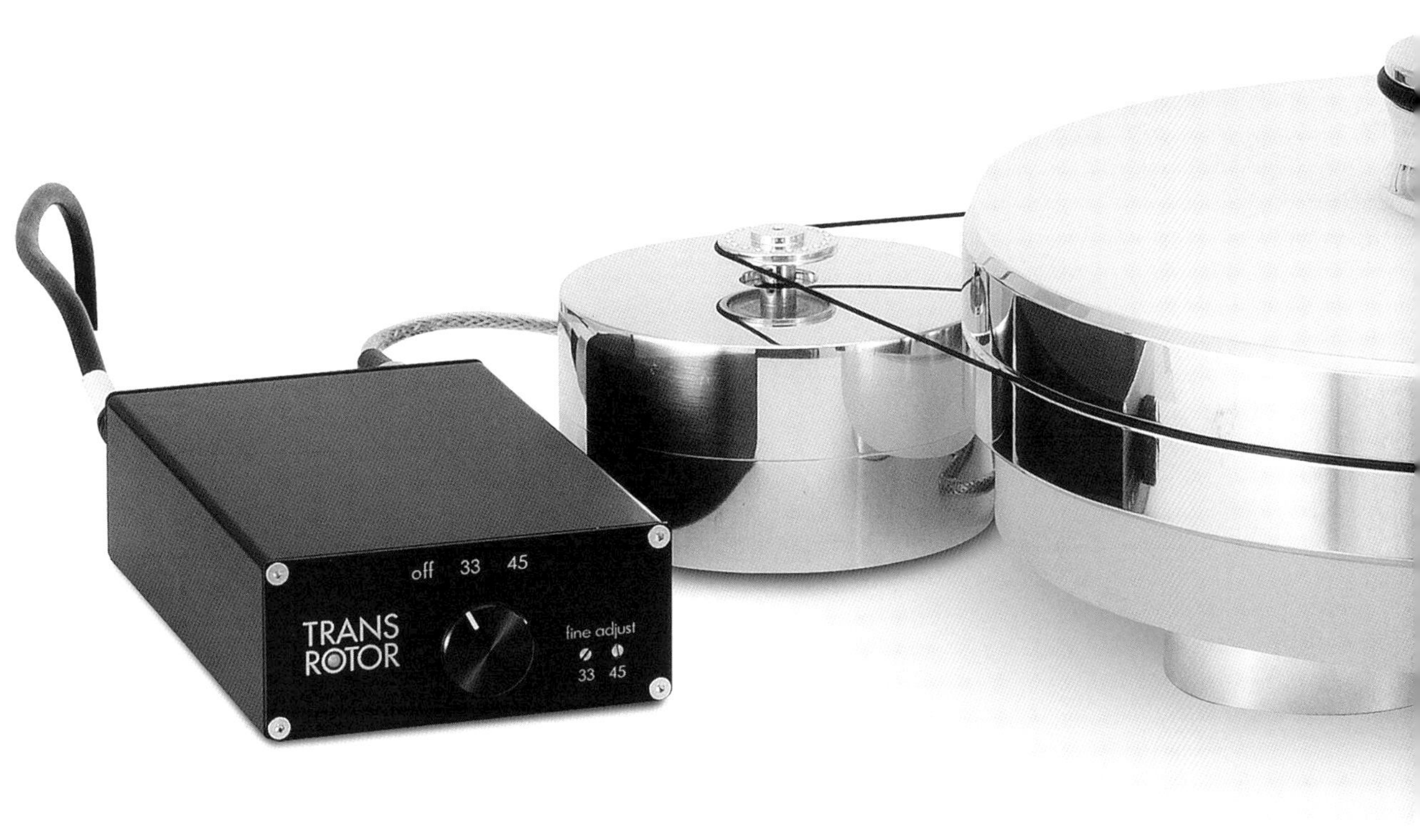

ピボット軸受けとスタティックバランスという、きわめてオーソドックスなS字トーンアーム。オイルダンプ式のリフターを備えている

アクリルと組み合わせることにより無振動・無共振構造を徹底している。たとえば、2013年に発売されたZET-1が代表的なモデルで、この構造と仕上がりの良さゆえに、着実にユーザーが増えているとのこと。

精密加工による ターンテーブルと軸受け

先ごろ同社は、ZET-1の特徴を受け継ぎ、価格をリーズナブルにしたベルトドライブ式アナログプレーヤー、Avorio（アヴォリオ）25／60を発売した。ちなみに25はアクリル製本体ベースの厚み（㎜）で、60はターンテーブルの厚みである。

本機はセッティングが実に容易だ。アルミ製の強固な脚部を使用し、本体ベースを3点支持できるように、正三角形の頂点位置に配置。この上に厚さ25㎜のアクリル製本体ベースを載せるだけである。もちろん設置する面が水平であることが前提条件だ。

このアルミ製脚部の上には、小さな半球形の樹脂があり、ほぼ点接触で本体ベースを支えている。本体ベースの中央にはアルミ製の軸受け部があり、中心の軸受けは真鍮製である。ターンテーブルを載せるコマ状の軸は先端がフラットなステンレス製。軸受けとの密着度がかなり高く、実際に軸受けにオイルを入れ、コマ状の軸を組み込むと、ゆっくりと沈んでいく。軸受けと軸の精度をかなり高めているようすが理解できる。

ターンテーブルは厚さ60㎜のアルミ切削によるもので、約8kgと重量級。前述のZET-1に実装するターンテーブルと同じものである。裏面を見ると高精度に切削されているようすがわかる。この上に厚さ5㎜のターンテーブルシートが加わる。

駆動モーターもZET-1と同様で、円筒形の堅牢なアルミ製のケースに収まっている。プーリーも高精度で、外周に小さな円形のくぼみが複数あしらわれているが、これはストロボとして機能する。

実際のセッティングでは、ターンテーブルとモーターケースの外周との距離を5㎜にセットし、ベルトをかける。

外部電源はアナログ方式で、これもZET-1と同じだ。フロントパネルのスイッチで33回転または45回転を選択し、右下部の小さな半固定ボリューム（fine adjust）をマイナスドライバーで回せば、回転の微調整が可能。

ユニバーサル型 S字アームを搭載

本機は、専用のピボット軸受け式スタティックバランス型S字ショートトーンアームが実装され、シェルも1個付属する。このアームも高精度に作られ、本体ベースにあるトーンアーム固定用ベースに強固に取り付けられている。トーンアームケーブルには、カートリッジの微弱な信号伝送に適切な、低い静電容量とインダクタンス特性を備えるモガミ電線のNEGLEX 2534という4芯シールドのマイクロフォンケーブルを採用している。そのほか、ZET-1同様にアルミ製の重量級レコードスタビライザーが付属する。

本機は、構造自体実にシンプルであるが、このように細部にわたって無振動・無共振技術が徹底され、スタイリッシュで高級感がある。長く愛用できるレコードプレーヤーといえよう。（角田郁雄）

上から見るとオブジェのように幾何学的なフォルムを持つ。シャシーはスモークアクリル製で、右端にトーンアームが取り付けられている。ターンテーブル中央はスタビライザーウエイト

アームケーブルはモガミ電線の4芯シールドを使用。脚部は3点支持、モーターの電源部は独立している

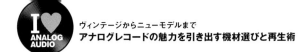

Specification
［ターンテーブル］
回転数：33·1/3、45rpm
重量：8kg
［トーンアーム］
実効長（有効長）：229mm（214mm）
オーバーハング：15mm
トラッキングエラー：+1.9°〜−1.1°
適合カートリッジ重量：4〜12g
［総合］
出力電圧：2.5mV±3dB
適正針圧：3.5g±0.5g
重量：5.0g
ヘッドシェル重量：10g
［総合］
寸法・重量：450W×180H×400Dmm・24kg

SOUND CHECK

『処女航海
／ハービー・ハンコック』
ブルーノート／東芝EMI
ST-84195

透明で明瞭度の高い響きが空間に漂う

本機の試聴では、カートリッジにシェルター7000を使用した。その組み合わせによる音は、十分な空間性があるが、音像が手前にクローズアップされるかのように、大きく再現されることが特徴である。楽器の倍音も高密度で、ハービー・ハンコックの『Maiden Voyage』を聴くと、トランペット、テナーサックス、シンバルが、金属の響きであることを鮮明にする。音階によっては、シャープな音色を感じる。ピアノでは、音の立ち上がりの良さを感じ、透明で明瞭度の高い響きが空間に漂う。ベースの音も曖昧にならない。この質感は、ジャズファンにはたまらないものではないか。まさに無振動、無共振構造が発揮され、カートリッジの特性を良く表しているように思える。次にチェリビダッケのブルックナー交響曲第８番を再生。各パートがクローズアップされるだけに、左右、中央の弦パートの響きの重なりが鮮明になり、重厚かつ豊かな倍音を放つ金管楽器とともに、色彩鮮やかなステージが展開される。

（角田郁雄）

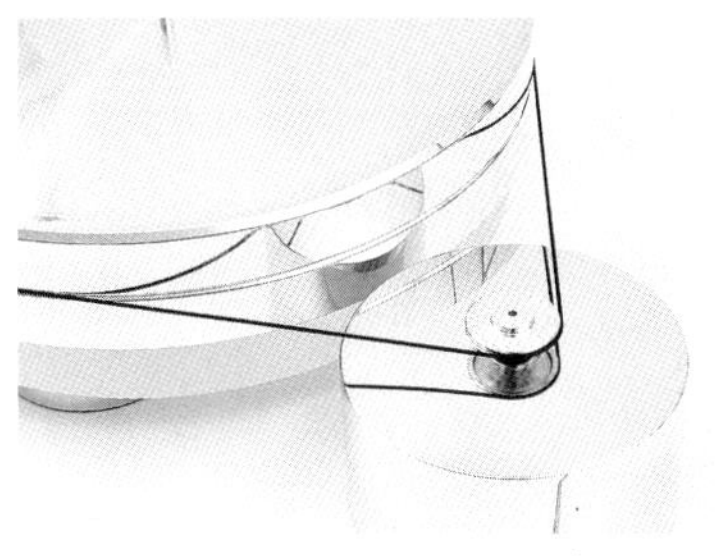

アルミケースにモーターを収め、大径のプーリーとベルトでターンテーブル外周を駆動する。ターンテーブルにはベルトをかける溝がある。モーターとシャシーの間隔は5mmに指定されている

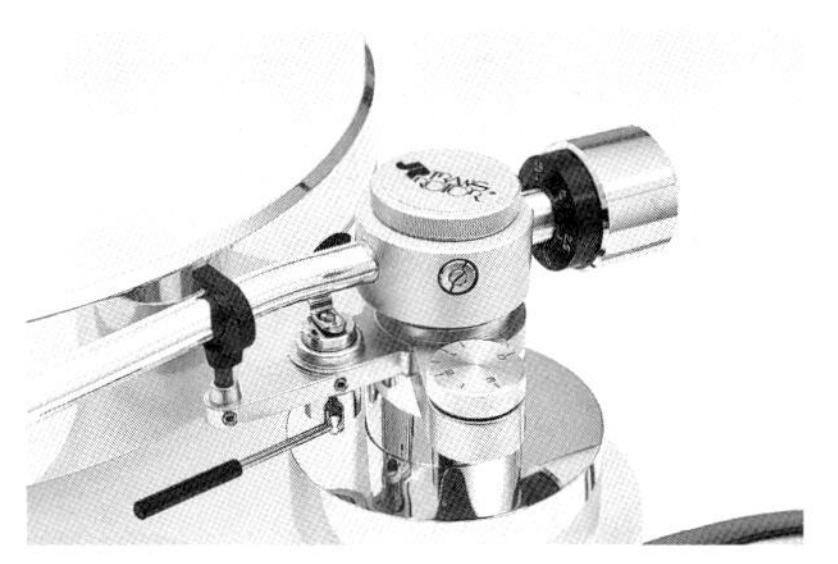

分厚いアルミベースに取り付けられたトーンアームはTR800-Sと型番が付けられ、同社の製品に多く使用されているもの。バランスウエイト、インサイドフォースキャンセラーとも直読式

スモークアクリル製シャシーは水滴型とも呼べる変形状で、ターンテーブルとトーンアームを載せる最小限のもの。ターンテーブル裏側は同心円状に切削加工されている

特徴的なトーンアームを搭載したアナログプレーヤー

Simplex MkⅡ

ウェルテンパード・ラボ

ウェルテンパード・ラボは1980年代後半に創設された米国のブランドで、わが国にも比較的早くから輸入されている。主宰者はウィリアム・ファイアバーという人物で、長年航空関係の研究に携わってきた物理学者である。オーディオにも造詣が深く、レコードプレーヤーの開発を始めたという。それには少し経緯があるが、また後で触れる。

ファイアバー氏は設計者で、会社を立ち上げたわけではない。それで米国のトランスペアレントで生産が行われるようになった。1988年ごろからのことで、日本にもこの時期に入ってきている。ところがその後、別の会社に生産が移り、販売をアメリカ国内に限定したため、わが国での取り扱いが途絶えてしまった。再び輸入が開始されたのはニュージーランドでデンコオーディオを経営するフランク・デンソン氏が生産を引き受けるようになった2007年以降のことで、同氏はクライストチャーチにウェルテンパード・ラボを立ち上げて世界中に輸出を行っている。

試聴に使用したカートリッジはPLATANUSの2.0S

独特の構造を持つトーンアーム。細いアームパイプから極細のリード線が出ていてカートリッジと接続する

このようないきさつでややブランクができてしまったが、ブランド自体もファイアバー氏も健在である。現在は上級機Versalexと本機がリリースされ、ともに最新の設計となっている。

Simplexは同社のベーシックモデルだが、基本的な設計は上級機と変わらない。本機では堅牢なボードや高精度なモーターなどを上級機から受け継いで、マークⅡとしてリファインされた。

理論に裏付けされた独特のトーンアーム

ウェルテンパードの最も大きな特徴

は、そのトーンアームにある。一般的な製品と異なって支点（ピボット）がない。代わりに根元にゴルフボールが取り付けられ、これがシリコーンオイルの中を浮遊することで水平が保たれている。

一見奇抜に見えるこの形には、理論的な理由がある。ファイアバー氏がプレーヤーの開発を思い立ったのもそれだが、1977年にデンマークのB&Kが発表したホワイトペーパーがその基礎になっている。これによるとサイドバンド歪みを抑えるためトーンアームは軽量であることと、Qを0・5以下に抑えるようダンピングすることが必要だという。そして従来のトーンアームではそれが不可能であったため、ファイアバー氏はこのようなトーンアームを設計したのである。

ゴルフボールというと、ほんの思い付きのように感じられるかもしれないが、そうではない。まず公式なプレーに使われるものなので精度が高い。そしてダンピング効果にも優れ、ディンプルがあるためいっそうそれが強化される。つまり、大変好都合な素材というわけである。

本機では、オイルカップに特製のシリコーンオイルを入れ、そこにゴルフボールが浮いている。ボールの両脇には小さな突起があって、これにモノフィラメントの糸がかかり、上から吊り下げられた形である。これでアジマス調整も行う。

アームパイプはゴルフボールの上部を貫通しているが、その位置やオイルの量、粘度などが入念に考慮されて最適なバランスを保っている。アーム全体の重心はゴルフボールの重心よりも上にあるため、大振幅で針先に大きな力がかかっても、これを根元で吸収してトレースを安定させることが可能だ。

ひとつ付け加えておくと、支点がなくてもカートリッジの針先は正しい方向（接線方向）を向く。音溝の両壁から等しい力を受けるので、常に接線方向を向こうとするのである。

隙間のできない スピンドル構造

もうひとつ特徴的なのがスピンドルだ。スピンドルホールが一般と異なり三角形をしている。その一角がモーターのほうを向き、駆動用のストリングを張ると2点で接触してベアリングとの3点で支持される。隙間がなく、回転が非常に安定する仕組みだ。

ターンテーブルはアクリル製で、0・004インチという極細のポリエステル製ストリングで駆動する。モーターは小型DCサーボモーターで、ボードに搭載されている。

ボードは多層構造のバルト産カバ合板製。全体の重量は6・5kgとなっている。またターンテーブルシートはポリエステル＋PVC製で、滑り止めのゴムに似た形状だが、それよりもずっと高精度である。

（井上千岳）

左側に出力のRCAとアース端子、中央にモーター速度調整、電源インレット、電源スイッチが並ぶ。いずれもチャネル形状のアルミ部材を介してボードに取り付けられている

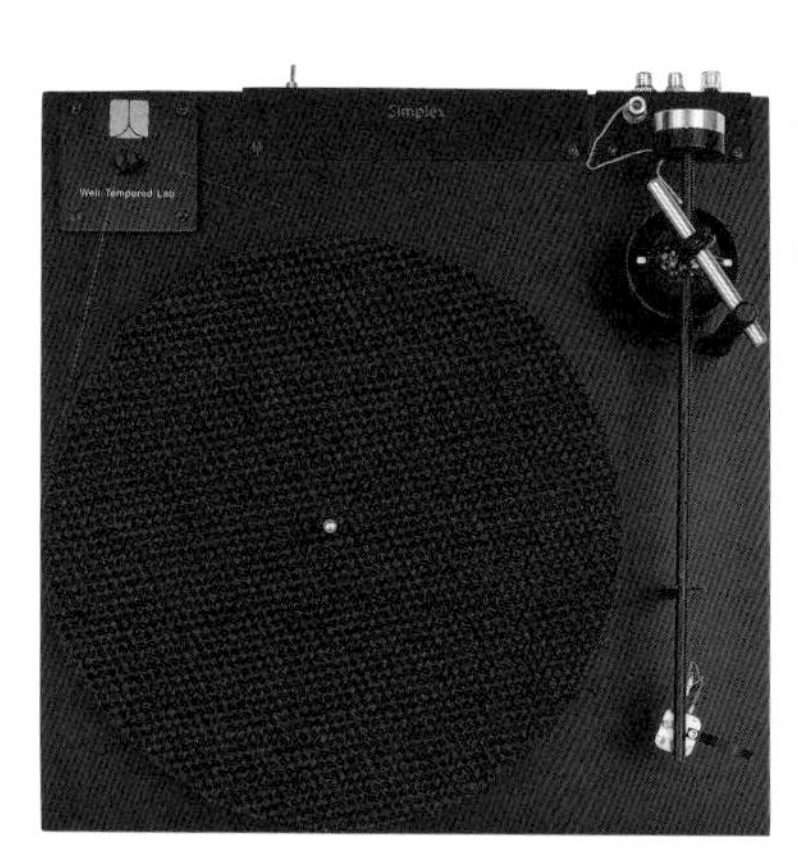

正方形のボードの前側左にターンテーブルを寄せ、対向隅にトーンアームを置く独特のレイアウト。ターンテーブルシートは凹凸と孔のある樹脂マット

青いゴルフボールにはアームパイプと糸かけが貫通し、支柱から交差した糸で吊られている。リード線は精密な4ピン端子を経由してRCA出力端子に接続されている

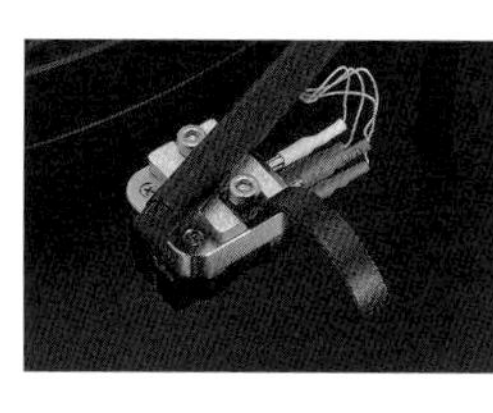

トーンアームのカートリッジ取り付け部分は面積が狭いが、取り付けネジ孔、指かけとオフセット角が付けられている

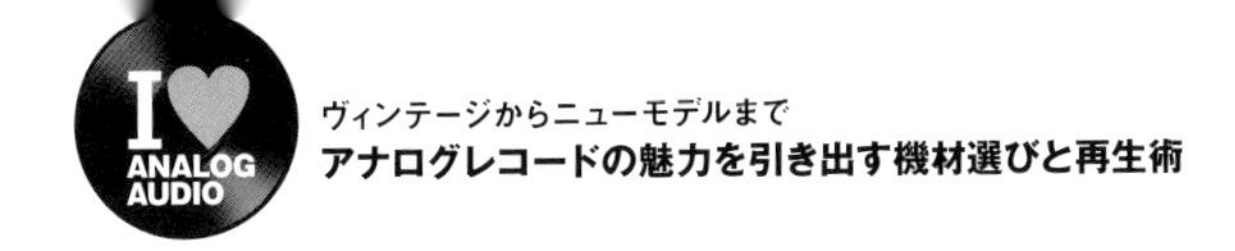

Specification
トーンアーム有効長：238mm
ターンテーブル駆動方式：糸ドライブ
モーター：DCモーター
回転数：33·1/3、45rpm（速度微調整可能）
電源電圧：AC100V（50/60Hz）、DC12V出力ACアダプター付属
寸法・重量：380W×165H×380Dmm・6.2kg

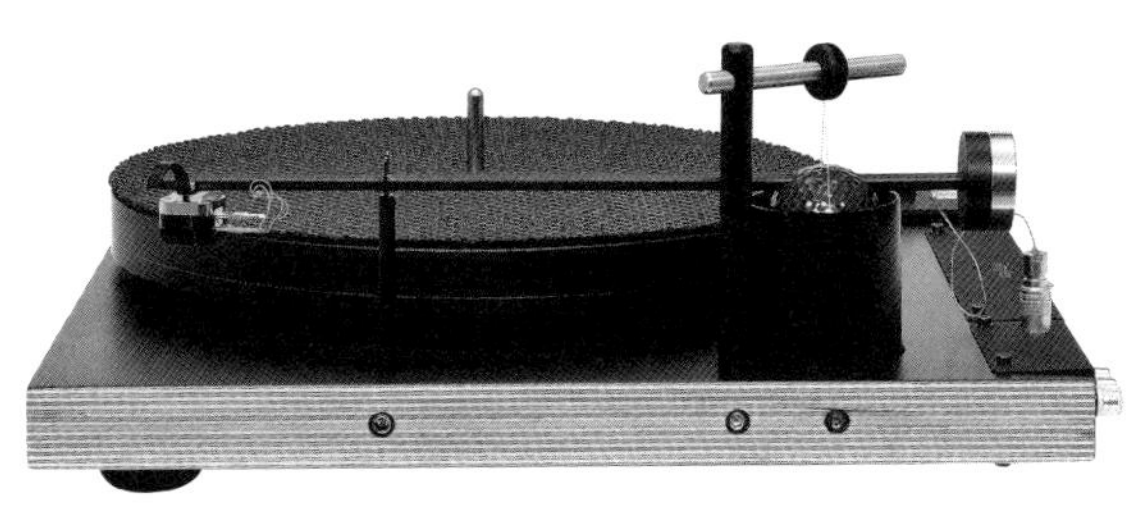

青いゴルフボールを糸で吊ってシリコーンオイルに浮かべ、そこにアームパイプを取り付けたトーンアーム。ボードは積層合板製

ボード底面に取り付けられた脚は、硬めながら弾力のある半球状

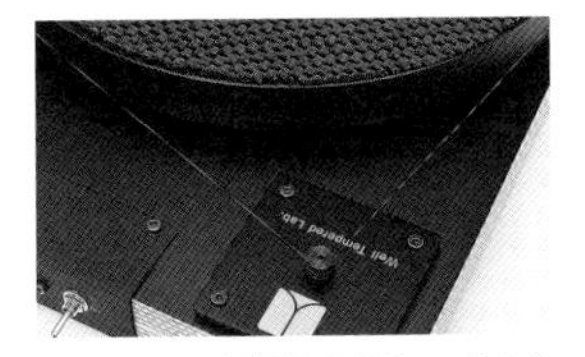

0.004インチと極細のポリエステル糸でターンテーブル外周を駆動する。回転数の変更は2段プーリーへ糸のかけ替えで行う

アクリル樹脂製ターンテーブルと、三角形の孔を持つスピンドルホール。ターンテーブル表面のスピンドルは、スタビライザーを載せることを拒否する長さがある

SOUND CHECK

『スイトナー ベルリン・シュターツカペレ 78年ステレオライブ／ニーダロス大聖堂少女合唱団他』
TOKYO FM
TFMCLP-1043/4

起伏が鮮やかで生き生きとしている

以前のバージョンをご存じのかたもおられるだろうが、そのときよりもずっとよくなっている。PLATANUS2.0との組み合わせでは、エネルギーがまったく抑えられず、起伏が鮮やかで生き生きとした鳴り方だ。しかも音の周囲はきわめて静かで、ノイズをほとんど感じない。こういう出方をするプレーヤーはほかにもいくつかなくはないが、いずれもずっと高額だし、またこれほどのエネルギーはない。

バロックはレンジが広く、高低両域に伸びやかさが横溢している。古楽器らしい繊細さと粘りのある艶がきめ細かく描き出され、軽快だが響きは意外に厚い。ディテールの細かな凹凸が明確に取り出されているため、表情が豊かで生命力に富んでいる。

ピアノも同様に、弱音部でのタッチがデリケートに描き出されている。フォルテの瞬発力に少しも逡巡がなく、コントラストが鮮烈だ。ノイズや歪みが非常に少ないのだろうが、耳障りになるところがない。また音数も大変多い。

オーケストラは解像度の高さが向上してダイナミズムがたっぷりしている。密度の高い再現である。（井上千岳）

『ミスティ／山本剛トリオ』
スリーブラインドマイス
TBM-2530

独自の機構すべてが正しい

本機を聴くと重量級プラッターは慣性質量を高めて安定した回転を得るための手法であり、音の善し悪しとは別のファクターであると思わせられる。PLATANUS2.0と組み合わせた本機は、高級機並みの超ワイドレンジと高いS/Nを実現し、素直で癖のない鮮度の高い音と高い解像度を実現している。名録音盤として日本のオーディオ界に認知されている『ミスティ／山本剛トリオ』のリマスタリング盤を聴くと、EQを施したオリジナル盤に比べ、明らかにワイド&フラットなf特であると同時に、情報量も増していると確認できる。タイトル曲冒頭のソロピアノ部は静寂感が高まり、緩急のあるピアノのアタック音のニュアンスが正確に再現され、深みのある響きが得られた。またデジタル録音45回転・重量盤の『ツァラトゥストラはかく語りき』では広大なDレンジが確保され、大編成オーケストラの合奏部は臨場感にあふれ、膨大な音楽情報を少しも失わずに描き出すあたりは、7桁台の製品に匹敵する。各部に独自の機構が見られるが、そのすべてが正しいことを実証した製品と言っても過言ではない。（小林 貢）

創立90年アニバーサリーモデルのアナログプレーヤー

MIRACORD 90

エラック

クラシカルなデザインの最新モデル

　昨年創立90周年を迎えたエラックは、ドイツの軍港キールに本拠を置き、第二次大戦前は潜水艦用のソナーなど軍需産業に携わっていた。オーディオに転じたのは戦後のことで、今でこそスピーカーメーカーとして知られ、少し前まではMM型のパテントホルダーであるカートリッジメーカーとして著名であったが、最初の製品はレコードプレーヤーであった。ミラコードというそのシリーズは1950年代に発売され、さまざまなバリエーションモデルも作られて、国内外で高いシェアを誇ったという。

　本機ミラコード90は、創立90年のアニバーサリーモデルである。復刻版というわけではなく、往時のコンセプトを引き継ぎながら現在の技術によって復活させたニューモデルということになる。すべてのパーツをキールで生産し、さらにリタイアした当時のエンジニアを呼び戻しての設計だという。

　デザインは堅牢だが、構成はシンプル

小さなヘッドシェルに取り付けられた付属カートリッジは、オーディオテクニカのMM型

トーンアームはCFRPパイプによるストレート型。
プラッターの厚みがあるので、分厚いアームベースから高い位置にセットされている

だ。要所要所の作りが明確で迷いがない。単に質実剛健なだけでなく、隅々まで神経が行き届いている印象である。

シャシーはMDF製で、重量は5.5kg。積層ではなくソリッドである。天面をハイグロスブラック、側面をシルバーとした仕上げだが、ウォールナットとブ

ラックのバージョンも雑誌などで取り上げられている。これは初回20セットの限定版で、おそらく既に完売しているはずである。

重量級のプラッターをベルトドライブ

プラッターはアルミ製で、35㎜の厚さがある。これだけで重量は6.5kgである。プレーヤー全体の総重量は17.1kgとなっている。

プラッターの下にはサブプラッターが装備されている。天面に青色のラバーダンパーが装着され、その上にプラッターが乗る。振動のアイソレートを図った構成である。またスピンドルは強化スチール製で、8㎜のルビーを配したブロンズ製ベアリング2基でガイドされる仕組みになっている。

駆動はDCモーターによるベルトドライブである。電源は外付けだが、モーターはシャシー左手前の角に取り付けられている。このマウントがおもしろい。

周囲は金属製のフレームでがっしりと固定されているが、その内側にスピーカーのダンパーのようなファブリック系のスパイダーが張ってある。モーターの軸はその中央から出ているが、これもラバーでダンプされて二重のアイソレーションとなっているわけである。ベルトはゴム製で糸ドライブではないが、これだけ厳重なアイソレーションをしてあれば、振動を気にする必要はないはずだ。

なおベルトは比較的幅広で、モーターの軸ともプラッターともぴったり密着しているが、動き出すのにやや時間がかかる。モーターのトルクを抑えているためかとも推測される。

モーターの回転は、プラッターの位置を光センサーで読み取り、マイクロコントローラーで速度を調整している。これも本機のキーポイントのひとつとなっているようだ。

トーンアームはストレートアームのスタティックバランス型である。これもドイツ国内での製造だという。アームチューブはカーボンファイバー製で、ヘッドシェル部はごく小さく、オフセット角を付けた短い棒状になっている。このほかカウンターウエイトやベースなどにアルミや真鍮が組み合わされ、適確な剛性と重量バランスを確保する。

さらにカートリッジが付属しているのも現在では珍しい。プラグ&プレイを考慮した仕様と言ってよく、オーディオテクニカ製の専用MM型が装着されている。スタイラスはマイクロリッジだという。

出力端子はRCAタイプなので、好みのケーブルに交換が容易だ。（井上千岳）

プレーヤーボード左前にモーターを内蔵し、プラッター外周をベルトドライブする。回転数切り換えは電子式

表面にCFRPの織目が現れたパイプを使用したストレートアーム。リフター、高さ調整、インサイドフォースキャンセラー、目盛り付きカウンターウエイトを備える

プレーヤーボード側面の外装はアルミ板で、出力信号はRCA端子から取り出す。電源はACアダプター式で、3ピンメタルコンセントで接続する

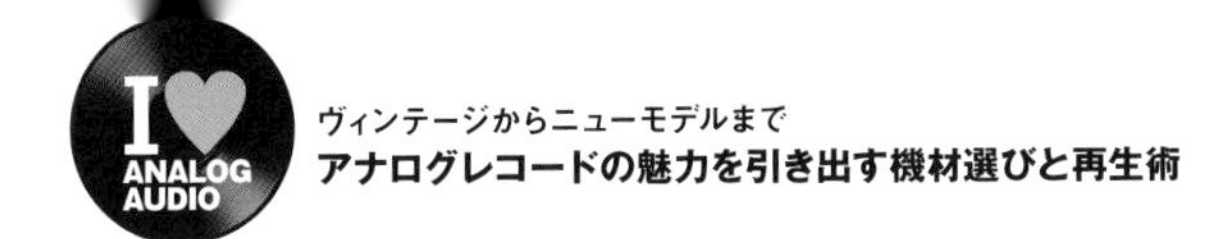

Specification
ピッチコントロール：±5%
寸法・重量：470W×170H×360Dmm・17.1kg
［付属カートリッジ］
周波数特性：20Hz〜25kHz
針圧：1.4±0.4g
コイル直流抵抗：800Ω±20%
コイルインピーダンス：3.2kΩ ±20%@1kHz
推奨負荷抵抗：47kΩ
出力電圧：2.2〜4.9mV
チャンネルセパレーション：25dB以上

サブプラッター上面にソルボセイン円盤が4個あり、その上にメインプラッターを載せる構造

専用のACアダプターはメガネ型2ピンACインレットを備える

付属の信号出力ケーブルは樹脂メッシュでカバーされている

SOUND CHECK

『スイトナー ベルリン・シュターツカペレ 78年ステレオライブ／ニーダロス大聖堂少女合唱団他』
TOKYO FM
TFMCLP-1043/4

音の質感と空間が自然に感じられる

非常に静かな鳴り方である。堅牢なシャシーと高精度な駆動が功を奏しているのは間違いないが、あらゆる部分に無駄がなく適確に作られているということを実感させる再現性だ。音の質感だけでなく、空間の遠近や位置感などが自然に感じられる。

バロックは解像度の高さがよくわかる出方で、古楽器のヴァイオリンやオーボエ、弦楽器のアンサンブルなどがきめ細かく描き出されて瑞々しい。その出方が大変ありのままで、どこかに無理があるという感じがしないのだ。ストレスのない鳴り方、ということはすべてが正しくできているということである。

ピアノの静寂感も際立っている。音の周囲のざわめきのようなものまで感じられるようだ。タッチはクリアで響きも伸びやかだが、余韻がくっきりしているためよけい音数が豊富に聴こえるのである。

コーラスはオーケストラの伴奏ともども、明快に分解されて大音量でも混濁することがない。（井上千岳）

『ミスティ／山本剛トリオ』
スリーブラインドマイス
TBM-2530

ナチュラルな質感の精緻なサウンド

いかにも音質対策を施したという印象を与えない、スタイリッシュで瀟洒な外観だが、十分な剛性を確保したシャシーと、各部に適切な処理をしているのだろう、十分なレンジと高いS/Nが確保され、ナチュラルな質感の精緻なサウンドを聴かせるのが現代生まれの機器らしい。『ミスティ』冒頭のピアノソロ部など、静寂感がリアルで余韻の透明度が高い。また弱音部の繊細さやパワフルなアタック音の対比も鮮やかで、フレーズの抑揚感が正確に再現され、表情豊かに再現された。またミディアムアップの曲ではベースとドラムスの刻むビートも躍動感があり、アドリブが進むにしたがって3者が熱を帯びてくるようすがリアルに甦ってくる。ランディ・クロフォードのヴォーカルも瑞々しく、ディテールの表情も明確に引き出される。アレンジの妙味やギターのコードカッティングのリズムなども生き生きと再現され、音楽の聴きどころが増してくるように思える。低いチューンのキックドラムも適度にタイトな音像が得られ、空気感も鮮明に引き出す解像度も確保されている。（小林　貢）

ベルトドライブ3モーターターンテーブルベルト＋ワンポイント型ストレートアーム

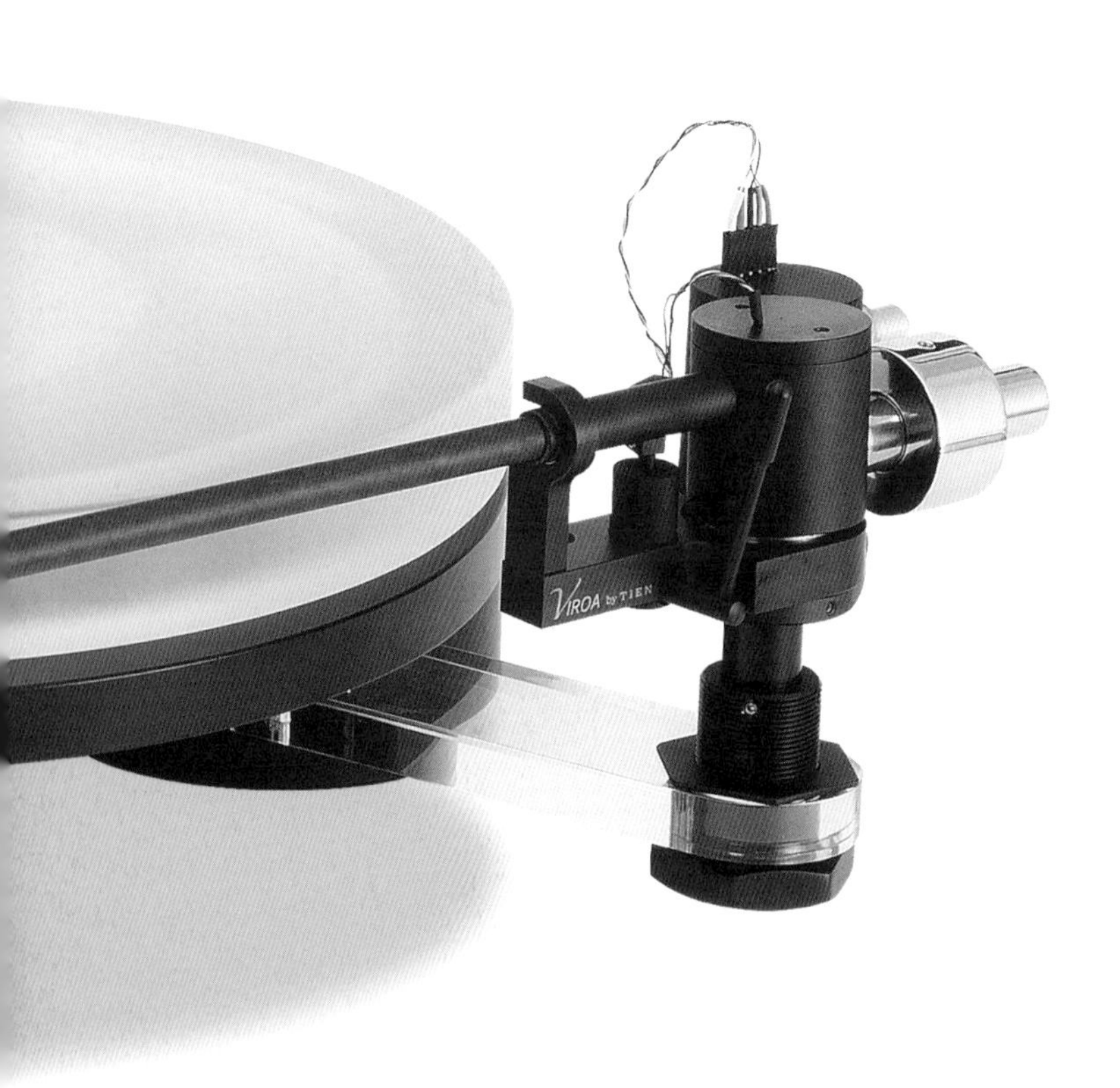

TT3 ＋VIROA 10inch

ティエンオーディオ

ティエンオーディオ（Tien Audio）は、台湾のジェフ・ティエン（Jeff Tien）氏が2002年に台北に設立したアナログプレーヤーメーカーである。ティエン氏は高級アナログプレーヤーの販売や修理を手がけているが、高級プレーヤー群の修理や調整で身につけた知識を活用して、オリジナルのターンテーブルTT3とトーンアームVIROA（ビロア）を開発した。

3モーター駆動ターンテーブルTT3

一般的なベルトドライブターンテーブルは、ベルトを介して1つのモーターでターンテーブルを回転させるが、この方式だとターンテーブルの軸に側圧がかかり、軸と軸受け間には隙間があるので軸が傾いた状態で回転するうえノイズを発生しやすい。そこで軸に側圧がかからないように180°間隔に配置したモーターを2個用い、ベルトを両側から引っ張って側圧を相殺する2モーターベルトドライブ方式（リトアニアReed製Muse 3C）、120°間隔で正三角形配置した3つ

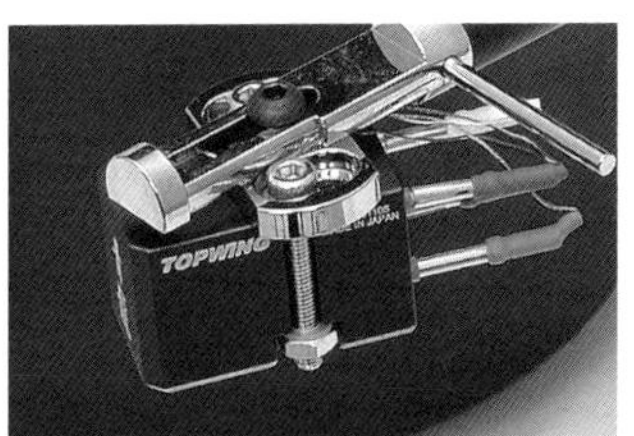
10インチアームには青龍を取り付けて試聴。トーンアーム先端は、カートリッジ取り付け用金具を1本のネジでアームに固定する構造で、オーバーハングとオフセット角の両方が調整できる

のモーターでターンテーブルを駆動する3モーターベルトドライブ方式（ドイツAcoustic Signature製ASCONA）、60°間隔で正六角形配置した6つのモーターでターンテーブルを駆動する6モーターベルトドライブ方式（Acoustic Signature製INVICTUS）が数年前に登場した。今年登場したTT3は、アコースティックシグネチャーASCONA同様の3モ

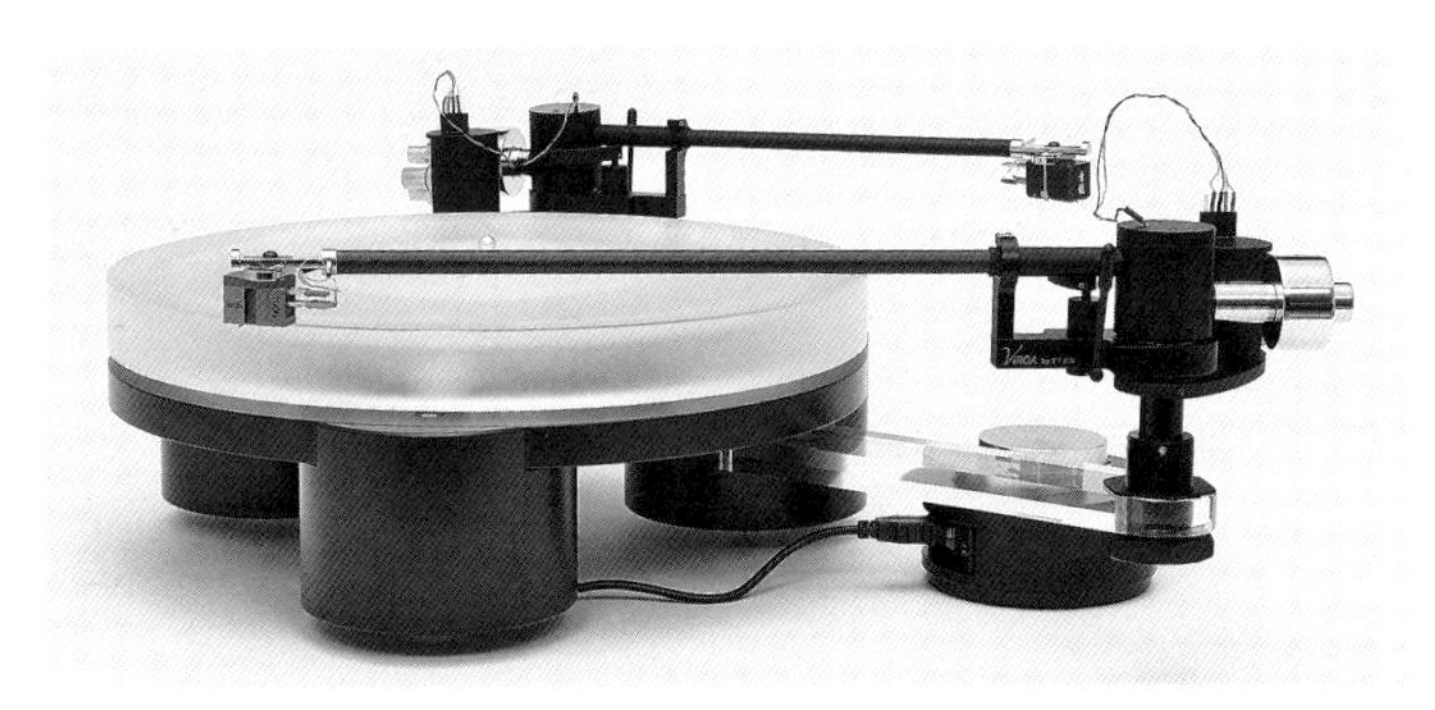
オプションの12インチVIROAには、シェルター#7000を取り付けて試聴。カーボンファイバー製アームパイプの長さのみ異なる

ーター方式を、ティエン氏も発想したものだろう。

TT3は、白色半透明のアクリル製プラッターと同サイズの台座を正三角形配置の3つのリジッドなスパイク脚で支え、各脚の上にモーターを搭載してモーター振動を大地に逃がす。この3つのモーターでベルトを介してインナープラッターを回し、その上にプラッターを載せて一緒に回すという構造だ。そして有線接続の電源兼コントローラーで回転/停止/速度切り換えを行う。回転数は毎分33.3/45/78回転の3スピードだ。台座は黒色粉体塗装のアルミ合金、スパイク脚とインナープラッターはアルマイト処理のアルミ合金、プラッターは質量1kgのアクリル樹脂で、ベルトには長寿命のシリコーンゴムを採用。インナープラッターは磁気反発力を利用したマグネフロート方式にして軸受け荷重を低減。摩耗しにくいポリアセタール樹脂製プーリーを取り付けた3つのモーターはブラシレスDCモーターで、トルクの揃ったモーターを選別して使用。高安定DC電源をCPUでパルス幅変調してモーター回転を制御し、±0.015%という低い回転ムラを実現している。

腕木状アームベースはアクリル樹脂製で、台座に3個まで取り付けられるため、TT3はトーンアームを最大3本取り付け可能である。

シェル一体型トーンアームVIROA

本機には10インチのヘッドシェル一体型ワンポイント支持ストレートトーンアームVIROA 10-inchが標準搭載されているが、オプションで12インチのロングアームVIROA 12-inchも用意されている。図1はVIROAの構造で、アームにはカーボンファイバーのストレート型パイプアームが採用され、その先端にはオフセット角とオーバーハングがネジ1本で調整できる金属製ヘッドシェルを装着。カートリッジ信号を取り出す配線材には、オランダVan Den Hul(ヴァンデンハル)の純銀リッツ線が投入されている。

アームの支点はワンポイント支持で、軸受けには長寿命のサファイヤとタングステン鋼を投入。制動にはオイルを用いず、磁石を用いて電磁制動をかけているのが特徴だ。インサイドフォースを相殺するアンチスケーティング機構も、磁石を用いた非接触方式である。カウンターウエイトはアームより低い位置に取り付けて低重心化し、トラッキングの安定度を向上。カウンターウエイト軸は共振を防ぐため、ダンパーゴムを介して本体に取り付けられている。

アームの出力端子はRCAジャックになっており、アームパイプ内を通った線は軸受けハウジング上部の孔から外に出て、4ピンコネクターを介して出力端子ブロックのRCAジャックに接続される。4ピンコネクターを引き抜いてアームを持ち上げればアーム本体が取り外せるので、VIROAはカートリッジをアームごと容易に交換できる点も大きな特徴だ。

(柴崎 功)

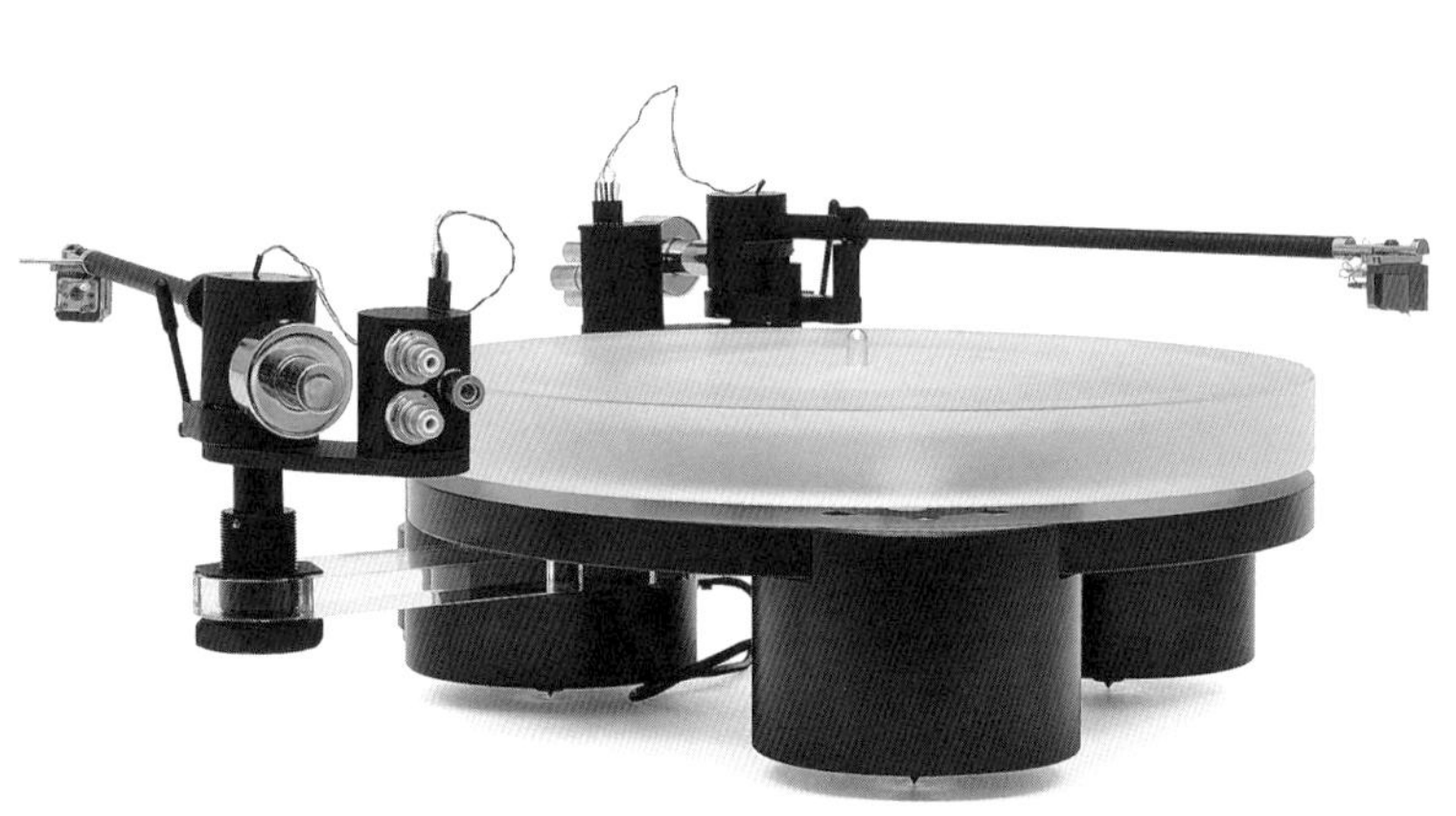
アームを取り付けていない面から見たところ。モーターを収めた3個の脚部でベース板を支え、その上にアクリル製プラッターが載る構造。アームを支える部材もアクリル板

アームパイプのアセンブリーは4ピンコネクターで電気的にアームベース部分と接続し、出力端子は5ピンではなくRCAとアースが備わっている

［図1］VIROAトーンアームの構造

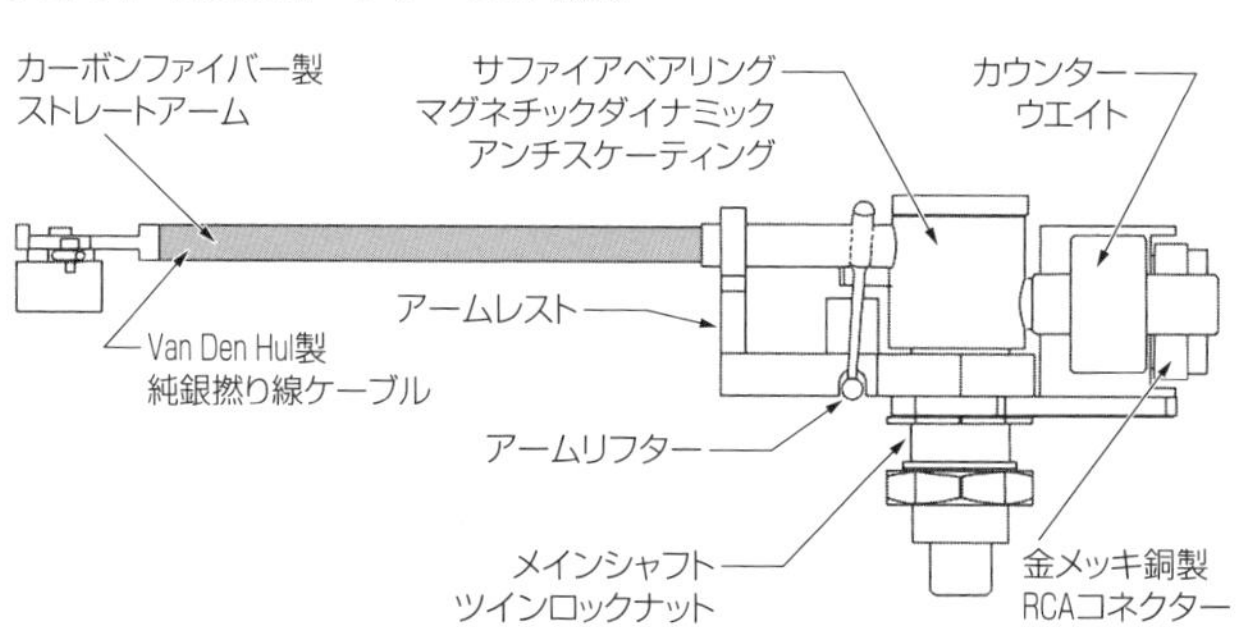

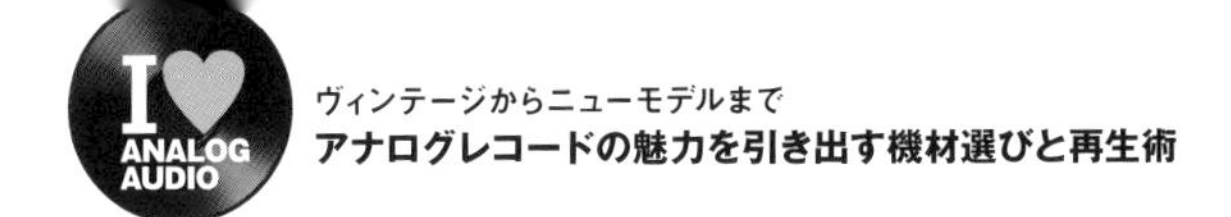

Specification

[TT3]
回転数：33・1/3、45、78rpm
プラッター：アクリル製1kg
最大トーンアーム取り付け数：3本
寸法・重量：320W×120H×320Dmm・11kg
[VIROA 10inch]
実効長：245mm
オフセット角：21.5°
オーバーハング：15mm

アルミ製インナープラッターの周囲に3個のモーターを等角度に配し、シリコーンゴム製丸ベルトで駆動する

コントローラーはノブを回して回転数を選び、押してスタート・ストップする

モーターを収めた脚部の底面に、高さ調節可能なスパイクが取り付けられている

SOUND CHECK

『He's Funny That Way
／アン・バートン』
（ダイレクトカッティング盤）
ロブスター企画
LDC-1005

鮮度と分解能の高いクリアサウンド

10インチアームに空芯コイルMMカートリッジ青龍、12インチのオプションアームにシェルターの鉄芯入りMCカートリッジ#7000を取り付けて試聴したが、両カートリッジとも音の鮮度が非常に高く、クッキリ鮮明で瞬発力があり、クリアで粒立ち良い音に魅了された。立ち上がりと立ち下がりが急峻で山が高くて谷が深く、聴感上のダイナミックレンジや周波数レンジが広くて曖昧なところが一切ない。曖昧になりがちなベースの音程も明瞭だ。カートリッジが音溝から拾った情報を忠実に引き出して出力するという印象で、鉄芯入りコイルと、バルクハウゼンノイズが出ない空芯コイルの滑らかさの違いもよくわかった。以前、青龍をS字アーム付きプレーヤーで試聴したが、カーボンのストレートアームを用いた本機のほうが音の輪郭がクッキリして見通しが良くなり、青龍の魅力がより端的に引き出せた。鮮度と分解能の高いクリアサウンドを追求する、耳の肥えた人にお薦めしたいプレーヤーである。（柴崎　功）

『Quiet Winter Night
／ホフ・アンサンブル』
2L
2L-087-LP

空間性とリアリティを最大限に引き出す

本機は、プラッターを磁力でフローティングさせ、1本のベルトを使い3モーターで駆動するというユニークなプレーヤーである。トーンアームにも磁力を生かしたマグネットダンピング機構を採用。針先の動きを最大限に発揮させる、高感度な特性に仕上げられている。試聴では、こうした機構が生かされ、再生するレコードから格別に情報量の多い音を引き出している印象を受ける。アナログをイメージして中低域に厚みを持たせた音作りとは異なり、ワイドレンジで、広く深いステージに奏者や歌い手をリアルに浮かび上がらせ、演奏上のわずかな動作や深みのある弱音を解像度高く描写し、演奏のリアリティを最大限に引き出しているように思えた。

また楽器や声の繊細さや柔らかさをよく再現し、その倍音を艶やかに引き出している。まさに空間性とリアリティを最大限に引き出す、高解像度型プレーヤーと言えるであろう。本機の機構を生かすためには、スピーカーの音圧や床振動などの不要振動の影響を受けないことが大切である。（角田郁雄）

糸ドライブターンテーブル＋リニアトラッキングアーム採用アナログプレーヤー

LFT1

CSポート

超弩級システムを作る新進オーディオメーカー

ＣＳポート株式会社は、２０１４年９月に富山県富山市に設立された新進オーディオメーカーだ。同社代表の町野利通氏は、45年間にわたってスイッチング電源の開発に携わってきたアナログ回路のスペシャリストであると同時に、50年にわたるオーディオ歴を有するアナログ再生のベテランでもある。そんな同社が設立から3年を経た２０１７年初頭に、超弩級アナログプレーヤーＬＦＴ１、同じく超弩級の真空管モノーラルパワーアンプ２１２ＰＡ（出力管はＳＴＣ４２１２Ｅと華光電Ｈ２１２Ｅの２ヴァージョン）、そして真空管フォノイコライザーアンプＣ３ＥＱの３モデルを一挙に発表した。設立から製品の発表までに3年の歳月を費やしたのは、アンプの信頼性と安全性の徹底と、同社が要求するプレーヤーのモーターの選別に時間を要したからだという。

今回、試聴の機会に恵まれたアナログプレーヤーＬＦＴ１は、ＥＱアンプのＣ３ＥＱ、パワーアンプ２１２ＰＡの３モデ

ルでシステム構築すると、約1千万円と高額になる。どれも一般的なオーディオファンが簡単に手にできる価格の製品ではないが、投入された物量や高品位パーツ、構成・構造、そして独自開発のリニアトラッキングアームの搭載などを考えたうえで、高価な海外製品と比べると十分に納得できる価格設定といえる。といっても、残念ながら筆者の資金力では購入できない価格ではあるのは間違いない。

リニアトラッキングアームは、水平に置かれた固定シャフトの上面にあけた1個の孔から空気を吹き出し、円筒を半裁した形状のフロートを浮上させることでアームを非接触とするしくみ。アームリフターはCFRP棒を上下させて動作させる方式

振動を重量で抑え、エアーベアリングで遮断

ベース部とプラッターのみでも67kgと超重量級。本機の設計ポリシーは防振対策の徹底という。アナログLPはミクロンオーダーで音楽信号を音溝に刻み込んだビニール素材のディスクであり、同社では、その音溝をトレースする針先以外の振動の付加は徹底的に排除すべきという。

不要振動の伝播を防ぐには、遮断と減衰の2パターンの手法があり、高周波振動は防振材などで減衰できるが、低周波振動は防振材では処理できないとして、本機では、低周波振動は重量で抑制し、高周波振動はエアーベアリングで処理する構造を採っている。

ベースシャシーには500万年を経て安定化された40kgの花崗岩（黒御影石）が投入されている。床面から伝わる不要振動は40kgの重量と花崗岩が持つ振動減衰特性によって抑制できるとしている。この花崗岩は工作機械を作る際の平面の基準となる精密石定盤に使われるものである。同素材は鋳鉄の2倍の剛性があり、耐摩耗性に優れ、経年変化の心配がなく安定していることで知られる。表面精度は、JIS0級相当の平面度5μmに精密加工が施されているという。

プラッターの慣性質量を高めることで安定した回転を得るのは定石だが、一般的には軸受は大きな荷重が一点に加わることで摩耗が進み、不要振動が発生する可能性がある。本機では直径344㎜、重量27kgと重量級のステンレス製プラッターを空気の圧力によって浮上させ、水平方向にかかる数100gの力のみをメタル軸受に担わせることで磨耗を排除し、不要振動を抑止している。

無帰還の駆動モーター

プラッターを高精度で定速回転させるため、本機では負帰還をかけないモーター回転制御方式を採っている。モーターを正確に回転させる手法として一般的なのは、負帰還サーボコントロールだが、同方式は微視的には常に正負方向への微細な揺らぎ（微振動）があり、これはDD方式全盛時にも問題視されていた。本機では電気的な回転制御を排除し、27kgのプラッターの高慣性質量に任せ、制御に起因する不要振動を排している。そして慣性モーメントの少ないコアレスモーターを採用することにより、振動の影響を減少させている。また本機は、クリスタル発振器を基準に、33・⅓と45回転にセットされたストロボがプラッター側面に刻まれている。±の速度設定ボタンにより回転数を目視で微調整し、ストロボマークが静止したところでロックボタンを押せば定速回転となる。

トーンアームは、独自のエアーフロート方式のリニアトラッキングアームで、レコード外周から内周まで安定したトレースを可能としている。重量級アームは音溝の振幅に振られることなく、正確にトレースするという。

エアーフロート方式に不可欠なエアーポンプは、医療機器などで使われるポンプを採用し、長期にわたり安定した動作を実現、二重密閉構造により音漏れを防ぎ、従来からの同方式ユニットのデメリットを克服し、リスニングルーム内に設置しても高い静粛性を確保できるのが好ましい。

（小林　貢）

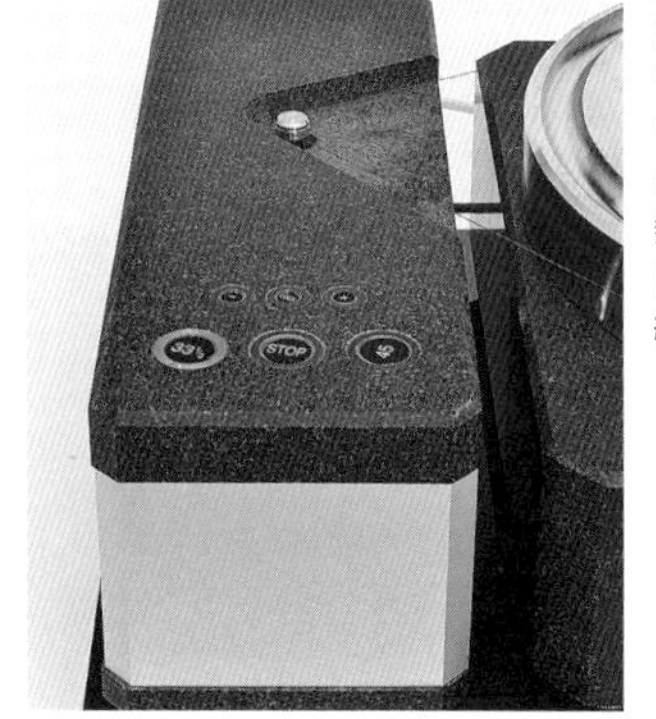

慣性質量の小さなコアレスDCモーターでプラッターを糸ドライブ、上面の押しボタンスイッチで回転数を微調整する。糸は強靭なケブラー繊維四つ編み

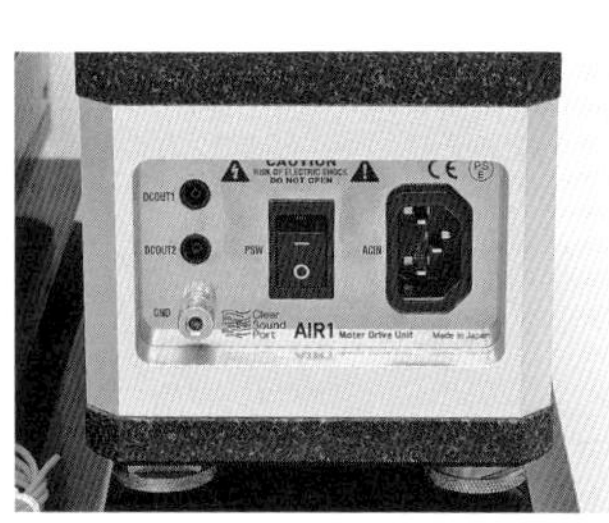

モーター部背面にはACインレット、電源スイッチ、ポンプ用のDC出力×2、アース端子が並ぶ。天板と底板は御影石

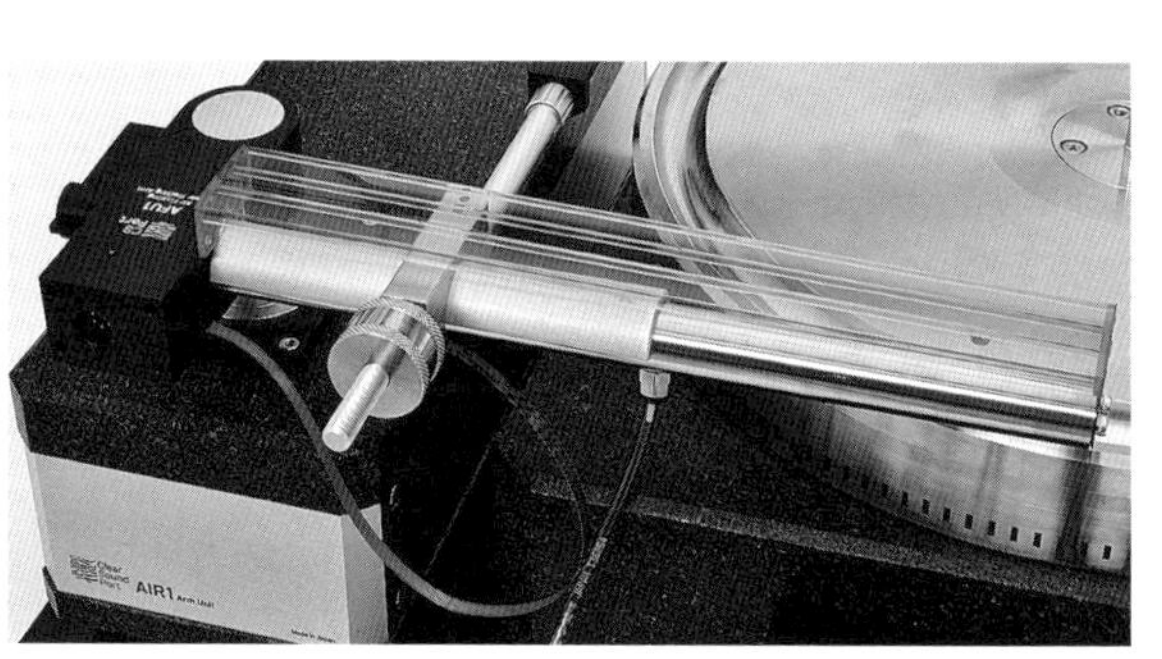

カートリッジの信号はリボンケーブルを介し、アーム基部の5ピン端子から出力される。アームのカウンターウエイトは直読式ではないので、針圧計が必要

Specification
回転数：33・1/3、45rpm
回転精度：±0.3%
回転むら：ワウ0.2%、フラッター0.04%以下
アーム適合カートリッジ重量：20〜40g（シェル含む）
印加針圧：1.5〜5g
寸法・重量：358W×120H×358Dmm・40kg（ベース）
φ344×43Hmm・27kg（プラッター）
130W×150H×358Dmm・8kg（モーター）
130W×120H×358Dmm・12kg（アームベース）

医療機器にも使用可能なエアーポンプを二重防音防振箱に組み込み、静粛な動作を実現。ポンプ排気の脈動は内蔵タンクで平滑し、プラッターとアームに空気の振動が伝わらないようにしている

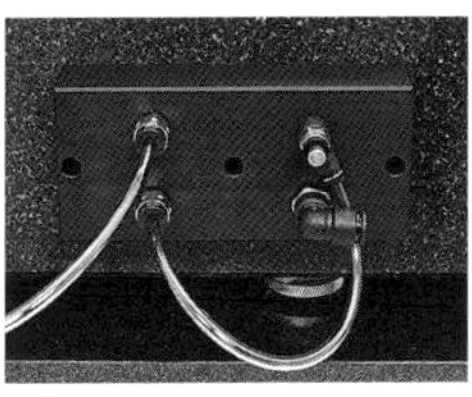

左下のソケットにポンプからのエアーチューブをつなぎ、プラッターとアームに空気を供給する。右上はプラッターとアームの空気量のバランス調整バルブで、左下のソケットにチューブを中継し、左上のチューブでアームに空気を供給する

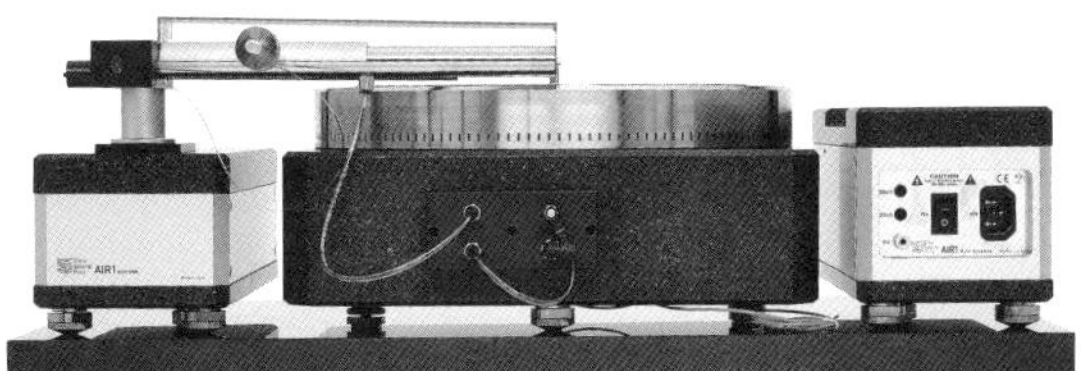

オプションの御影石ベースに載せた状態。各部は3個のステンレス脚部を持ち、水平調整してセットする

SOUND CHECK

『リー・リトナー
／ON THE LINE』
JVC
VIDC-5

弱音部とトゥッティの音量差が拡大

344mm径の大径・重量級プラッターの粛々と回転するさまと、スムーズに内周へ移動するアームの動きに安定度の高さが感じられ、どのディスクを聴いても楽音の背景に静けさが漂い、聴感上で高いS/Nが確保されていることが確認できる。1983年制作のダイレクトディスク『オン・ザ・ライン』を聴くと、従来以上に情報量の高まりが感じられるとともに、鮮度の高いクリーンな響きが得られ、ダイレクトディスクのメリットが十二分に発揮されてくるように思える。ダイレクトディスクならではの長い曲間部分は、正に無音の時が流れる。また超低域成分を含むキックドラムの音像は輪郭が鮮明で、アタック音はスムーズに立ち上がり、正確に制動された。また『ツァラトゥストラはかく語りき』ではデジタル録音45回転盤ならではのDレンジの広さが生かされ、繊細な弱音部とトゥッティの音量差が拡大したように感じられ、冒頭部の超低音の不気味さが増してくる。また大編成オーケストラならではと思える豊かで重厚な響きを聴かせるが、大音量部でも少しも解像度を甘くすることがない。　（小林　貢）

『スイトナー　ベルリン・シュターツカペレ 78年ステレオライブ／ニーダロス大聖堂少女合唱団他』
TOKYO FM
TFMCLP-1043/4

どっしりと重く、密度の高い力強さ

どっしりと重みのある鳴り方である。バロックでも低域の手応えが強い。通奏低音が厚く、重心が深く下がっている感触である。このレコードでこういう感触を味わったことはあまりない。筐体やターンテーブルの重量が効いているように感じる。

ピアノも厚手のタッチが強力に響く。低音部が軽々とはじける感覚とは違って、ずっしりとした質量のある質感が上下左右に広がってゆくようなイメージである。高域の打鍵も強靭だ。

オーケストラは腰の落ちたバランスが、スケールの大きな鳴り方を引き出している。瞬発的な強音でも突き刺すような鋭さではなく、塊で飛んでくるような重さのある力感を感じる。エネルギーの強さが違うという印象である。

コーラスは無理のない出方で、リニアトラッキングのストレスのかからない再現性が作用しているようにも思える。声の肉質感やハーモニーの響きに、密度の高い力強さが備わっているようである。　（井上千岳）

ANALOG AUDIO
アナログオーディオ
Products
Review
No.15

エアーベアリング式ターンテーブル＆リニアトラッキングアーム搭載アナログプレーヤーシステム

Magne

バーグマン

エアーベアリングを活用したアナログプレーヤー

ハイレゾオーディオが普及し始めると、CDやSACDも良い意味で競争するかのように、高品位で楽しめるアルバムが続々と登場するようになった。そして、これに合わせるかのように、アナログレコードの人気が上昇し、現在は空前のアナログブームとなり、中古盤や新譜を求める愛好家は明らかに増えた。同時に、新しいブランドのアナログ関連機器が輸入され、選択の幅が確実に増えていることは、喜ばしいことである。

今回紹介するデンマークのberg-mann（バーグマン）も新進のメーカーで、日本初導入の製品はMagneという、北欧らしいシンプルでスタイリッシュなデザインのレコードプレーヤーである。

このプレーヤーは、写真のようにカッティングマシンを彷彿とさせるリニアトラッキングアームを搭載している。エアーポンプからの空気で、アームとプラッターを浮上させるエアーベアリング方式になっていることが、大きな特徴となっている。

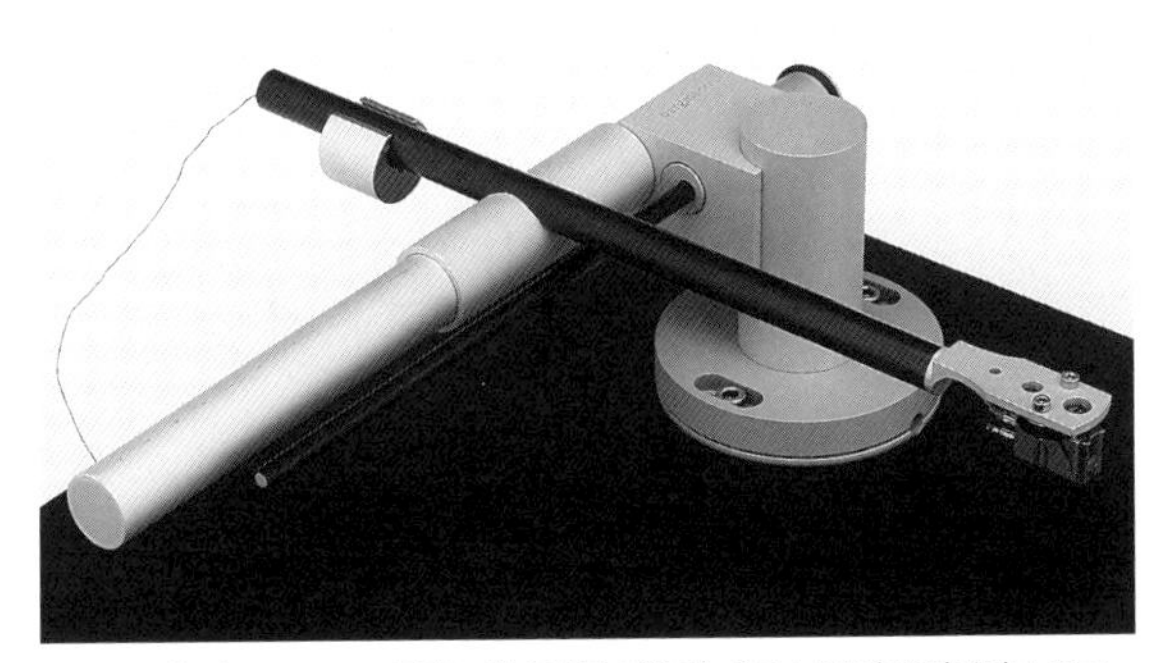

左手前に伸びるシャフトの頂部に微細な孔が並び、そこから空気を吹き出してアームを浮上させるしくみ

細部を紹介する。まず黒色の本体は、HDF材（高圧縮された木質繊維板）で、高さ調整可能な強固なアルミ製脚部による3点支持である。中央には、サブプラッターと同径の軸受けを配置する、円形アルミベースが組み込まれている。このベースの中央から少し離れたところに小さな孔があり、エアーポンプから送り出された圧縮空気をここから噴出させて、サブプラッターを浮かせる仕組みである。1.5kgのサブプラッターの上に5.5kgのメインプラッターを載せる、重量級のアルミ製二重プラッター方式である。その上

にポリカーボネート製ターンテーブルシートを載せ、付属のアルミ製スタビライザーも使用できる。これにより、ハウリングや微細振動を十分抑制することができる。

本機はベルトドライブ方式で、DCサーボモーターの微細な振動を伝えないように、HDF材の筐体内部にモーターが配置されている。モーター駆動は、外付けのACアダプターで行う。

リニアトラッキングのアームパイプはカーボンファイバー製で、直付けシェルとウエイトはアルミ製。アームを支持・移動させるアームサポート部やアーム全体を支えるベース部もアルミ製である。アームの内部配線には高品位なリッツ銅線が使用され、RCA端子で出力される。

シンプルな方法でリニアトラッキングを実現

実際にアームはどのように移動するかというと、アームサポートの上部に18個の小さな孔が横に並び、エアーポンプから送り出される圧縮空気が噴出してアームを浮上させ非接触となり、カートリッジ針先がレコードの音溝に引かれる力だけで、滑らかに内周に移動する仕組みになっている。

ベース部の上面の2つのビスを調整すると前後移動と左右の傾きが調整でき、側面のビスで高さが調整できる。アームリフターも実に良くできている。右端に円形のツマミがあり、その中心からオフセットした位置に黒色のアルミ棒を配置。指でツマミを手前に回すと、アルミ棒がオフセットされているので、アームが下がる。逆に回すとアームが上がる仕組みである。自分の指の力加減でアームを動作できることに好感が持てる。この方式では、アームを指で横にスライドしてから針を降ろせるので、内周のトラックの再生位置も、簡単に決めることができるのが良い。

外付けのエアーポンプユニットからは、1本のチューブで本体に空気が送出され、内部で軸受け用とアーム用に空気が分岐される。それぞれの空気圧は、本体後部のトリマーで調整できる。実際にプラッターは、いくらも浮かず、数十μmほど浮くとのことであるが、その回転は実に静かで滑らかである。トーンアームの動作もエアーベアリングの効果により実にスムーズで、精密感を覚える。

筐体の右手前に2つの33、45回転の切り換えスイッチがあり、その上の2つの小さなスイッチで、ピッチの調整が可能である。

本機はRCA出力仕様であるが、その他にXLRやDIN出力端子を注文時に指定できる。

（角田郁雄）

アームベース部分のネジで前後と水平の調整を行う。手前のノブはアームリフター操作用。シャフトに空気を供給するチューブがプレーヤーボードから延びている。信号線は細いリッツ線

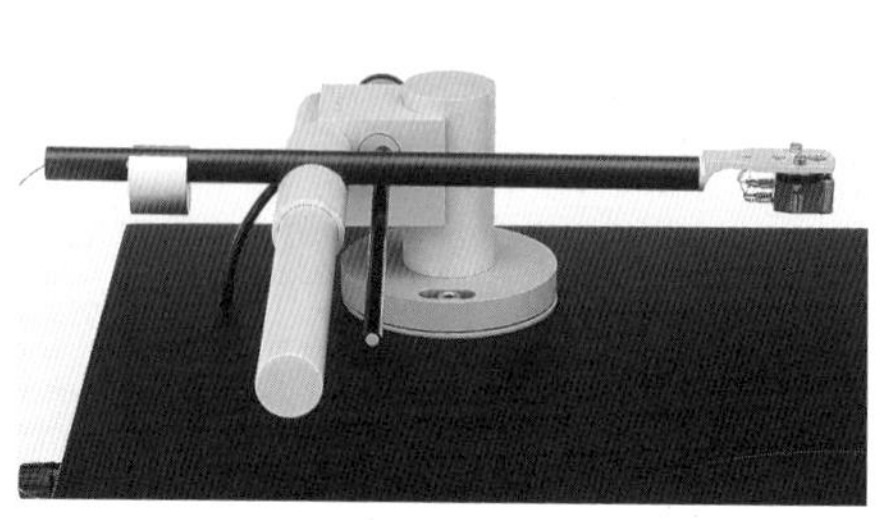

アームはカーボンファイバー製で、シェルは固定式、カウンターウエイトを移動してゼロバランスを取り、針圧を加えるスタティックバランス型。手前に伸びる黒く細いシャフトはアームリフター

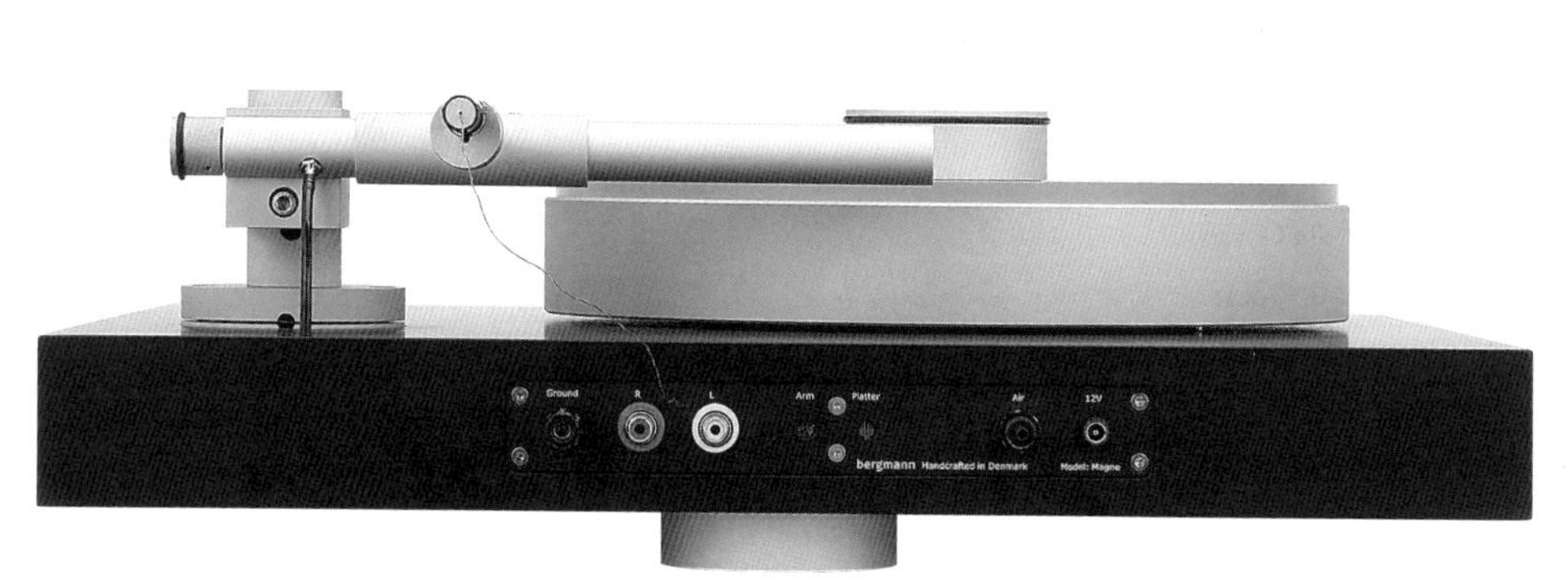

アーム後部のネジは高さ調整用。アーム信号線はいったんプレーヤーボードの中に入ってRCA端子に結ばれている。その右にアームとプラッターへの空気量を調整するバルブ、エアーチューブを取り付けるソケット、DC電源端子が並ぶ。後部の脚は中央に1個だけ配置

Specification
トーンアーム有効質量：11g
メインプラッター重量：5.5kg
サブプラッター重量：1.5kg
寸法・重量：495W×165H×440Dmm・18.5kg
エアーサプライユニット寸法：150W×160H×330Dmm
エアーサプライユニット重量：8kg

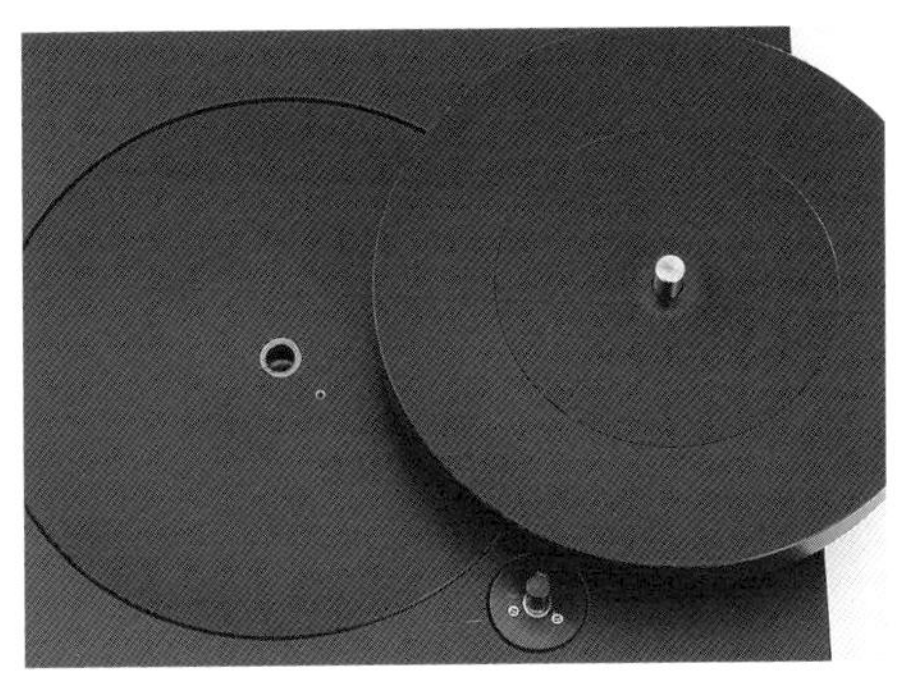
サブプラッターの下のベース中央脇にある小孔から空気を吹き出してサブプラッターを浮上させるしくみ

プレーヤー本体の電源はモーター用で、ACアダプター式

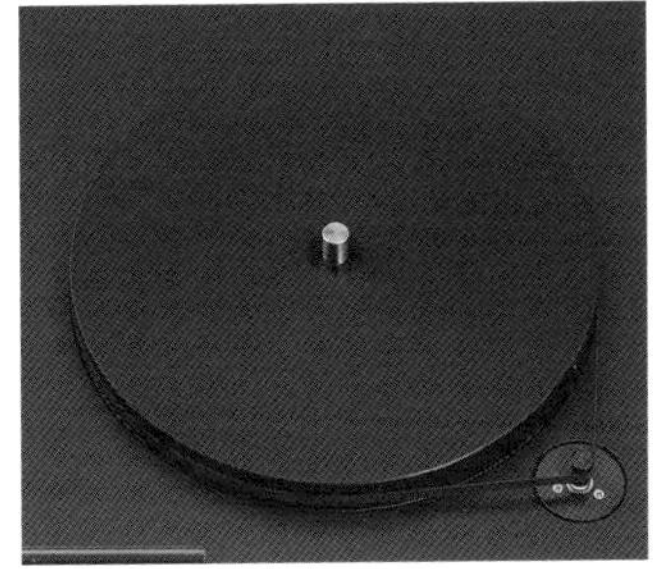
メインプラッターを外すと現れるサブプラッターにベルトをかけてモーターで駆動する

SOUND CHECK

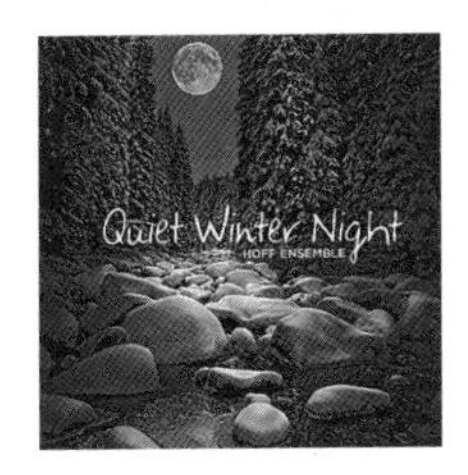

『クワイエット・ウインター・ナイト／ホフ・アンサンブル』
2L
2L-087-LP 180g重量盤

録音したその場にワープした感じ

試聴では、カートリッジにマイソニックUltraEminent BC、フォノイコライザーにアキュフェーズC-37を使用した。

本機の大きな特徴は、レコードに内包するすべての音を引き出すような高解像度な再生力と、リアルな空間再現性である。試聴LPは、中央にヴォーカルが定位し、その周りをトランペット、ドラムス、パーカション、ベース、ピアノ、ギターなどが囲むように録音した穏やかな曲であるが、歌い手と奏者の距離感がわかるくらいの立体空間が再現された。また鈴、タンバリンの繊細な響きが空間に舞い、その弱音、余韻が実に美しい。トランペットの響きが、奥から前方へと横切るようすまでも感じさせる。鮮やかで豊かな倍音再現も特徴で、マイルス・デイヴィスのジャズでは、トランペットとサックスの鮮度の高い、鮮やかな響きが聴け、ダイナミックなドラムスが、浮き上がるように再現される。隠れがちなベースやピアノの音もクローズアップされる。その瑞々しい音ゆえに、録音したその場にワープした感じがする。これは、弱音から強音までのダイナミックレンジの広さも有するからである。（角田郁雄）

アルミケース外装のエアーポンプ。動作音は小さく抑えられていて、触れれば振動が伝わる程度

ポンプのリアパネル側。左下に空気取り入れ部があり、フィルターが取り付けられている。右下は空気排出ソケット。中央上に電源スイッチとACインレットがある

ベルトドライブ方式ターンテーブル S字アーム搭載アナログプレーヤー

PD-171A

ラックスマン

アーム交換可能な構成

　ラックスマンが28年ぶりにアナログプレーヤーPD-171を発売したのが2011年。その後ユーザーからの強い要望に応えて、アームレスタイプのPD-171ALが2013年に発売になった。本機はそのアームレスタイプにトーンアームを再び搭載したモデルで、PD-171の後継機となる。

　PD-171ALは、単にアームレスとしただけではない。本体にもさまざまなブラッシュアップが加えられているし、サイズもやや変化した。その成果を今度は使いやすいアーム付きに活用したわけだ。

　現代アナログの泣き所はトーンアームにある。製品自体が少ないうえに、価格も非常に高騰してしまった。このためユーザーの選択肢はきわめて限られてしまい、メーカーはプレーヤーに専用のトーンアームを搭載するようになったのである。

　一方で古くからのファンは往年の優れたトーンアームを所有していることも多

く、また中古市場で購入する向きもある。しかし現状ではこれらの名品を現代のプレーヤーに装着することは難しく、そこでラックスマンのプレーヤーに要望が殺到したのではないかと推測される。PD-171ALの発売には、こうした経緯があったと思われる。

　このプレーヤーにはSME、オルトフォン、サエク、FRのトーンアームに対応するベースが用意され、これに伴って

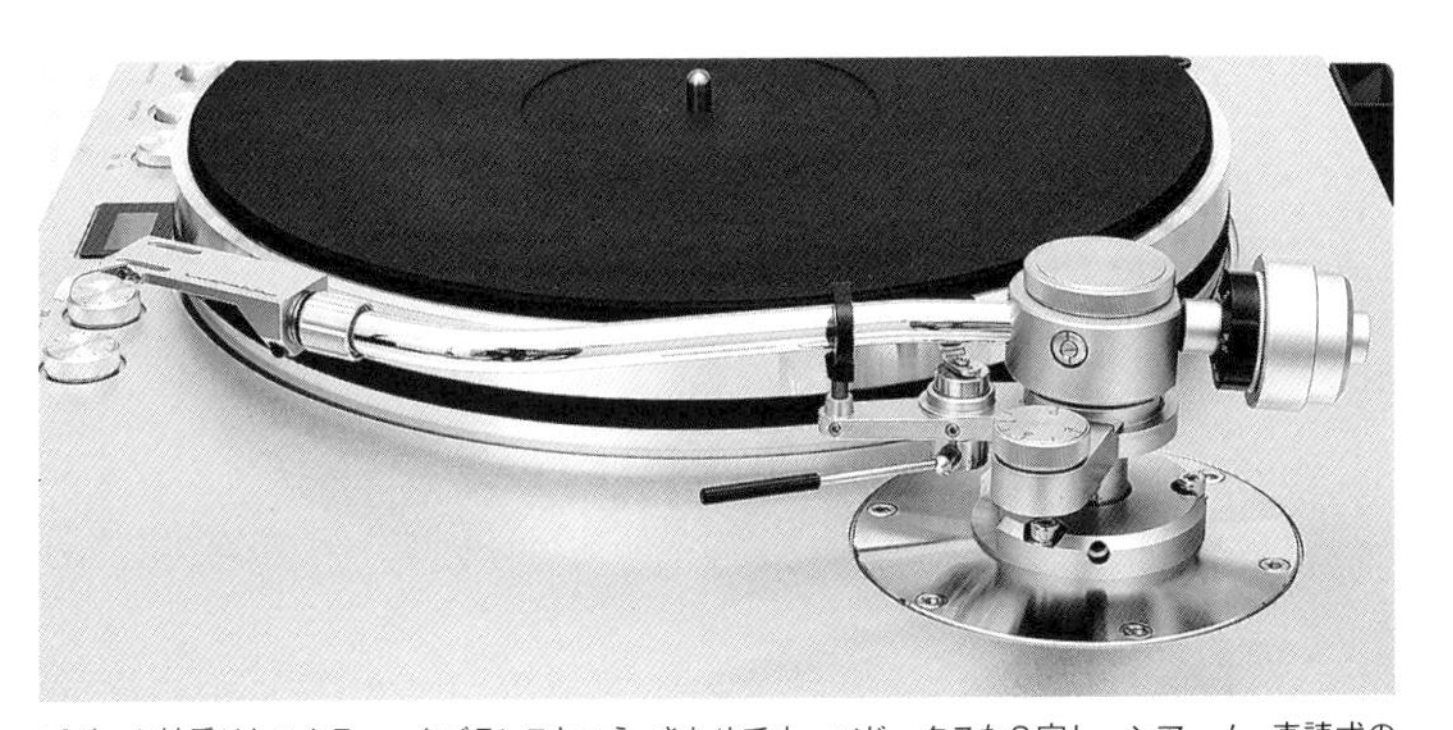

ピボット軸受けとスタティックバランスという、きわめてオーソドックスなS字トーンアーム。直読式のバランスウエイト、針圧直読式のインサイドフォースキャンセラー、オイルダンプ式のリフターを備える

横幅が少し伸びた。本機PD-171Aは、このサイズをそのまま踏襲している。

マイコン制御水晶発振による ACモーター駆動

PD-171シリーズの基本的な特徴は、電気的な部分と機械的な部分で2つある。

電気的なものというのは駆動モーター回りで、駆動方式自体はベルトドライブ。そのモーターに対する電源として、オーディオの技術を応用したアンプ構成を採用している。32ビットマイコンによる高精度クロック制御ジェネレーター回路を内蔵し、クォーツ発振アンプとしてACシンクロナスモーターをドライブする仕組みである。サーボとは異なるので、注意しておく必要がある。この駆動部に新たな高トルクACモーターを開発したのが、改良ポイントのひとつである。

これに関連して記しておくと、ターンテーブルはアルミ削り出しで重量は5.0kgである。スピンドルはφ16㎜でボールベアリング式。軸受けにはPEEK(ポリエーテルエーテルケトン)を使用し、耐摩耗性と耐荷重性を確保している。

高剛性アルミシャシーにすべてのパーツを取り付け

こうした高剛性設計の基礎となるのがアルミ製のメインシャシーで、これが機械的部分の特徴だ。

シャシーの厚みは15㎜で、アルミ削り出しである。それだけでも相当な重さで、ハウリングマージンを大幅に高めているのは明らかだが、さらに主要部品はここから吊り下げている。これによって剛性を保ちながら振動を抑制することが可能である。また電源トランスとモーターはフローティングとして、振動が伝わるのを防いでいる。さらにこのシャシーからは底部のインシュレーターに直結し、外部へ振動を逃がす構造である。木製部分は外装だが、これも金属シャシーとの相乗効果で振動排除に貢献している。

トーンアームはS字のスタティックバランス型で、ピボット軸受けを使用したクロスサスペンションとなっている。またマグネシウム合金製のヘッドシェルが付属する。トーンアームの出力は5ピンDIN端子で、これに対応したフォノケーブルも標準装備されている。カウンターウエイトは標準品のほか、重量級タイプも別売される。

このトーンアームは専用のアームベースに取り付けられているが、このベースを交換すれば別のトーンアームを取り付けることもできる。ベースのラインアップはPD-171ALと同じである。

このほか電源端子はインレット式で、同社のJPA-10000が付属する。もちろん交換も可能。ターンテーブルシートはゴム製である。

(井上千岳)

厚さ15mmのアルミ板をシャシーに使用し、ベルトドライブ方式のターンテーブルと、S字トーンアームを使用したオーソドックスなデザイン

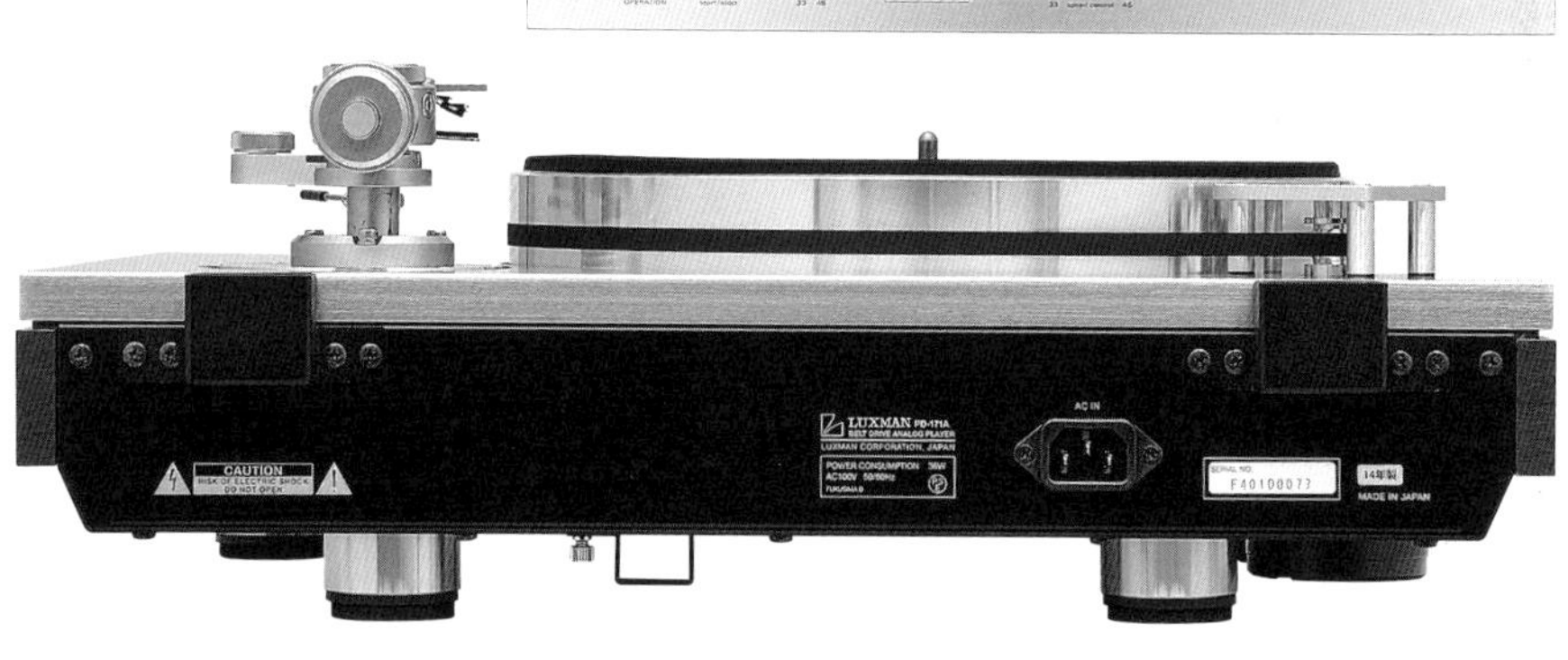

背面にIEC3ピン式のACインレットを備える。モーターが向かって右端にあるため、後ろ側の脚部は内側に寄せられている

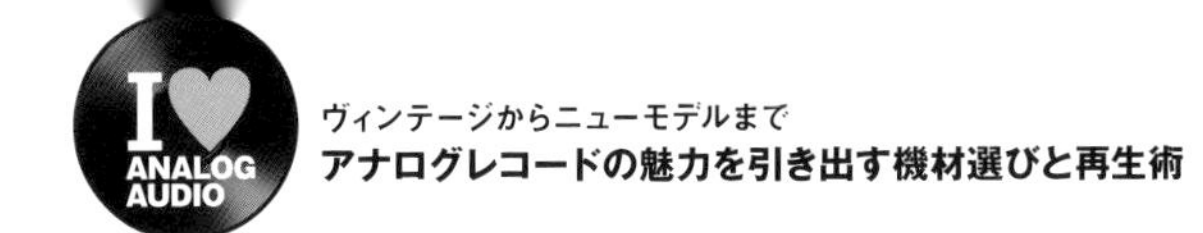

Specification
［ターンテーブル］
回転数：33·1/3、45rpm±5%
ワウ&フラッター：0.04%以下（W.R.M.S.）
［トーンアーム］
実効長（有効長）：229mm（214mm）
オーバーハング：15mm
トラッキングエラー：+1.9°〜−1.1°
適合カートリッジ重量：4〜12g（別売ヘビーウエイト時：9〜19g）
［総合］
出力電圧：2.5mV±3dB
適正針圧：3.5g±0.5g
重量：5.0g
ヘッドシェル重量：10g
［総合］
寸法・重量：492W×140H（ダストカバー閉時195mm）×407Dmm・25.4kg

LEDによる針先照明は、RCA端子が基部にあって取り外し可能

モーターは電子制御、ベルトはターンテーブル最外周を駆動する

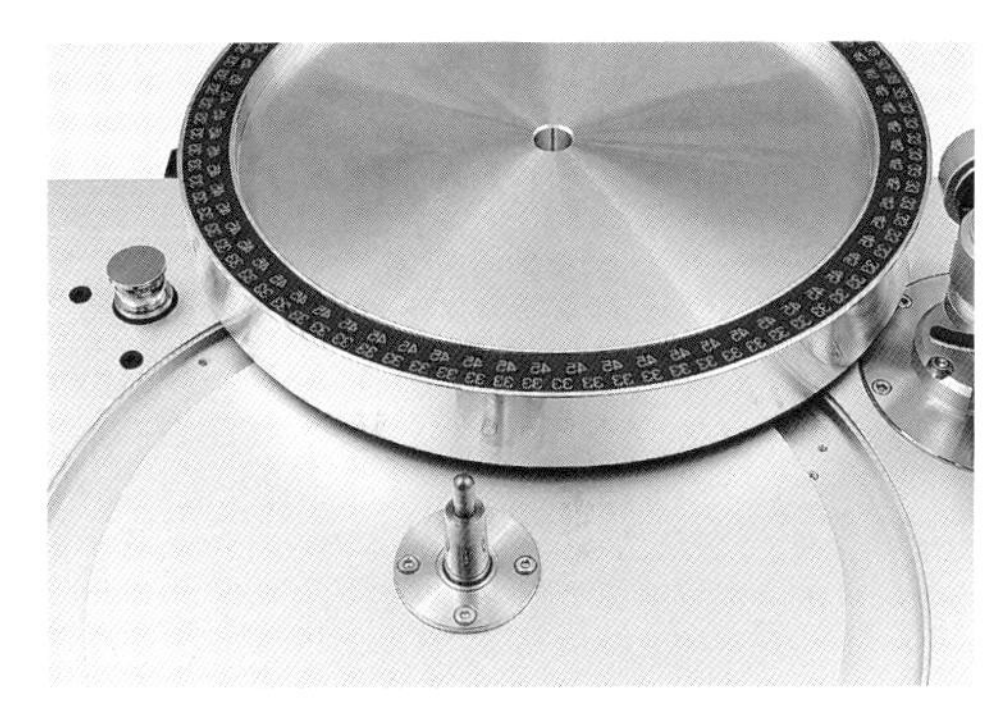
重量5kgのアルミ製ターンテーブルの裏側は切削部分が少ないうえ、シャシーとの隙間も小さくされている。裏側の数字はストロボスコープ。中心軸は直径16mmと大きい

SOUND CHECK

『シューベルト
／4つの即興曲作品90/142』
ヴァンガード
SR5117

レンジが広く実体感に富んだ音調

静かで非常に安定した鳴り方だ。背景ノイズが大変低く、この点で旧モデルから明らかな改善が感じられる。また高低両端での安定感が増したのも確かで、それが再現の骨格をくっきりしたものにしている。肉付きの厚みもある。それらが全体として実体感に富んだ音調を作り上げているのだと言える。

ピアノはレンジが広い。高域の端から低音部まで質感に隙がなく、粒立ちが整って芯が厚い。余韻も繊細に引き出して、ニュアンスが多彩に描かれる。バロックでも楽器それぞれの外形が明快だが、弾力があって手触りが瑞々しい印象である。決して力任せではないが、強弱の凹凸が深いため陰影が濃い。

オーケストラでは彫りの深さがいっそう強く発揮される。立ち上がりの瞬発力が強靭でダイナミズムの幅が広く、音楽の起伏が非常に鮮やかに再現される。ピントがはっきりと合って、空間的な位置感や存在感が明瞭だ。コーラスも奥行きが深く、響きに汚れがなく、壮麗な力強さが頼もしい。　（井上千岳）

インピーダンス完全マッチング MC昇圧トランス

MT-1

アライラボ

Specification
昇圧比：23.68（27.5dB）
周波数特性：4Hz～100kHz±0dB
寸法・重量：200W×160H×130Dmm・約5kg

試聴に使用したカートリッジ

内部インピーダンス5Ω
オルトフォン
Cadenza Black

内部インピーダンス2Ω
オルトフォン
SPU Synergy

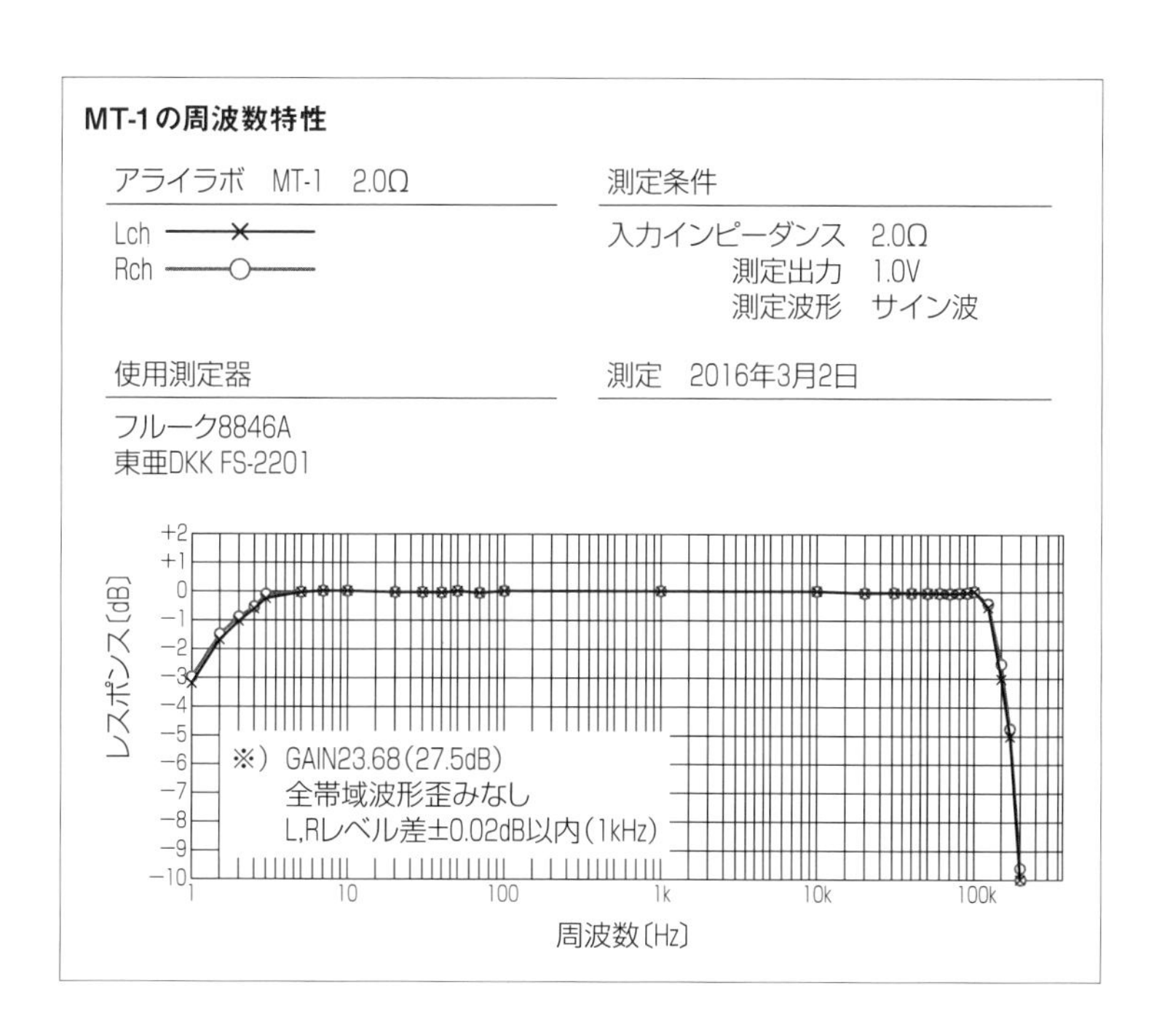

手間をかけた ハンドメイドのトランス

アナログには数値や数式で一元的に決められない部分があって、それが逆に魅力にもなっている。MCカートリッジの負荷インピーダンスもそのひとつで、大雑把な考え方はあるものの、こうでなければならないという公式はこれまで存在していない。

しかも昇圧トランスとヘッドアンプでは事情が異なり、トランスの場合は10倍程度、ヘッドアンプでは１００倍程度というのが定説であった。トランスではカートリッジの発電コイルと直列になるが、ヘッドアンプでは並列であり、しかも単なる抵抗であるという点で異なるわけである。

ただ一般には、カートリッジの内部インピーダンスとトランス１次巻線のそれを同じにすると伝送効率が最もよくなるとされている。しかし同時にカートリッジに対する制動は最大となり、出力電圧は半分になる。このため、カートリッジのインピーダンスよりも少し高め（低くてはいけない）で受けるのがよしとされてきた。それがトランスで10倍、ヘッドアンプで１００倍という目安になってきたと考えられる。

ここで紹介するアライラボは、カートリッジと昇圧トランスのインピーダンスを厳密に一致させることが重要だと言う。これによって周波数特性が最も平坦に維持され、カートリッジの特性を最大限に引き出すことが可能だとする。このため、使用カートリッジに合わせて１台ずつ個別に設計を行い、完全受注生産としている。

主宰者はもともと大手企業の技術者で、独立して長く真空管アンプの製造を続けてきたそうだ。このトランスは、巻線からすべてハンドメイドで作られている。

コアは日立金属のファインメットによるカットコア。この切断面を鏡面研磨して使用しているため、ギャップがまったくないという。また、２次巻線にはＰＣ-Ｔｒｉｐｌｅ Ｃが使われている。なお１次側はカートリッジによって巻線の太さが変わるので、一般的な銅線としているようだ。

巻き終わったコイルはエポキシを含浸させるが、特製の真空チャンバーに入れて２週間かけて硬化させる。こうしないと中に空気が残り、所定の特性が得られないという。また、このため生産できるのは、ひと月に２台程度と限られているそうだ。

ケースとシャシーはジュラルミン製で、ブロックから切削加工を施している。また底板は真鍮製で、これも切削加工だという。さらに脚部はステンレス製で、底面に制振材ｆｏ・Ｑを貼っている。（井上千岳）

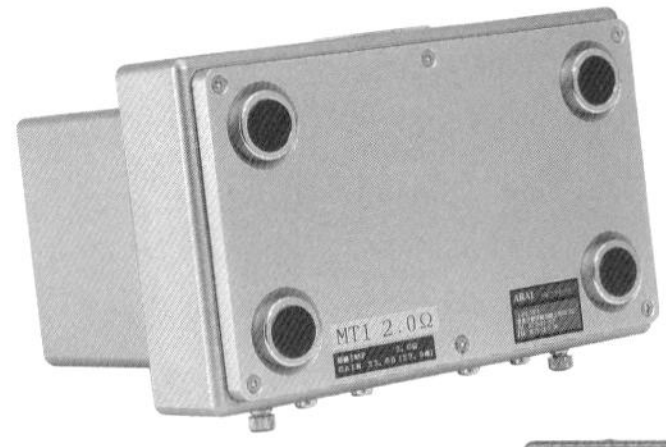

底板は真鍮製、脚部はステンレス製で、接地面にfo.Qを貼っている

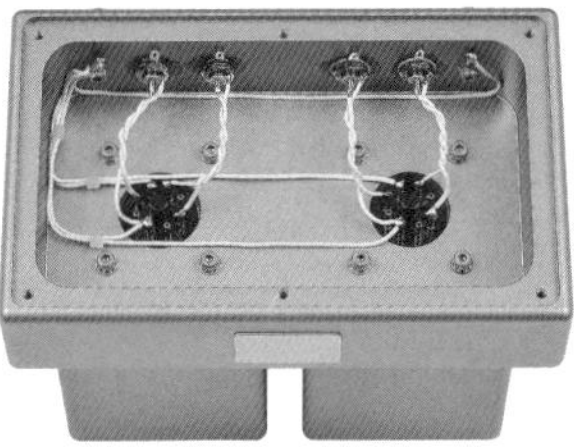

シャシーはジュラルミン切削加工。シャシー内配線は特別凝った材料ではない

入出力端子はトランスごとに最短距離で配置されている

SOUND CHECK

『バッハ／ヴァイオリン&オーボエ協奏曲ほか』
ハルモニアムンディ
HMLP 12.509

インピーダンスマッチングの絶大な効果

特性が示すように、ワイドレンジで大変平坦なレスポンスを備えた音調である。特にカートリッジとインピーダンスを揃えたときには、古典的なカートリッジから滑らかで凹凸のない音の出方が得られたのには驚かされた。それまでのイメージとは大きく違った再現性であったと言っていい。ピアノは透明度が高く、高域の強いタッチでも歪みっぽく濁ることがない。またバロックでは楽器どうしの分離が明瞭で、それぞれの位置感がわかりやすく聴こえる。オーケストラは低域のエネルギーが高く、奥行きの深い空間に各楽器が点在しているようすが見えるような印象だ。

オルトフォンCadenza Blackに替えてみると、わずかなインピーダンスのずれが音質に大きく関わってくるのがわかる。マッチングが悪いとレンジが狭まり、エネルギーが圧縮されたような感触になる。それがインピーダンスマッチングの効果ということだ。アナログ再生に一石を投じる製品である。 （井上千岳）

『リー・リトナー／ON THE LINE』
JVC
VIDC-5

トランスのイメージを打ち破る

低インピーダンス型MCカートリッジの性能をフルに引き出すべく開発された製品で、今回は2Ωのオルトフォン SPU Synergyで試聴した。本機を使用すると、従来から抱いていたナローレンジで古典的な音というSPUのイメージを払拭する、現代的な高精度なサウンドが聴ける。汎用品のヘッドアンプから本機に替えると、超ワイドでフラットな周波数レンジが得られると同時に、S/Nも格段に向上する。従来から抱いていたトランスのイメージを打ち破るレンジの広さに驚かされる。またSPUは、どちらかというと低音楽器など量感はあるものの反応が甘いと感じてきたが、本機では『オン・ザ・ライン』のようなフュージョン系キックドラムなどもスピーディに立ち上がり、正確に制動された。そして鮮度の高さ、豊富な情報量などダイレクトディスクならではのメリットが最大限に生きてくる印象だ。破格の価格ではあるが、その秀逸なサウンドと投入された高品位なパーツや作りを考えると、納得できる価格設定と思える。 （小林　貢）

ウッドケース入りMC昇圧トランス

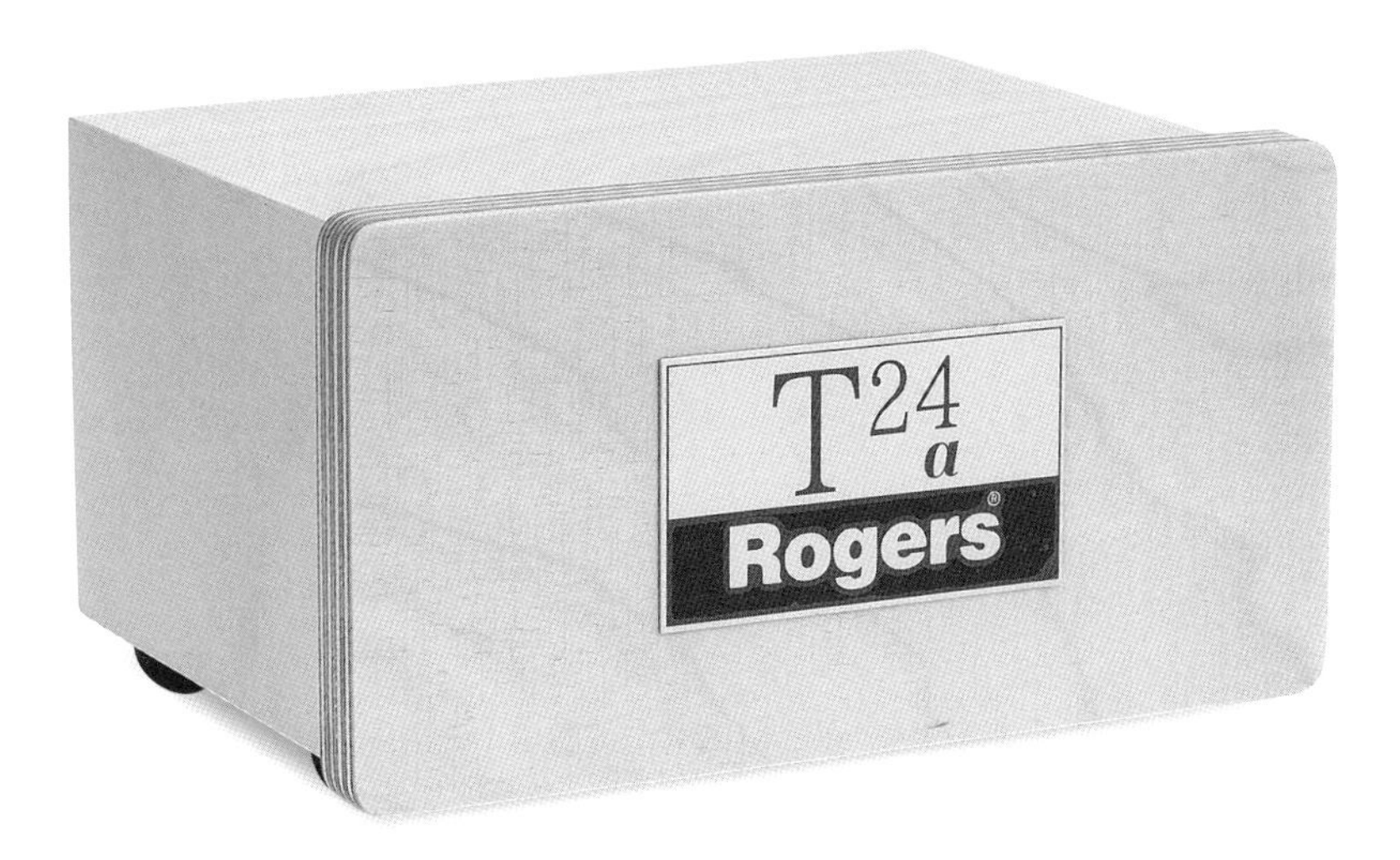

T-24a

ロジャース

Specification

昇圧比：24dB
対応カートリッジインピーダンス：2Ω（LOW）、40Ω（HIGH）
寸法・重量：155W×80H×125Dmm・約900g

ロジャースからウッドケース入りMC昇圧トランスT-24aが登場した。巻数比は1：24、対応インピーダンスはLow出力が2Ω、High出力が40Ωで、ウエスタンエレクトリック製品に用いられていた線材を使用したフォノケーブルと、アイソクリーンパワー製ショートピンが付属している。

図はトランスの結線図で、DC抵抗によるロスを減らすため1次コイルにφ0.78㎜、2次コイルにはφ0.3㎜という太い線を投入。1次と2次コイルはそれぞれ4分割して平衡巻きにし、明確なインピーダンス中点を出してそこにアース端子を接続。トランスは徹底した平衡巻きによりコアの漏れ磁束が互いに打ち消し合って外に漏れず、外部磁束の影響も相殺して受け難くなるため、電磁シールドが不要とのことだ。このため筐体にはロシア製バーチ合板のウッドケースを用い、大型パーマロイコアを用いたトランスエレメントは裸のまま綿で包んでケースに収納されている。2次のシャント抵抗にはデール5W無誘導巻線抵抗NS-5の8・2kΩと1・2kΩが図のように接続され、低インピーダンスMC使用時はHigh出力にショートピンを挿してLow出力を使用し、数Ω以上のMC使用時はLow出力にショートピンを挿してHigh出力を使用。つまり、ショートピンで2次側抵抗を切り換えるのだ。

試聴は、MCカートリッジにはインピーダンス9ΩのシェルターMODEL7000を用いて本機のHigh出力を使用した。イコライザーアンプにはアキュフェーズC-37を47kΩ受けハイゲインモードで使用した。クッキリ鮮明なハイレゾサウンドで凄まじい躍動感。熱気溢れるパワフルで伸び伸びした演奏で、ヴォーカルや弦楽器は艶やかで表情が豊か。山が高くて谷が深くなるため動的なS/N感は優れている。シールドケースで覆われた既存のトランス群とは次元の異なる開放感と鳴りっぷりに魅了された。

（柴崎　功）

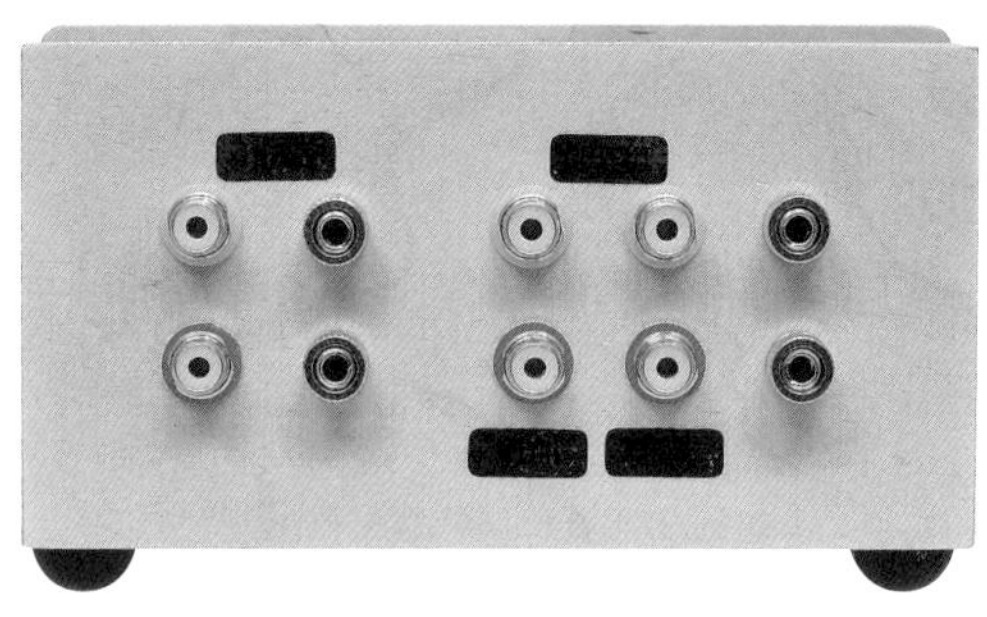

入出力すべてに独立したアース端子を配しているが、基本的には使用しなくてよい。RCA端子はモガミ電線7552

トランスはケース内で綿にくるまれていて、シールドは使用されていない。2次巻線の抵抗器はヒアリングで品種と容量を決定している

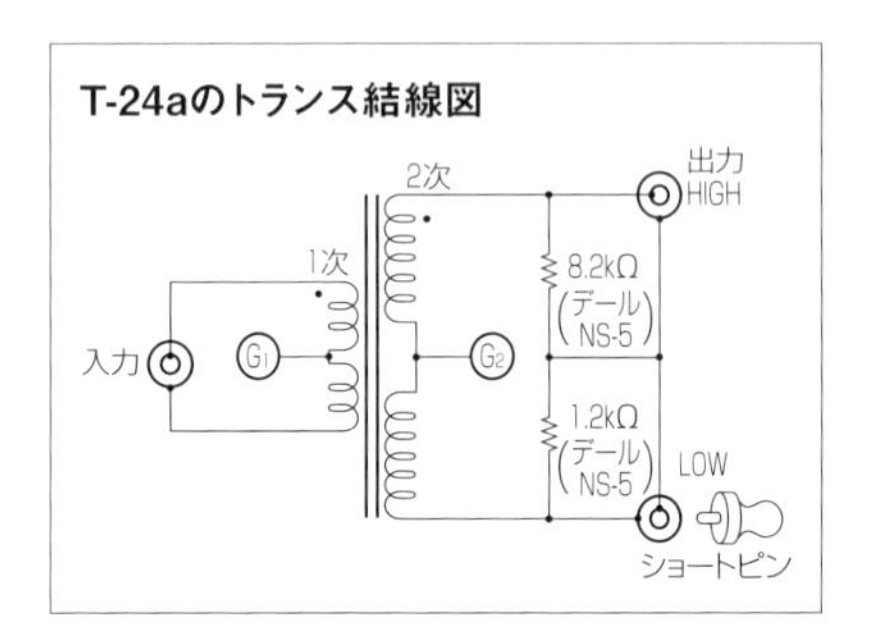

ウエスタンエレクトリックのトランスに用いられていた線材を使用したフォノケーブルが付属する

MM／MC対応フォノイコライザー

Phono EQ.2

オクターブ

初期製品よりフォノを重視

オクターブの前身ホフマン・トランスフォーマーは、現主宰者アンドレアス・ホフマン氏の父親が創業したトランスメーカーで、1968年に設立されている。現在でもそうだがアンプに使うトランスはすべて自社製で、PMZという特殊な形状のコアにコイルを巻いたものだ。このコアはスイスのあるメーカーでしか作れないものだという。このトランス技術が、同社の強いバックボーンとなっているのは間違いのないところである。

現オクターブとして最初の製品は、1986年に発売されたプリアンプHP500である。このデビューモデルはHP500SEとして、現在も発売されている。驚くほどのロングセラーである。

このHP500にもフォノイコライザーが内蔵されている。創立当初からアナログレコードは同社の主要なソースだったわけで、アンドレアス氏も試聴の際にはレコードを使うのだと言っていたことがある。それは現在も変わっていないようだ。

これ以後のプリアンプおよびプリメインアンプには、大体フォノイコライザーが搭載されている。オプションで後付けする場合はモジュールとなるが、このフォノモジュールが多彩なのも同社の特徴だ。

このモジュールを最大限に活用して作られたのが、その名もPhonomoduleというフォノイコライザーである。

オクターブは真空管アンプメーカーとして知られているが、必ずしも真空管だけにこだわっているわけではない。優れた増幅素子として真空管を使用し、これを活用するために周辺回路を半導体で構成するということを当初からのポリシーとしてきた。だから電源部はダイオード整流の半導体定電圧回路である。

フォノイコライザーの場合も同じで、特に低出力のMC型カートリッジに対しては、直接真空管入力で受けることはしていない。出力が低すぎるため、トランスで昇圧しないかぎり真空管入力ではノイズが多すぎるという考え方である。

そこでPhonomoduleでは、RI

AA補正や増幅回路を真空管式としながら、半導体の入力回路をモジュールとして数個組み合わせることができるようにした。半導体のMM用、MC用、トランス式MC用、さらに出力用など、モジュールの組み合わせで好きな形のフォノイコライザーができあがる仕組みである。

半導体による コンパクトで本格的内容

さて、話が遠回りになったが、本機Phono EQ-2はこのモジュール式をベースとした単体のフォノイコライザーと考えることができる。

Phonomoduleは真空管式のハイエンド機で、価格も相応と言っていい。その音質を引き継ぎつつ、もっと手軽なフォノイコライザーとして開発されたのが本機である。

サイズは大変コンパクトで、幅10㎝、奥行16.7㎝、片手に乗せられるくらいのもので重量も800gしかないが、持ってみると意外にずっしりした手応えがある。これは外側をアルミケースで覆っているためで、外部からの電磁ノイズを遮断する意味がある。電源ボックスなどでもそうだが、オールアルミのケースというのは外来ノイズに対してかなりの効果があるものだ。

また、電源は別筐体となっている。これも無理に一体化するより外部へ出したほうがS/Nの点で有利なことは確かで、フォノ信号の微弱性に対する配慮と考えてよさそうだ。

MCはきめ細かく設定可能

入力は2系統備えている。つまり、ダブルアームのプレーヤーに対応できるということで、単なるエントリーモデルではなく、ハイエンドでの使用も視野に入れた製品であることがわかる。MMとMCの切り換えは、端子のそばにあるスイッチで行う。なお、出力はRCAのみである。

回路は真空管式ではなく、半導体である。先に述べたモジュールの場合は入力だけであったが、本機は出力まで含んでいるから真空管や昇圧トランスの入る余地はない。その代わり設定機能は細かく、底部に2種類のディップスイッチがあって、MCのゲインと負荷インピーダンスが選択できる。ゲインは4段階、インピーダンスは13段階あり、選択の幅が広い。MMは47kΩ固定であるが、そのS/Nの高さとTHDの低さが目をひく。また、サブソニックフィルターも備えている。

（井上千岳）

アルミケース内部は一枚基板構成で、フロントパネル側に電源平滑コンデンサー、写真右上がMCヘッドアンプで、オペアンプIC近くに抵抗器が並ぶ。中央左がフォノEQ。オペアンプICの印刷は削り取られているが、リニアテクノロジー製と推測できる。大きなカップリングコンデンサーが見当たらないので、直結アンプかもしれない

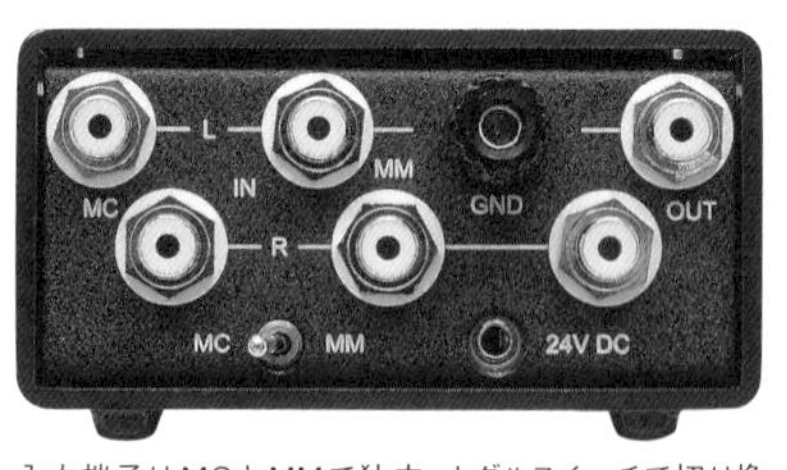

入力端子はMCとMMで独立、トグルスイッチで切り換える。電源はDC24Vを要する

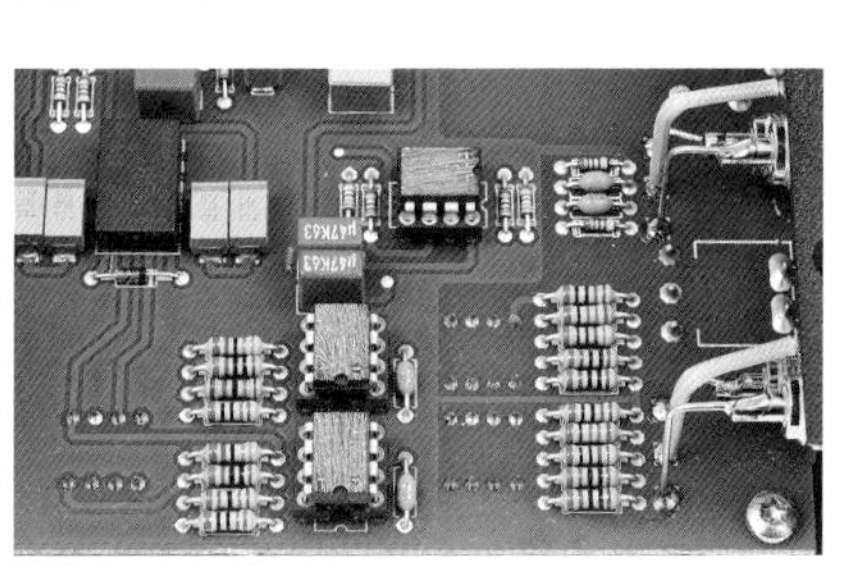

MCヘッドアンプには、ゲインおよびMCカートリッジ負荷抵抗調整のための抵抗器とディップスイッチがある

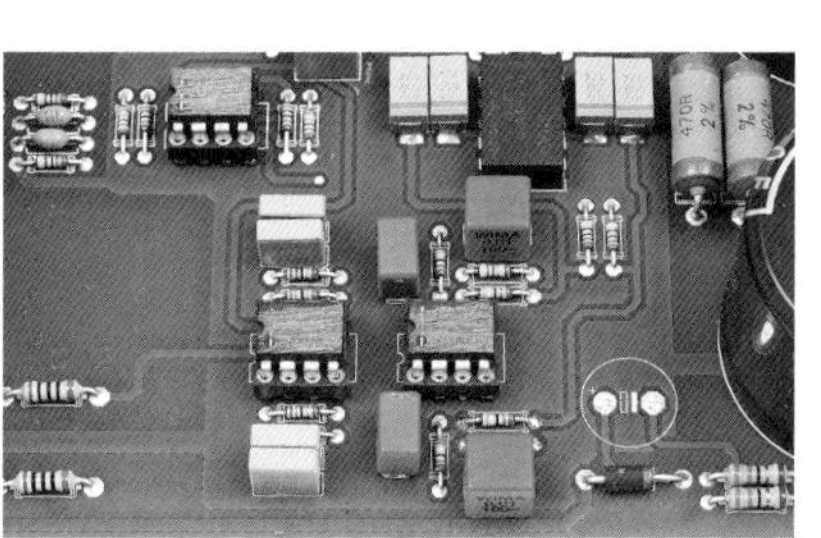

NF型フォノイコライザーをオペアンプICで構成。写真左上のオペアンプICはDCサーボ回路であろうか

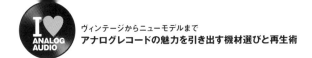

Specification

RIAA偏差：±0.25dB（25Hz〜20kHz）
入力感度：4mV（MM）、100μV〜1mV（MC）
ゲイン：50dB（MM）、58、62、68、72dBより選択（MC）
入力容量：220pF（MM）
入力インピーダンス：47kΩ（MM）、62、66、75、97、125、146、170、200、250、340、500、1000Ωより選択（MC）
最大入力：19mV（MM、1kHz）、2.3mV（MC、1kHz）
出力インピーダンス：100Ω
残留雑音：−90dB（MM）、−74dB（MCゲイン72dB、入力ショート）、−86dB（MCゲイン58dB、入力ショート）
全高調波歪率：0.008％、5.4V_{rms}出力
寸法・重量：100W×55H×167Dmm・0.8kg（本体）

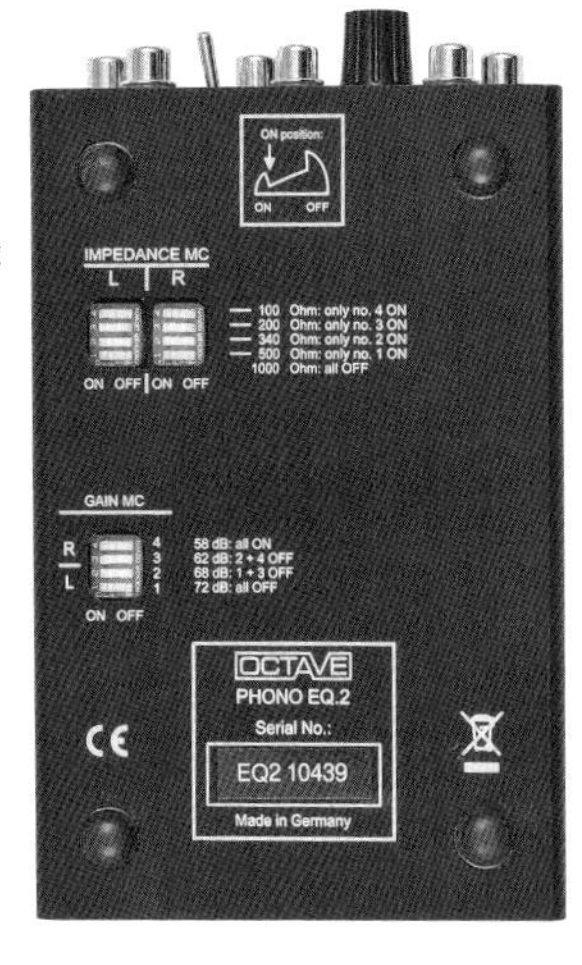

底面のディップスイッチでゲインとMCカートリッジ負荷抵抗を設定する。脚は半球状の小さなゴム製

電源部はACアダプターで、入力電圧が100〜240V対応のため、スイッチング式と思われる。コード先端はミニプラグ仕様

SOUND CHECK

『バッハ／ヴァイオリン＆オーボエ協奏曲ほか』
ハルモニアムンディ
HMLP 12.509

音楽の陰影が色濃く感じられる

肉質感の高い音調で、低域が太さと強さを持ち、緻密な再現性を備えている。また立ち上がりが速いのも特徴的だが、同時に起伏の幅が広く、伸びやかなダイナミズムを得ていることにも注目したい。

バロックは鮮度が高く、各楽器の輪郭が明快で彫りが深い。低音弦が弾力的で、ふわりとした厚みが乗っているため、しなやかな感触がある。独奏のヴァイオリンやオーボエは音色の変化がていねいに拾い上げられ、音場の出方にも実体感がある。

ピアノはレスポンスの範囲が広く、低音部の底のほうまで沈んでがっしりした響きを引き出している。把握力の強い鳴り方で、このため崩れがまったく感じられない。フォルテの峻烈なタッチも印象的だ。

オーケストラは壮烈で、ハイスピードな再現である。弦楽器は滑らかで瑞々しく、ダイナミックレンジが広いため音楽の陰影が大変色濃く感じられる。しかも響きに濁りがなく、透明度の高い質感は潤いに富んでいる。木管のデリカシーも魅惑的である。（井上千岳）

『DAM DIRECT vs 45』
第一家庭電器
DOR-0028

編集やカッティング時の音を彷彿とさせる

同社のほかの製品と同様、十分なレンジと高いS/Nを確保し、色付けやキャラクターを感じさせない、ニュートラルで質感のアキュレートなサウンドを聴かせてくれた。DAMレコード45回転重量盤の「黒いオルフェ」では、通常盤以上のレンジの拡張が確実に反映され、低域の空気感がより鮮明かつリアルに再現されると同時に、わずかな残響成分も明瞭になり、録音現場の空間にも広がりが感じられた。また、ピチカート音のタッチや立ち上がり、余韻などディテールの音楽情報が明晰に描き出され、楽器の質感も高まって生々しさが増し、編集やカッティング時の音を彷彿とさせる。また『オン・ザ・ライン』ではダイレクトディスクならではの鮮度の高い響きが得られ、新品ディスクのような鮮烈さも感じられる。ランディ・クロフォードのソウルフルなヴォーカルも艶かしさが感じられ、バックの楽器の質感もナチュラルで、間奏のソロフレーズなどのグルーヴ感も高まってくる。ソフトの音の良さやアーティストの素晴らしい演奏、カートリッジなどのクオリティを正確に引き出してくれる製品といえる。（小林 貢）

ジャズ＆クラシック アナログレコードレビュー

JAZZ&CLASSIC Analog Record *Review*

LPレコードを揃えていく際、演奏と音質のよいものを求めたいものだ。ここでは「名盤」と呼ばれるジャズと、時代ごとの録音技術を特徴づけるクラシックを、各10タイトルずつ紹介する。演奏内容と録音についての蘊蓄もたっぷり披露しよう。

JAZZ&CLASSIC Analog Record
ジャズ&クラシック アナログレコードレビュー
Review

1950年代後半録音のジャズLP10選

──山口克巳

ジャズLP史上、1950年代後半に録音・制作されたLPは、現在でも多くの人に愛聴されている。これにはいくつかの理由があるが、この時期になって、やっとLPとしてのフォーマットが整ってきたということにもよる。

1948年、米コロンビアが、LP（ロングプレイ）レコードを発表する。これまでのSP（スタンダードプレイ）は1分間に78回転でカートリッジが音溝をトレースしていて、直径10インチ（25センチ）盤は3分、12インチ（30センチ）は4分30秒あたりを1面の収録時間として制作されていたものが、LPでは33・1/3回転になり、音溝も細くて小さくなった。サイズは10インチ盤と12インチ盤と、SPに合わせたものになっているのは、整理・収納などの利便性を考えたものだろう。この盤面に刻まれる音溝は、それまでとはくらべものにならない長時間の演奏を収録できる。

また、高域のレベルは強調され、低域は圧縮され、再生時にアンプで元に戻すという録音特性になっているので、これまでのSPにくらべて、周波数特性・ダイナミックレンジなども広がり、音質も改善された。それに、SPではシェラックという材料でプレスされていたので、トレース時のサーフェスノイズ（シャーという音）から逃げられなかったが、LPはビニールで作られているので、その心配もない。

これに加え、1949年には、これまでの録音で使われてきた「ディスクカッティング」から、発想が全く違う「テープに録音」して「編集」などに柔軟に対応できる「テープレコーダー」が出現した。SP時期の「ディスクカッティング」では、途中で演奏をミスしたりすると、部分修正はできないので、最初からやり直すことになってしまっていた。「テープ録音」では、ミスした部分を再録音して、その部分を切り貼りして修正すればいい。また、細かい音質のコントロールなどは後でもできるので、録音時の作業効率も高くなる。

＊

初期のジャズLPに目を向けると、LPが発表された時点で発足したレーベルも多く、ほとんどの盤は10インチフォーマットで、外袋にいきなり裸のLP盤が入っていることもあった。10インチ盤が多かったのは、SP時のジャズやポピュラーでは10インチ盤が標準で、コレクションも一緒にまとめやすいという理由もあったのだろうか。また、ブルーノート（1939年創設）など、SP期からのレーベルは、カタログを揃えるためもあったろう、SP録音盤を数曲LPにリカットして発売するケースも多かった。このレーベルの初期の10インチ盤はこうして揃えられた盤が並んでいる。

とはいえ、テープ録音された新盤も発売されるようになったが、これらの演奏もしばらくは10インチ盤だった。

＊

1955年ごろから、クラシックでは当たり前になっている12インチのLPがジャズでも発売されるようになった。これも、10インチLPの組み換えなどが多かったが、最初から12インチ盤を作るために録音されたものも登場してくる。つまり、12インチ用に作られた初期盤が、50年以上過ぎた今でも現役として聴かれているわけだ。

『サキソフォン・コロッサス／ソニー・ロリンズ』
プレスティッジ PRLP-7079

10インチの焼き直し盤ではなく、最初から12インチ盤として制作された初期の企画盤だろう。この「プレスティッジ」は、ニューヨークでジャズレコードショップを経営していたボブ・ワインストックが、LPが発表された1949年に創設したレーベルで、マイルス・デイヴィスをはじめ、当時のニューヨークで新しく発生した「ハードバップ」のスタイルの演奏を、彼がつきあいのあるミュージシャンを総動員して制作したものといっていいだろう。このレーベルでは、世にいうA級からB級、C級までのミュージシャンの演奏が、わけへだてなく収録されていて、聴いてみないとわからないという一面もあるが、初期に発売されたレコードは名盤の目白押しという感じもある。

「世界の七不思議のひとつに、ロードス島の巨人（コロッサス・オブ・ロードス）がある。この島への水先案内のために、紀元前280年ごろに建てられた、高さ100フィートのブロンズ製のアポロン像だ。けれどもこの像は、224年の地震で崩壊してしまった。けれども、ソニー・ロリンズは、地震の多いカリフォルニアに住んでいるわけでもない…」というアイラ・ギトラーのライナーノートから、タイトルのネーミングの意味もわかるようになっている。メンバーはロリンズ（テナー・サックス）のほかに、トミー・フラナガン（ピアノ）、ダグ・ワトキンス（ベース）、マックス・ローチ（ドラムス）で、1956年6月22日、RVG（ルディ・ヴァン・ゲルダー）スタジオで、RVGが録音した超A級盤である。

演奏は大リーグの応援歌にもなっている、カリプソ風で明るい、自作曲の「セント・トーマス」、スタンダードの「ユー・ドント・ノウ・ホワット・ラヴ・イズ」、そしてオリジナル曲の「ストロード・ロード」。B面は、クルト・ワイルの「モリタート」と自作曲「ブルー・セブン」の2曲だけである。これまでのレコーディングは、ある意味では収録時間との戦いでもあった。この演奏が録音された1956年ごろになると、カッティングなどの改良もあり、片面に30分近く収録できるようになっていた。このレコードのポリシーは、好きなだけソロをとっていい。ということではなかったか。そのためか、ローチの長すぎるくらいの緻密なドラムソロもあったり、ロリンズもまけずに、目いっぱい、チャーミングなソロを次々に繰り出す。

有名な「モリタート」は、ロリンズのこの吹きかたしかないという、確信に満ちたハリのある演奏でテーマがはじまる。この盤にはテナーの高域の「ビッ」という音や、中高域の割れる音なども捉えられていて、スタジオの奥からのエコーも時々入ってくる。ドラムはシンバルにピントを合わせているようだ。「チャキ、チャン」とリズムを刻んでいる中域は「ヒュルルン、ヒュルルン」と聴こえ、空気を切る「フファッ、フファッ」という音も聴こえてくる。

この曲の録音は、ロリンズのソロと、マックス・ローチのシンバルワークが聴きどころで、演奏ばかりでなく、録音のテンションの高さにも引き込まれてしまう。

よく聴くと、各ソロの前後で、RVGがトーンコントロールやボリュームをコントロールしているのも手に取るようにわかる。各マイク1本で、トミーのピアノはちょっと曇りがち、ダグのベースの「ゴリゴリ」という音はあまり聴こえず、「ブンブン」という音になっている。ドラムは高域にピントを合わせ、ベースが低域をサポートするようにしたのだろう。

ねらいが無理なく、きちんとはいっていて、まるでさわやかな優等生のようなレコード盤だ。

『ブリリアント・コーナーズ／セロニアス・モンク』
リヴァーサイド RLP226
1174＝ステレオ盤

プレスティッジから、リヴァーサイドにモンクが移籍したのは1955年で、以降リァーサイドのプロデューサーのオリン・キープニューズは、積極的に彼の演奏を録音している。

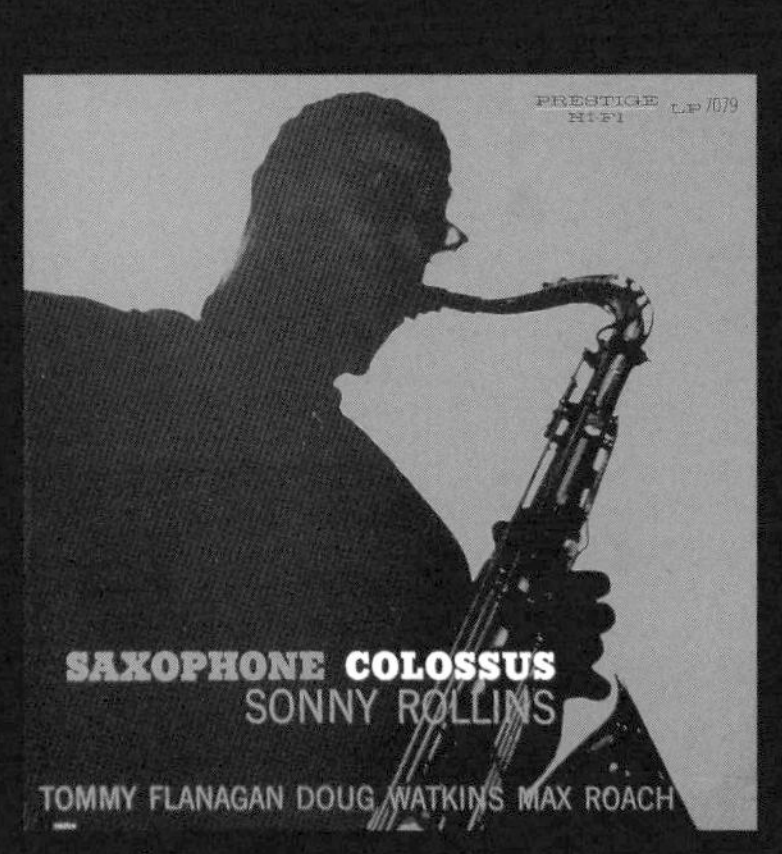

『サキソフォン・コロッサス／ソニー・ロリンズ』
プレスティッジ PRLP-7079

『ブリリアント・コーナーズ／セロニアス・モンク』
リヴァーサイド RLP226
1174＝ステレオ盤

最初がベースとドラムのトリオで、1955年7月録音の『モンク・プレイズ・デューク・エリントン（RLP201）』。これはレコード番号を見ればわかるように、リヴァーサイド12インチLPの最初の盤である。次いで1956年3月、これもピアノトリオ録音の『ザ・ユニーク（RLP209）』、そして1956年10～12月にリーヴスサウンドスタジオでジャック・ヒギンズによって録音されたのがこの盤だ。

前記の2枚はピアノトリオという、いわば、ジャズのスタンダードのフォーマットだった。それに対してこの盤では、クラーク・テリー（トランペット）、アーニー・ヘンリー（アルト・サックス）、ソニー・ロリンズ（テナー・サックス）、モンク（ピアノ、チェレスタ）、オスカー・ペティフォード（ベース）、ポール・チェンバース（ベース）、マックス・ローチ（ドラムス、ティンパニ）というメンバーと、演奏楽器を見ただけではどんなフォーマットの演奏になるかわからない。最初の、タイトル曲「ブリリアント・コーナーズ」では、リズムを変えながら、ユニークな音色の演奏に終始する。「バルー・ボリバー・バルーズ」を聴いてB面になると、「パノニカ」から始まるが、モンクは左手でピアノ、右手でチェレスタを演奏している。「アイ・サレンダー・ディア」はピアノソロで、他の曲のユニークなサウンドとは違う、いかにもモンクらしい、品のいい演奏をしている。最後の「ベムシャ・スイング」ではローチのティンパニまでが登場する。

この時期、レコードのフォーマットに「モノーラル盤」に加え、「ステレオ盤」が新しく加わった。

このレコードはステレオでも録音され、発売されているが、モンクは録音に際して「ステレオ」を意識して、彼なりの「ステレオ観」を表現したものではないか。また、「ハードバップ」全盛の現象にも、いささか変った方法で、彼なりの「コンセプトアルバム」を作ろうとしたのではないか。かつてオリジナルステレオ盤を手に入れたが、中味はなぜかモノーラル盤で、後年リヴァーサイドの国内盤ではじめてステレオで聴くことができた。また、この時期のリヴァーサイドのステレオ盤は、ユニークなレコーディング方法をとったものも多く、普通に再生すると逆相成分が多くてきちんと聴こえない盤もある。この盤もユニーク録音の時期のものなので、ちゃんと再生されているかどうかわからない。なお、リヴァーサイドのステレオも、途中から普通の形になったので、現在発売されているステレオ盤には問題はない。

『サムシン・エルス／キャノンボール・アダレイ』

ブルーノート BLP1595
BST 81595＝ステレオ

ブルーノート・レーベルのアルフレッド・ライオンがプロデュースして、1958年3月9日、『モリタート』と同じ、ルディ・ヴァン・ゲルダーの録音・マスタリングで、マイルス・デイヴィス（トランペット）、キャノンボール（アルト・サックス）、ハンク・ジョーンズ（ピアノ）、サム・ジョーンズ（ベース）、アート・ブレイキー（ドラムス）のメンバーで、「枯葉」、「ラヴ・フォー・セール」B面は「サムシン・エルス」、「ワン・フォーダディ・オー」、「ダンシング・イン・ザ・ダーク」を演奏する。

このレコードについてまわるエピソードがある。それはマイルスが麻薬中毒患者で、ろくに仕事もなかった時期（1952～54年）に、ブルーノートのアルフレッドがセッションをセッティングして録音してくれた。それに対してお礼をしたかったが、契約の関係で、1958年までどうしてもできなかった。この年になって、当時のマイルスのメンバーだったキャンボールをリーダーにして、マイルスがサイドマンになるという条件で、やっとブルーノートへの恩返しのレコーディングが実現した。つまり、演奏を聴けばすぐにわかるように、事実上のリーダーはマイルスで、この盤の「枯葉」でマイルスが2回目、3回目のソロをとる「泣き節」が有名になったせいか、それだけの曲の盤のように思われがちだが、B面にして針を下ろすと、最初のタイトル曲「サムシン・エルス」のかっこいい演奏に遭遇する。レコードタイトルをこの曲にしたのは、それなりの名演奏という自負もあったのだろうが、結果としてしっとりした空間表現の

STEREO
SOMETHIN'
ELSE
CANNONBALL
ADDERLEY
MILES DAVIS
HANK JONES
SAM JONES
ART BLAKEY
BLUE NOTE 1595

『サムシン・エルス
／キャノンボール・アダレイ』
ブルーノート BLP1595
BST 81595＝ステレオ

「枯葉」が代表曲になってしまった。それでも、これと対極にある「サムシン・エルス」の、かっこよくて、さくさくした空間のとらえ方も捨てがたい。

なお、このレコードは、ほかの3枚のレコードと、「ブルーノート」での最初の「ステレオ盤」として発売された。ジャケットはモノーラル盤に、名刺を横に2等分したくらいの細長い金紙に、黒でブルーノートと印刷されたシールが貼られていた。曲と演奏がステレオの空間表現とマッチしているせいか、ちょっとくすんだ感じのサウンドのモノーラル盤も手元にはあるが、個人的にはステレオ盤で聴く方が多い。それも、ブルーノートのオリジナル盤よりは後年ユナイテッドアーチスツから、RVGがマスタリングしたオリジナルを使ってプレスされたブルーノート盤のすっきり伸びた、そして愛らしい泣き節などは、この新しい盤が気に入っている。オリジナル盤よりは、元が同じなら、プレス機も進化しているわけだから、新しい音になって緻密になるのも当たり前かもしれない。それと同時に驚くのは、RVGがマスタリングしたマスター盤にはこれらのサウンドがきちんと入っていたということだ。そうでなければいくらプレス機が新しくなっても聴こえないことになる。このような関係の盤はかなりあるので、骨董的な「オリジナルファーストプレス」信仰さえなくすれば、LPの世界はまだまだ広がるだろう。

『たそがれのベニス／モダン・ジャズ・カルテット』

アトランティックATL 1284

1950年代後半から1960年代初頭にかけてジャズをポピュラー音楽のジャンルとしてとらえる動きを作ったのが、フランス映画を中心に「ヌーベルバーグ（新しい波）」と呼ばれる新進映画人の台頭だった。そこには、ルイ・マル監督の『死刑台のエレベーター』でのマイルスの演奏をはじめ、ジャズが映画に取り入れられ、それらは「シネジャズ」として独立したジャンルにもなった。

この盤も、ロジェ・ヴァデム監督の映画『大運河』のために作曲されたもので、ジャズが最初に使われた1編にもなった（1957年6月公開）。これに先立って1957年5月にニューヨークのタウンホールで組曲として初演もされた。録音は同年4月4日で、アトランティックの名プロデューサーのネスイ・アーティガン、録音は、後に同社のプロデューサーとしても活躍するようになるトム・ダウド。

この盤は、映画音楽としては、フィルムのラッシュを見ながら即興で音楽をつけていくという形ではなく、作曲を依頼されたジョン・ルイスは、おおまかなストーリーと登場人物のアウトラインを聞き、演奏旅行の続くなかで仕上げたものだという。曲は、ベニスのサンマルコ寺院の金色の時計「ゴールデン・ストライカー」で主人公、クリスチャン・マルカンのテーマ。「ワン・ネバー・ノウズ」（人知れず、舟歌風のヒロイン、フランソワーズ・アルヌールのテーマ）、「ローズ・トラック」（薔薇の罠、遊び人ロベール・オッセンのテーマ）、「コルテージ」（葬列、男爵O・H・ハッセのテーマ）、「ベニス」（映画では断片的に使われた瀟洒な曲）、「スリー・ウインドウズ」（3つの窓、男性3人のテーマの3重フーガ）。当時、MJQ（モダンジャズカルテット）は、ミルト・ジャクソン（ヴィブラフォン）、ジョン・ルイス（ピアノ）、パーシー・ヒース（ベース）、コニー・ケイ（ドラムス）で、リーダーのルイスはジャズとクラシックの融合を試みた作品を多く発表しているが、この盤もその系列に入る演奏であり、テーマと各名人芸のアドリブ（即興演奏）とのバランスも絶妙で、ハードバップ全盛の世相に、爽やかな風を巻き起こした1枚としても忘れられない。

アトランティックの初期のステレオ盤はジャケットもレコード番号もモノーラルと共通で、ステレオ盤には、トラック型やSTEREOという文字が箔押しされていた。録音はモノーラルとステレオは別のマイクセッティングで録音されたようだ。ズシッと腹に応えるモノーラル盤で聴くか、エレガントなジャズスピリッツにあふれたステレオ盤で聴くかによって評価は違

The Modern Jazz Quartet Plays No Sun in Venice
Original Film Score by John Lewis　ATLANTIC 1284

『たそがれのベニス
／モダン・ジャズ・カルテット』
アトランティックATL 1284

うかもしれないが、ここで聴ける音楽は、当時より現在のほうがモダンでスリリングに聴こえるのでは私だけだろうか。

『アート・ブレイキーと
ジャズメッセンジャーズ』

ブルーノートBLP 4003
BST 84003＝ステレオ

この盤は『モーニン』という冒頭に収録された曲名で呼ばれることもある。また、「ファンキー」という黒人中心のジャズ演奏を表現する言葉も、このレコードとともに、ジャズの世界に定着した。

演奏は、リー・モーガン（トランペット）、ベニー・ゴルソン（テナー・サックス）、ボビー・ティモンズ（ピアノ）、ジミー・メリット（ベース）、アート・ブレイキー（ドラムス）のジャズメッセンジャーズである。演奏曲は、ピアノのボビー・ティモンズ作曲の、黒人音楽のルーツを表現したような、教会などでよく歌われる応答形式の「モーニン」は、ピアノのシングルトーンの導入に、トランペットとテナーがだみ声で答える。ここから演奏はだんだん盛り上がっていくが、構成のシンプルさは、黒人教会で演奏者と聴衆が一体化して、気分も高揚して演奏に参加するのに似た、再生している演奏に気分のほうが先にはまってしまう効果があるようだ。これを「ファンキー」と呼ぶのだろうか？

「アー・ユー・リアル」はこのグループの音楽監督でもあるゴルソンの曲で、一転して分厚いハーモニーで、抒情的なメロディに惹かれてしまう。以下「アロング・カム・ベティ」、「ドラム・サンダー小組曲」の3曲、そしてこのレコードのもうひとつのヒット曲「ブルース・マーチ」までがゴルソンが作曲したもので、最後の「照るか曇るか」はスタンダード曲だ。また、このレコードあたりから、ジャズコンボの編成が、このグループに合わせたものが多くなってくる。ということは、この形式だと、聴こえるサウンドのメンバーやソロのとりかたの違いなども、耳で比較しやすくなり、ジャズを聴きわける楽しみも増えてくる。

前作と同じく、アルフレッド・ライオンのプロデュース。1958年10月30日、RVG録音。ライオンは、当時から徐々に発表されつつある「レコードコンセプト」のはっきりした盤として仕上げたかったのではないか。曲順や収録時間のバランスをみると、そんな感じもありそうに思えてくる。

なお、このメンバーの演奏で「ダイレクト・ファンキー」ともいえる「モーニン」や「ブルース・マーチ」が収録された盤もある。『サン・ジェルマンのジャズメッセンジャーズ』（仏RCA）（3枚シリーズ）で、パリのクラブ・サン・ジェルマンでのライヴで、よりライヴならではのタイトで熱狂的な演奏に参加できる。またこの国内盤でも発売されている。1958年12月21日の録音で、オリジナル録音の2か月後の演奏。レコード録音とライヴ録音の差異がこれだけはっきりわかる盤も珍しい。

『アート・ペッパー・ミーツ・
ザ・リズムセクション』

コンテンポラリー S 7532

どうしても1950年代後半のジャズというと、東海岸のニューヨークが中心になりがちだが、西海岸、ロサンジェルスのコンテンポラリーの1枚を紹介しよう。アルトサックスプレイヤーのアート・ペッパーはスタン・ケントンのビッグバンドの花形ソリストで、バンド解散後も西海岸で演奏活動を続けていた。一方コンテンポラリーの社長で、クラシックジャズにも通暁したレスター・ケーニッヒは、1957年1月に、マイルスのバンドがこの地で演奏していることを知り、マイルスから、休演日にリズムセクションを借り受ける交渉を成立させた。そしてペッパー＋マイルスバンドの、レッド・ガーランド（ピアノ）、ポール・チェンバース（ベース）、フィリー・ジョー・ジョーンズ（ドラムス）の3人は当時「ザ・リズムセクション」と呼ばれ、実力・人気ともに群を抜いたものだった。このグループとペッパーは初顔合わせのようだが、収録曲、全9曲の最初の曲「ユード・ビー・ソー・ナイス・トゥ・カム・ホーム」から、奇妙に明るいアンサンブルで演奏は進行する。「レッド・ペッパー・ブルース」（赤唐

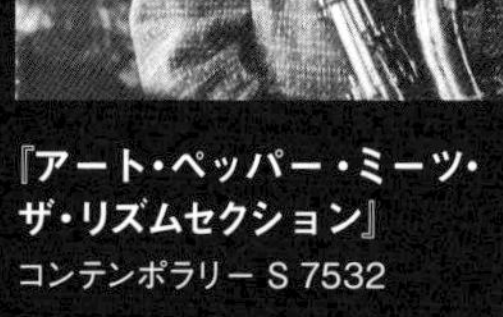

『アート・ペッパー・ミーツ・
ザ・リズムセクション』
コンテンポラリー S 7532

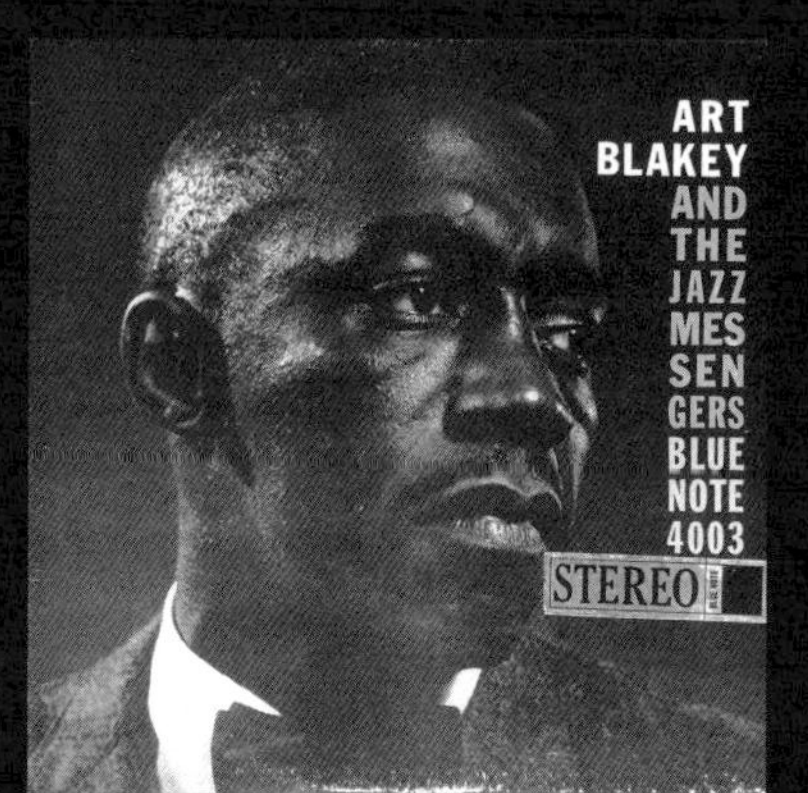

『アート・ブレイキーと
ジャズメッセンジャーズ』
ブルーノートBLP 4003

辛子・ブルース」は、ガーランドと共作の即興曲だろう。「イマジネーション」の、それこそイメージ溢れる演奏のなかで、音がオクターブ上がるところがあるが、穏やかな中に狂気を潜ませて演奏しているペッパーのDNAも垣間見ることができる。「ワルツ・ミー・ブルース」は後述の「ジャズ・ミー・ブルース」をもじった、ペッパーとチェンバースの曲。「ストレイト・ライフ」はペッパーの有名曲。「ジャズ・ミー・ブルース」は白人のビックス・バイダーベック（トランペット）の演奏でよく知られた曲。ここまで見ただけで、東海岸のジャズとは違った様相をしていることがわかる。レスター・ケーニッヒは、これまでも自分たちが作ったレコードは白人も購買する普通のレコード店で、白人にもアピールするレコードづくりをやってきている。この企画盤はかなり当たったようで、後年続編も作られている。

もうひとつ、コンテンポラリーレーベルを特徴づけるのは、録音技師のロイ・デュナンの存在で、もともと西海岸のメジャー、「キャピトルレコード」の技術部長だったのが、ステレオレコードの制作をはじめるときにコンバートしたもので、結果、コンテンポラリーの、明るくて軽いが、そのなかに底知れぬ狂気を感じさせる緻密な録音は、ユーザーばかりでなく他のレーベルからも羨望のまなざしで迎えられたが、どのレーベルもコンテンポラリーのこのサウンドは作り出せなかった。

『ブルースエット／カーティス・フラー』

サヴォイ MG-12141
ST-13006＝ステレオ

トロンボーンのカーティス・フラーと、『モーニン』のベニー・ゴルソン（テナー・サックス）のやわらかく、人懐かしい感じの覚えやすいメロディで綴られたこの盤は、リズムにトミー・フラナガン（ピアノ）、ジミー・ギャリソン（ベース）、アル・ヘアウッド（ドラムス）が加わって、1959年5月21日にRVGが録音したもの。そして老舗ジャズレーベルの「サヴォイ」の数少ないヒット盤でもある。プロデュースはオジー・カデナで、1950年代も終わりに近づくと、次を見据えた新しい流れのレコードも発表されるようになる。「ジャズメッセンジャーズ」で音楽監督をやっていたベニー・ゴルソンは、この年にブレイキーの下を離れてフリーになり、直後のレコーディングでは、「ファンキー路線」とは距離をおいたレコードを作りたかったのではないか。それでトロンボーンとサックスのハーモニーが中心の、後に「ゴルソンハーモニー」と呼ばれるスタイルを編み出し、ゴルソン作曲の「ファイヴ・スポット・アフター・ダーク」、「マイナー・ヴァンプ」、フラー作曲のタイトル曲「ブルースエット」、「12インチ（レコードのサイズとブルースの12小節を架けたタイトル）」などが演奏されるが、ヒットした理由は、覚えやすくて美しく、すぐ鼻歌で歌いたくなるような魅力は富んだゴルソンのメロディづくりに負うところも大きい。

最初に手にしたステレオ盤は、それこそ、「柔らかくて魅力的な演奏」が収録された国内盤で、次いで中古店で「オリジナルモノーラル」盤を手に入れた。この盤はRVGが録音・マスタリングしたもので、彼の他の盤と同じようにギンギンに「ファンキー路線」のサウンドでカッティングされていた。後にモノーラルの国内盤で手に入ったが、この盤にはRVG盤のような激しい気迫はなく、ステレオ盤と同じような、たゆとう感じの盤に仕上がっていた。さて、これはどの盤で聴くのがアタリなのだろう？

『ブローイン・ザ・ブルース・アウェイ／ホレス・シルヴァー』

ブルーノート BST 84017

やはりこの盤も1950年代録音の晩期を代表する1枚だろう（1959年9月13日録音）。折からの「ファンキーブーム」で、当時のジャズ喫茶の人気を「モーニン」と2分していたほど人気の高い盤だった。もともとシルヴァーは、ブレイキーと「ジャズメッセンジャーズ」を作り、そこから別れて自分のバンドを作って、ブルーノートから多くの盤をリリースしているが、い

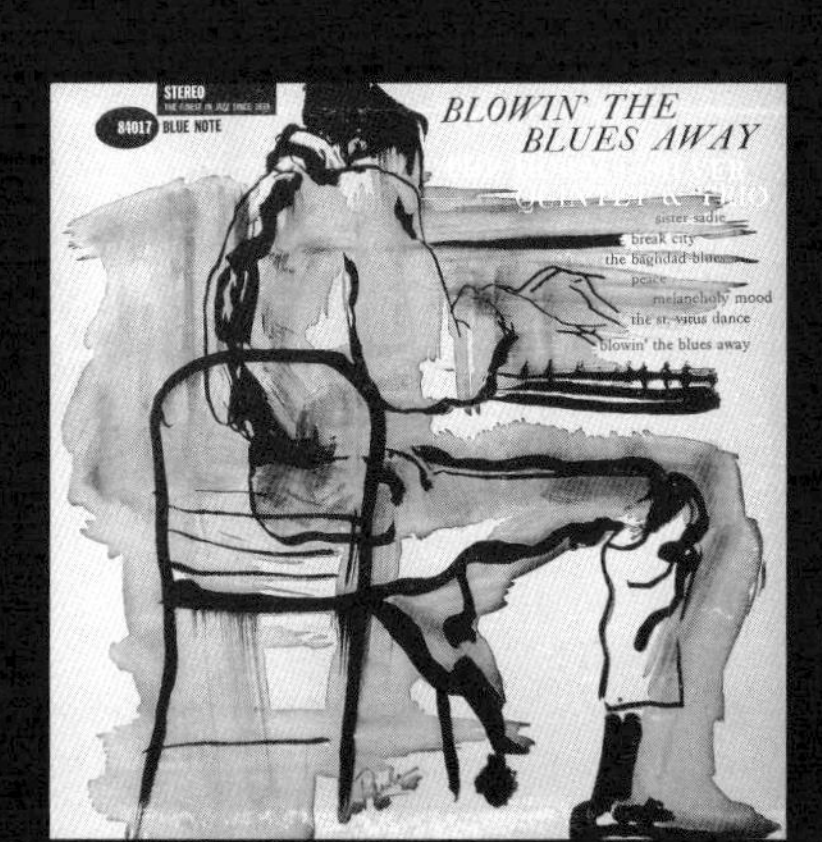

『ブローイン・ザ・ブルース・アウェイ／ホレス・シルヴァー』
ブルーノート BST 84017

『ブルースエット／カーティス・フラー』
サヴォイ MG-12141
ST-13006＝ステレオ

わば、この2人で作り出した「ファンキー」スタイルの音楽が、「世界的ブーム」になったともいえる。メンバーは、ブルー・ミッチェル（トランペット）、ジュニア・クック（テナーサックス）のめくるめくソロを生み出すメロディ楽器に、途切れることのないバッキングでフォローする、シルヴァー（ピアノ）、ユージン・テイラー（ベース）、ルイス・ヘイズ（ドラムス）のリズムで、黒人音楽のルーツに繋がるような楽想の「シスター・セイディ」や、アップテンポでスピード感あふれるタイトル曲「ブローイン・ザ・ブルース・アウェイ」が人気になった。また、まとまりのよさもこのバンドの特徴で、途中でテンポが変わったりしてもきちんとアンサンブルが保たれるのも、シルヴァーのバランスのよいコントロールが行き届いていることをうかがわせる。とにかく、RVG録音・マスタリングのこの盤では、血が熱くなるような、鋭角的な音楽を楽しむことができる。

最初にレコード店でこの盤を目にしたのは1960年ごろで、ステレオ盤だとは知らないで手に入れてあせってしまった。モノーラルの再生装置しか持っていなかったからだ。ブルーノートのステレオ盤は、前出の盤のように、金色のシールが貼られたものだと思っていたからだ。また、細かいことだが、楕円と長方形を組み合わせたブルーノートのロゴタイプはこの盤からつけられるようになった。このロゴタイプのなかに小さい文字でステレオ表示やレコード番号などがプリントされていた。これ以前に作られた盤はレーベル名とレコード番号だけでロゴはなかったが、後年、「リバティ」や「ユナイテッドアーティスツ」から発売された「ブルーノート」盤では、ロゴと差し替えられている。

『レフト・アローン／マル・ウォルドロン』
ベツレヘム YP-7111-BE
日コロムビア盤

ベツレヘムのルティーンワークとして、テディ・チャールスのプロデュース、ピーター・インドが録音担当（2人ともヴァイヴとベースのミュージシャンとしての知名度のほうが高い）で制作され、1959年2月24日、マル・ウォルドロン（ピアノ）、ジュリアン・ユール（ベース）、アル・ドリアース（ドラムス）のトリオで、暗い情緒をもった、日本人好みの演奏が収録される。マル自作の「キャット・ウォーク」、「マイナー・パルゼイション」、ビリー・ホリディの愛唱曲、「恋を知らないあなた」、ロリンズの「エアージン」の4曲である。実際はもっと多い曲（おそらくレコード1枚分）が収録されたのかもしれないが、LPで発表されているのはこれだけだ。ここまでは普段のレコード制作手順とは何の変りもない。そしてこの年の7月17日に、マルが伴奏をつとめてきた歌手ビリー・ホリディが亡くなる。

翌年になってマルのこの盤を発売するために準備をはじめていた時期に、テディは、この盤をマルがビリー・ホリディに捧げた追悼盤にできないかと考える。そのために、マルのトリオにジャッキー・マクリーン（アルトサックス）をゲストプレイヤーとして招いて、ビリーの愛唱曲でマルが作曲した「レフト・アローン」を収録する。切々と歌い上げるマクリーンのこの1曲は冒頭に配され、その結果、この盤はもくろみ通り、だれの目にも「ホリディ追悼盤」に見えるようになった。テディは、LP全体を「追悼盤」というコンセプトでまとめるため、レコードの最後のトラックには「ビリーをしのんで」というマルとテディの対話を収録し、ジャケットには「ビリー追悼」、「ビリーの最後のピアニスト」などのキャッチフレーズやビリーのポートレイトもジャケットを飾っている。この時期に、これだけ明快にやりたいことを「コンセプトアルバム」として定着させた少ない例だが、1960年代になると、「コンセプトアルバム」はロックばかりでなく、ジャズの世界でもだんだん増えてくるようになる。

この盤は日本人の心情を刺激するためか、国内盤は何度も発売されているが、ステレオはこの盤だけのようだ。制作にもミュージシャンが参加しているためか、演奏のコンセプトの一体

『レフト・アローン／マル・ウォルドロン』
ベツレヘム YP-7111-BE
日コロムビア盤

感も緊密で緊張度も高い。カッティングも1984年と新しいせいもあるが、ステレオ録音のよさもしっかり見てとれる盤になっている。これはうれしい。

『カインド・オブ・ブルー／マイルス・デイヴィス』
米コロンビア PC 8163

1980年代のある日、この盤の「ソー・ホワット」が耳について離れなくなってしまった。手元にあった盤は人にあげてしまってもう手元にはない。そこでレコード店に探しに行ったら、米コロンビア盤で「最後のアナログ製作のLP」というキャッチフレーズで発売されたものの1枚で、ジャケットは暗く、裏面などはベットリした感じだが、レコードをプレスするのに使ったスタンパーは、LP最盛期のものを使っていると思われる盤が手に入った。1959年3～4月にジョージ・アヴァキャンのプロデュース、フレッド・プラウトの録音で収録されたA面の「ソー・ホワット」、「フレディ・フリーローダー」、「ブルー・イン・グリーン」。メンバーはマイルス（トランペット）、キャノンボール・アダレイ（アルト・サックス）、ジョン・コルトレーン（テナーサックス）、ビル・ウエヴァンス（ピアノ）、ウイントン・ケリー（ピアノ、2曲目のみ）、ポール・チェンバース（ベース）、ジミー・コブ（ドラムス）で、左奥のピアノとセンター奥のベースではじまり、ベースの調子が変わったところから、ベースとメロディ楽器の応答でテーマが提示される。マイルスのソロがはじまったとたん、コブのシンバルが「パッシャーン」。マイルスはマイクから少し離れて演奏しているようだ。ためらいのない、イメージがはっきりした演奏だ。ついでコルトレーンのソロになる。マイルスとはリズムや表現スタイルが違うが、静かで懐の深いソロをきちんと吹き終えるとキャノンボールがブルージーなソロでパンチを効かせる。マイルスとコルトレーンのリフをはさんで、ピアノのビルの焦点が定まり切らない短いソロをとる。応答をくりかえすテーマに戻り、フェードアウトで終る。聴き終えると、なにかなめらかな気分でいっぱいになる。

こんな紹介をしたらきりがないので飛ばして、盤を裏返すと、B面は「フラメンコスケッチィズ」からはじまる。この4月のセッションはアルトとテナーが左右入れ替わっている。コルトレーンのサックスの音色が、これほど穏やかで美しく収録された盤もあまりないのではないか。マイルスは静かに「パラレルワールド」へ誘う。そして硬質な夢の中に私たちを残したまま曲を終える。「オールブルース」は、ピアノのイントロに続いてミュートのマイルスに、サックスの2人がオブリガートをつける形でテーマが演奏され、ソロになると、ミュートをはずしてオープンで吹く。中身が濃くてスケールの大きいそれぞれのソロのバックで、ピアノはいろいろな演奏を試みている。ビルも乗ってきた感じだ。テーマに戻ると、マイルスはまたミュートになり、アンサンブルが何度か繰り返され、名残惜しそうにフェードアウトされる。

この盤は、これまでのジャズの考え方や表現方法から離れた独自のスタイルをとっている。「音楽は時間に沿って表現したい内容を、楽器を使って、メロディ、リズム、和音などに乗せて表現」するものだったのから、「演奏は楽器を使って音楽空間をいろいろに変化させ、そこに表現したいイメージを定着」させたのが、この「カインド・オブ・ブルー」ではなかったか。そして1960年以降のジャズは、マイルスの、このレコードを主軸に展開してゆく。

ここに挙げた1950年代に録音されたたった10枚のレコードからだけでも、ジャズがどう発展して変化してきたのかの、萌芽を読み取れるのではないか。

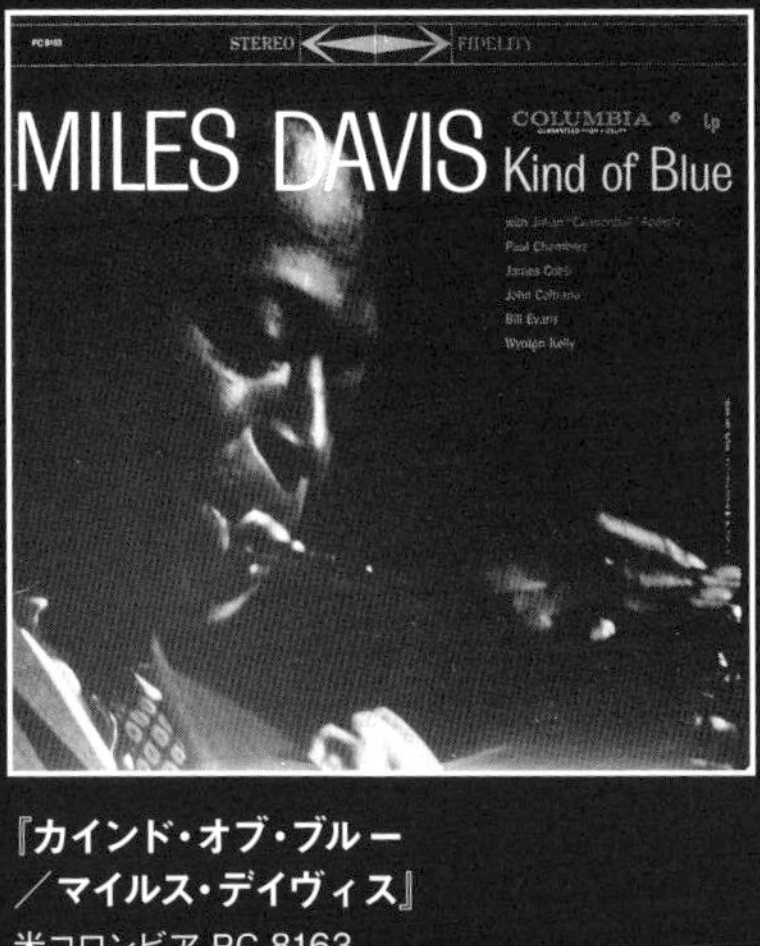

『カインド・オブ・ブルー／マイルス・デイヴィス』
米コロンビア PC 8163

クラシックLP10選

―― 山口克巳

レコードもLPが発明されると、音質の向上を意図したさまざまな試みがためされるようになり、その時々でエポックとなる盤も発表された。これらから、レコード技術の歩みも見えては来ないか。

SP復刻盤

**『ディヌ・リパッティ（ピアノ）／グリーク／シューマン／ピアノ協奏曲
ヘルベルト・フォン・カラヤン指揮
フィルハーモニア・オーケストラ他』**
日コロムビア WL 5069（原盤英EMI）

リパッティ（1917-50）の追悼盤としてLP化されて発売されたもので、1948年7月に、彼の最後のロンドン公演時に英コロンビアに、「長時間ディスク録音システム」で収録された盤からカッティングされたものだろう。長時間ディスク録音システムというのは、もともとは放送録音用に開発されたものだが、レコード各社でも社内音源獲得用に、このフォーマットを採用しているケースが多い。12インチより大きいラッカー盤に、33・⅓回転、細い針でカッティングするというフォーマットだが、片面15分前後収録できたようだ。SPでは各4枚に分割されたが、LPでは1面に1曲が、途切れずに収録できるようになった。この、「LPリカット再発売追悼盤」は、米コロンビアからも発売され、ディヌのピアニストとしての評価も決定的なものになった。

彼の身体は長い間病気に悩まされていたが、演奏にはまったくその暗さは反映されることがない。ひたすら、しっかりしてエレガントなタッチで音楽を紡いでいく。ヤング・カラヤンも手勢のフィルハーモニアを率いて溌剌と指揮をしている。なお、1950年8月23日にルツェルンで行われた「リパッティお別れコンサート」でも、カラヤンはフェスティヴァル・オーケストラでモーツアルトの21番を振っている。この年、30代半ばで白血病で亡くなった。彼は20世紀前半を代表するピアニストの一人である。そしてこの盤は、後期のSPと、初期のLPをつなぐ「証人」とでもいうべきポジションの盤でもある。

最初のステレオ盤

**『ベートーヴェン／ピアノ協奏曲「皇帝」／ワルター・ギーゼキング（ピアノ）
アルトゥール・ローター指揮
ベルリン放送管弦楽団』**
米ヴァレーズ・サラバンド VC-81080

現在市販されているLPのなかで、1944年秋に最初にステレオで録音された演奏である。ちょっとオフ気味だが、立派に通用するステレオ盤である。ドイツでは第二次大戦中に、テープレコーダーが開発されてラジオ放送などに使用されていた。このテープレコーダーに、ステレオ録音ヘッドをとりつけ、1944年秋にステレオ録音の演奏が収録された。当時は戦時下で、ドイツが発信する連合国向けの放送は、レコードの継ぎ目もなく、30分番組が一気に連続して放送されている。どうやってこの放送ができるのだろうかと連合国側は不思議に思ったが、戦後、ラジオ・ルクセンブルグの解放時に「マグネトフォン」という機器でテープに録音して、それを編集・再生して放送をおこなっていることがわかった。米軍はこれを接収して自国に

『ベートーヴェン／ピアノ協奏曲「皇帝」
／ワルター・ギーゼキング（ピアノ）
アルトゥール・ローター指揮 ベルリン放送管弦楽団』
米ヴァレーズ・サラバンド VC-81080

『ディヌ・リパッティ（ピアノ）／グリーク／シューマン／ピアノ協奏曲
ヘルベルト・フォン・カラヤン指揮 フィルハーモニア・オーケストラ他』
日コロムビア WL 5069（原盤英EMI）

持ち帰り、これをリファイン・高性能化した「テープレコーダー」が1949年ごろから発売されるようになった。この「テープレコーダー」の出現によって、レコード作りも一変してしまう。これまでのディスク録音ではミスすると最初からやり直さなければならなかったが、テープではその部分だけを別に録音して、テープを切ってつなぎ直せばいい。また、テープの幅を広げてトラック数を増やせば、ステレオばかりでなく、マルチチャンネルの録音も可能だ。

とはいうものの、モノーラル盤と互換性のあるステレオLP盤は1958年になってやっと発表された。レコード各社では、いずれステレオ盤ができるだろうと予想して、1950年代中期からステレオ録音の音源を備蓄していて、1958年のステレオへの移行期もスムーズにできた。ステレオ発表以降はほとんどがステレオ録音で、各レコード会社のサウンドポリシーなども明確になり、LPのさまざまなバリエーションも出現し、それを楽しむことができるようになった。

マイナーレーベル盤

『モーツァルト／ヴァイオリンとヴィオラのための協奏曲
ワルター・バリリ（ヴァイオリン）
パウル・ドクトル（ヴィオラ）
フェリックス・プロハスカ指揮
ウィーン国立歌劇場管弦楽団他』
ウエストミンスター SWN 18041

LPが発表され、テープレコーダーが市販されるようになった1950年ごろから、レコード好きのマニアが創設するマイナーレーベルが続々登場した。これまでのSP制作とは違い、テープレコーダーに録音して、メジャーのレコード委託制作部門に渡せば、メジャー盤と変わらないきちんとした盤が作られるしくみになっていたからだ。このウエストミンスターも1950年に3人のレコードマニアが創設したもので、メジャーではやらないレパートリーを選び、テープレコーダーを駆使したハイファイサウンドで初録音。そして演奏者は欧州を中心にした、いわば「本場物」というのが特徴だった。この曲も、独奏者に、ウィーンフィルのコンサートマスターで、バリリ弦楽四重奏団の、ワルター・バリリ、欧州ばかりでなく、あちこちのオーケストラで主席をつとめてきた、ヴィオラのパウル・ドクトルのソリストが、極上の気分で、ウィーン音楽の魂を聴かせてくれる。ウエストミンスターは、ウィーンで活躍した作曲家、モーツァルト、ベートーヴェン、ブラームスなどの室内楽をレパートリーの中心に選んでいるが、国内のレコード会社は何度か変わり、これらの盤はそのたびに再発売されてロングセラー盤になっている。そこから聴こえてくる音楽からは、「クラシック音楽のルーツ」のような、安心できる不動のものが感じ取れるからではないか。

モーツァルトのこの盤は、知人のところで聴いて、耳から離れなくなってあちこち探し回り、中古店でこのジャケットを見たときは背中が「ズキン」とした。

モーツァルトの名曲であることは確かだが、ウィーンのメンバーは無機的にならず、モーツァルトの世界をゆったりと確信を持って表現している。なお、B面には、同じ調性（変ホ長調）をもつ「管楽器のための協奏交響曲」が同じオーケストラのメンバーで編成された木管グループで演奏されている。いまでもよく聴いている盤でもある。

初期のステレオ盤

『ラフマニノフ／ラヴェル／ピアノ協奏曲
アルトゥーロ・ベネデッティ・ミケランジェリ（ピアノ）
エットーレ・グラシアス指揮
フィルハーモニア管弦楽団』
英HMV ASD 255

ミケランジェリのレコードはかなり少なく、ステレオ録音盤は、1957年2〜3月にロンドンで録音し、1958年に最初のEMIステレオ盤の1枚として発表されたこれが最初のものだ。ステレオ盤の発売がはじまった当初は、モノーラルとステレ

『モーツァルト／ヴァイオリンとヴィオラのための協奏曲
ワルター・バリリ（ヴァイオリン）、パウル・ドクトル（ヴィオラ）、
フェリックス・プロハスカ指揮 ウィーン国立歌劇場管弦楽団他』
ウエストミンスターSWN 18041

『ラフマニノフ／ラヴェル／ピアノ協奏曲
アルトゥーロ・ベネデッティ・ミケランジェリ（ピアノ）
エットーレ・グラシアス指揮 フィルハーモニア管弦楽団』
英HMV ASD 255

オの両方のフォーマットで作られ、両方の盤がレコード店の店先に並ぶことも多かった。「ダブルインヴェントリー」と呼ばれていた。この盤は、初期のステレオ盤の復刻で、犬のマークの「HMV」の代わりに「EMI」のロゴが配されている。LP末期、このようなLP史を飾るような名盤を、最も進化した最新の技術で復刻するということが流行した。この盤などは、通常盤が店頭に並んでいるのに（それほどのロングセラー盤）、なぜ、こんな必要があるのだろうと不思議にも思った。

このステレオ録音は、EMIの実力を世に広めた盤といってもいい。ピアノのアタック音、ダイナミックレンジ、そしてミケランジェリ独特のピアノタッチも艶やかで、演奏全体でつくりだす音楽空間が、たとえようもないくらいにすばらしい。最初に発売されたモノーラル盤も後年聴くことができた。HMVらしい、エレガントな盤には違いないが、ステレオ盤を聴いた耳には、空間の違いのほうが気になって仕方がなかった。

ステレオ録音というと、楽器の定位や、ステレオが映える演奏効果をねらった盤などに気をとられがちだが、真正面から、まっとうに向き合って、私たちが考えるステレオはこういうものだという形で、最初のステレオ盤からLPの終焉まで、常に第1線を確保していた数少ない盤でもある。復刻盤は、その「ごほうび」で作られたものか。

ロイヤルサウンド盤

『初期古典派の協奏曲集
ヤープ・シュレーダー（コンサートマスター）
アムステルダム合奏団』
テレフンケン SAWT 9529（ダス・アルテ・ヴェルク・シリーズ）

収録曲は、フンメルの「トランペット協奏曲」、ハイドンの「ヴァイオリン、2つのホルン、弦楽と通奏低音の協奏曲（メルク協奏曲）」、ボッケリーニの「チェロ協奏曲 ト長調」」で、ソロパートはウィム・クルート（トランペット）、ヤープ・シュレーダー（ヴァイオリン）、グスタフ・レオンハルト（チェンバロ）、アンナー・ビルスマ（チェロ）で、1965～68年にオランダで収録されたもの。テレフンケンは業務用のブランド「ノイマン」で、カッティングマシンからマイクまで、あらゆる製品を手掛けていた。ということは、ここで作られる盤は、自社で作った製品でラインが組まれ、宣伝効果もある。優れた盤質であることが必要だ。特にこのレーベルではルネサンスから初期古典派までの録音を「ダス・アルテ・ヴェルク」シリーズとして、別項のDMMのように、同社の先端的なレコード作りに反映させている。レコードを再生するときに、カッティング時にカッティング針で切った音溝とは違うトレースになり、その違いが歪みなどとして再生音を濁らしてしまう。それなら、再生針で意図したようにトレースできるように、それを予測したカッティングシステムを1964年に完成させ、このシステムを使って作られた盤は「ロイヤルサウンド」のマーク付きで発売された。

この盤は、数少ないマイクで、できるだけ当時の演奏のリアリティを求めた録音をしたかったようで、しっとりした音色とその変化をしっかりとらえたところにこのレーベルの特徴がありそうだ。上記の協奏曲でも、オーケストラとコントラストのある演奏ではなく、融和して、全体で演奏を楽しもうとしてつくられたように聴こえる。なお、このシリーズのプロデューサーであるウォルフ・エリクソンは独立して「セオン」レーベルを創設し、以降の「古楽」の普及などで中心的な人物にもなった。

ダイレクトディスク盤

『ワグナー／ワルキューレの騎行他
E・ラインスドルフ指揮
ロサンジェルス・シンフォニー・オーケストラ』
米シェフィールド・ラボ LAB-7

1977年7月に、テープレコーダーを使わずに、マイクで取った音を、レコードを作るカッティングマシンに直接つないで作られた「ダイレクトディスク」の1枚で、はじめてこのレコ

『初期古典派の協奏曲集
ヤープ・シュレーダー（コンサートマスター）
アムステルダム合奏団』
テレフンケン SAWT 9529（ダス・アルテ・ヴェルク・シリーズ）

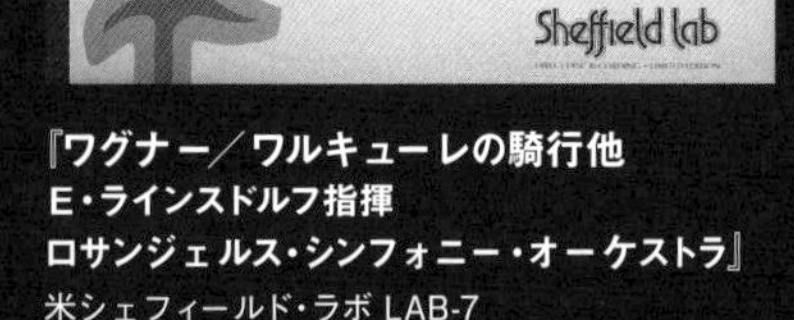

『ワグナー／ワルキューレの騎行他
E・ラインスドルフ指揮
ロサンジェルス・シンフォニー・オーケストラ』
米シェフィールド・ラボ LAB-7

ードを聴いたとき、大きな音は「ドン」と出て、消えるときは「スッ」と未練なく消える。とにかく音の出入りはとてつもなく早いのに驚いた。このダイレクト方式の録音は、テープレコーダーが発売される1949年以前は、レコード各社で直接ディスクに録音した盤からSPレコードを作っていた。この古い録音方式をリファインし、当時のカッティングマシンとはくらべものにならないほど進化した独ノイマン社のマシン（市販されている多くのレコードがこのマシンで作られている）で、往年のミュージカル映画の録音を行っていた広くていい音のするMGMの録音スタジオで、AKG社のステレオマイク1本で録られたもの。この盤を制作したダグ・サックスは、ロスでレコードのカッティングラボを主催していたが、テープレコーダーの特性や欠点を洗い出しているあいだに、テープレコーダーをはずせばこれらの問題がなくなる。ということで「ダイレクトディスク」録音をはじめたが、録音機（カッティングマシン）をスタジオに場所を確保してセッティングしたり、また、演奏の途中でミスすれば、最初からやり直しにもなる。これらのデメリットがあっても、「録音システムがもっている最高のよさ」を発揮するのは「ダイレクトディスク」であると確信して制作したものだろう。盤のプレスも独テレフンケンに依頼して、奇妙にデラックスなジャケットに入れられて発売された。当時はデジタル録音も行われていたが、すましてクールなデジタルサウンドに対して、あたたかい、ぬくもりのある緻密な表現には、すっかり脱帽してしまった。本当にすごい！

DMM盤

『ベートーヴェン／交響曲第４番
カルロス・クライバー指揮
バイエルン歌劇場管弦楽団』
オルフェオ S-100 841 B

カルロス・クライバーの指揮で、一気呵成の疾風怒涛のような熱のこもった演奏で、のめり込むような気迫に圧倒される。1982年、ミュンヘンでのライヴ録音。カルロスは演奏も少なく、ライブ録音でも発売許可を与えることはめったにない。ということは、これほど人気のある指揮者としてはレコードも少ない。この盤は珍しくジャケットに彼のコメントまでつけて、自分でも満足できる気に入った演奏であることを強調している。

ジャケットからこの盤を取り出すと、これまでの音溝よりも細く、緻密で目の詰んだ、そっけない感じの盤面に遭遇する。これは独テレフンケンが開発したLP最後の武器、DMM（ダイレクトメタルマスタリング）カッティングで作られた盤で、これまでは、ラッカーマスターにカッティング→メタルマスター→メタルマザー→スタンパー→レコードと、レプリカを何度も繰り返して作られていたものが、超音波をかけてラッカー盤の代わりに直接金属盤にカッティングし、これから→スタンパ→レコードと、作業工程を著しく簡素化したもので、これにより、音が劣化しやすいレプリカ回数が5回から2回になった。ほかにも金属盤にカッティングするため、音溝と音溝の間隔を狭められるようになり、収録時間も増えた。

このDMMカッティング盤は、欧米盤ではよく目にしたが、国内では各社とも、CDにターゲットを絞っていたためだろう、どの会社も導入しなかったので、あの特徴のある盤面を見ただけでわかるDMM国内盤は製造されなかった。

デジタル録音盤

『ニューイヤーコンサート
／ウィリー・ボスコフスキー指揮
ウィーン・フィルハーモニー管弦楽団』
英デッカ 147D1・2（2枚組）

吉例、デッカが制作した「シュトラウス一家の音楽」を中心にした、1979年元旦のニューイヤーコンサートのライブ盤である。ヴァイオリン片手に指揮をするのは、ウィーンの名物男、ウィリー・ボスコフスキーで、彼は翌年、定年の70歳で退

『ベートーヴェン／交響曲第４番
カルロス・クライバー指揮
バイエルン歌劇場管弦楽団』
オルフェオ S-100 841 B

『ニューイヤーコンサート／
ウィリー・ボスコフスキー指揮
ウィーン・フィルハーモニー管弦楽団』
英デッカ 47D1-2

団するが、その後も「ヨハン・シュトラウス・オーケストラ」を組織してレコーディングなどもおこなっている。伝統を誇る「ニューイヤーコンサート」もそれまでの指揮をやっていた常任指揮者のクレメンス・クラウスの突然の死去により、開催が危ぶまれたとき、コンサートマスターのウィリーがヴァイオリンを持ったまま指揮をやった。それが人気になり、「ウィーンの新年は、このコンサートで始まる」と、ここの歳時記の一部にもなっている。

　この盤は、メジャーレーベルの英デッカがはじめて発売した「デジタル録音盤」ということでも話題になった。これまでも、いくつかのレーベルからデジタル盤は発売されていたが、このコンサートの全演奏を2枚組にして、これまでも技術的には常に業界の最先端を走ってきたデッカが、他のメジャーレーベルに先駆けて、次代のCDをもターゲットにした「デジタル戦略」をもくろんでいたようにも見える。

　この演奏は、デジタルのせいかどうかはわからないが、演奏と会場で演奏を楽しんでいる観客のあいだに隙間があるように聴こえる。これまでのアナログ録音盤は、演奏者と観客の緊密な一体感が感じられ、演奏はいうまでもなく、この雰囲気も楽しむことができたが、この盤ではもっとクールな目で、コンサートに対処しているようだ。これもデジタル時代に対応したデッカのポリシーなのか。

グールドとレコード

『ブラームス／間奏曲集
／グレン・グールド(ピアノ)』
米コロンビア MS 6237

　グルードは1955年に、『バッハ／ゴールドベルグ変奏曲(コロンビア ML 5060)』で衝撃的なレコードデビューを果たし、1964年にはステージ演奏をやめて、演奏活動の場をレコード録音に限って、新しい録音機器が入れば、積極的にそれに挑戦して、レコードとして発表していたが、彼の最晩年の1982年には、レコードでないと作れない、大胆なテープ編集によるデジタル録音の『ゴールドベルグ再演盤(CBS D37779)』を発表している。本来ならば、これらのレコードを紹介すべきだろうが、彼の演奏の中ではおとなしい空間を表現しているブラームスを選んでみた。グールドは、バッハの演奏となると緊張して、他のことは目にも耳にも入らなくなって一気呵成に演奏しているようだが、ブラームスの間奏曲は「人懐っこく」、隣に座った人と世間話をしながらピアノを弾いているようにすら感じる。ピアノでの表現とLPレコードでの表現の可能性を最後まで追い求めた「現代人」でもあった。

LPの到達点

『フランソワーズ・クープラン
／ヴィオール組曲(1728年)
ジョルディ・サヴァール(ヴィオラ・ダ・ガンバ)
トン・クープマン(クラヴサン)
アリアンヌ・モーレット(バス・ヴィオール)』
仏アストレ AS 1

　「アストレ」は、室内楽を中心にレコードを制作していた「仏ヴァロア」の別レーベルで1976年に14枚がまとめて発売された。この盤を聴いて驚いた。演奏空間が違う。たいていの盤は、演奏家が演奏しているまわりに演奏空間があり、その空間ごとマイクで録音してレコード化するが、この盤では、最初から演奏空間を録音しようとしたのではないか。演奏空間を録音すれば、そこで演奏している演奏者の音楽も自然に収録できるし、そんなレコードがあってもいいのではないかというポリシーで作られたシリーズではなかったか。演奏空間も演奏も「無色透明」に聴こえた。とはいっても「蒸留水」のようにではなく、「おいしい水」のようだった。再生装置が変わると、再生される音も変わるが、再生空間の「透明度」は保たれ、それぞれの装置から、演奏者やLP制作者が意図した音楽がしっかり聴こえてくるのだ。LPの製作技術が作り上げた、最高の到達点だと思う。

『フランソワーズ・クープラン／ヴィオール組曲(1728年)
ジョルディ・サヴァール(ヴィオラ・ダ・ガンバ)、
トン・クープマン(クラヴサン)、
アリアンヌ・モーレット(バス・ヴィオール)』
仏アストレ AS 1

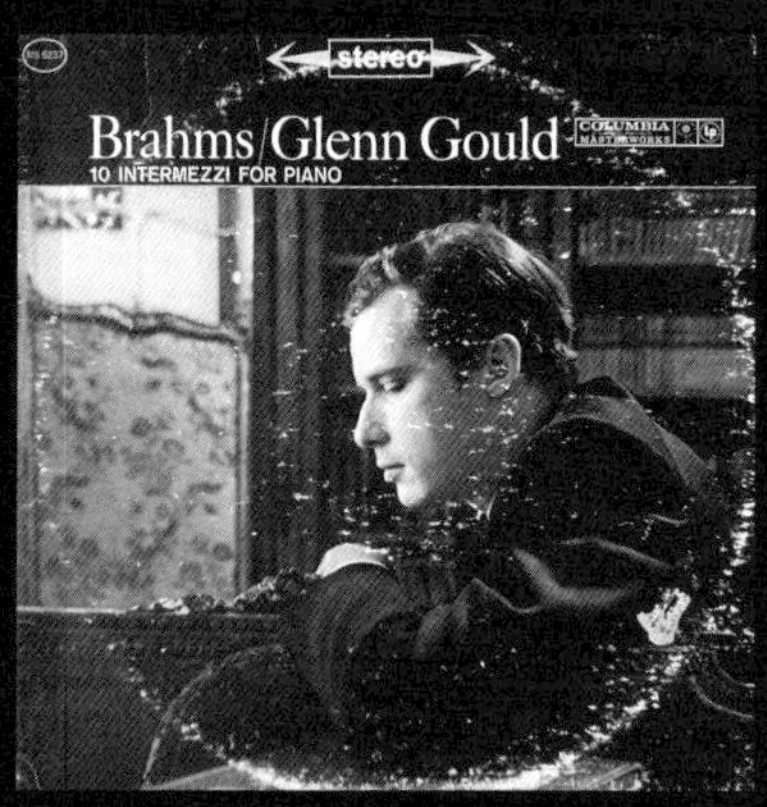

『ブラームス／間奏曲集
／グレン・グールド(ピアノ)』
米コロンビア MS 6237

次の休日、ショップを覗いてみませんか♪

レコード再生のためのオーディオ&レコードショップ訪問

ここ数年のアナログブーム、レコードブームで、さまざまなところでアナログプレーヤーやレコードを見ることができるようになってきた。
しかし、実際に自分でもレコード再生をしてみたいと思ったとき、どこに行ったらいいかは重要なことだ。
ここでは、それぞれに特徴をもったオーディオショップ、そしてここに行けば大丈夫というレコードショップを実際に訪れて、
レコード再生の今を訊いてみた。

試聴スペースの前に置かれたスピーカー群と真空管アンプ。
ビンテージというより、比較的、年代は新しいものもある

玄人好みの機器が並ぶ

何度通っても尽きることのない魅力

オーディオもてぎ（東京・秋葉原）

２０００年前後に始まった再開発とともに街の風景が激変し、電気、オーディオの街から、若者が集まるコミックやアイドルなどサブカルの街へと変貌してしまった秋葉原、アキバ。その象徴になっている家電量販店の大きなビルの横を通り抜け進み、喧噪を抜けるように横道へ一本入ったところに、オーディオショップもてぎ（ＴＥＬ：０５０‐１５８５‐２２２０）がある。オーディオ関連のお店も少なくなってきている昨今だが、当地でベテランのファンが足繁く通う人気のお店だ。

足を踏み入れた瞬間は、懐かしいオーディオ機器たちが並ぶリユースショップかと思うかもしれない。しかし、目を凝らすとアナログプレーヤーに限っても高級、普及の価格帯を問わず、名の知れたモデルが無造作に置かれている。このショップ、オーディオ店に長く務められた店主の方が立ち上げたもの。お店勤めのころから、真空管アンプの魅力を積極的に広め、「真空管のカリスマ」と呼ばれていたことから、勢い真空管アンプで知られてきたが、ここ数年、それとの親和性が高いとされるアナログプレーヤーが増えてきている。

もちろんアナログ人気もあるが、それとは別にお店のユーザーフレンドリーな姿勢に人が人を呼び、モノも集まると

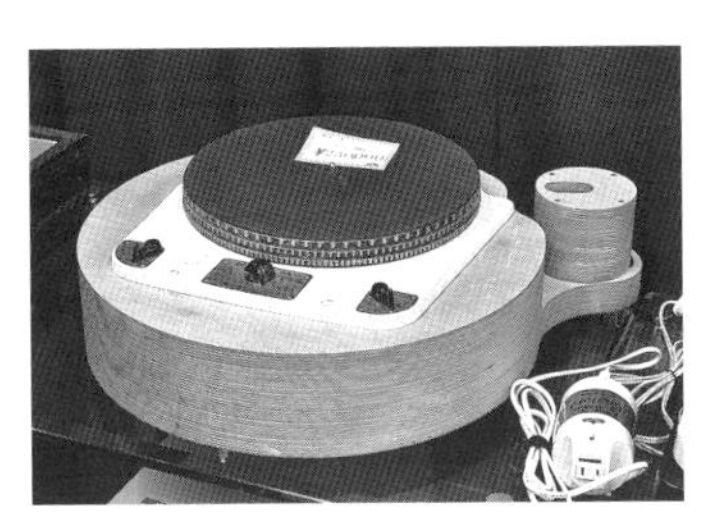

自由にベースを作成できるガラードだが、こちらは積層合板を円形に成形しためずらしい設計としている

トーレンス、ガラードと並び、ビンテージプレーヤーとして名高いEMT 930が置かれていた

同時代ということもあり、たいへん親和性が高いアナログプレーヤーと真空管アンプ

いうこと。たとえば顧客の委託販売にも快く対応してもらえることもそのひとつで、同好の士から同好の士へ良い機器が循環していくのが見られる。

　主義として、できるだけ安くて音のいいものを提案するということもある。最近では、レコード再生に取り組みたい若い人が訪ねてくることも少なくないそうだ。そういうときもただ欲しいと言っている機器を勧めるのではなく、どんな音が欲しいか、どんな聴き方をしているかなどを訊いて、場合によっては予算以下、あるいはより目的にかなうようなアナログプレーヤーやアンプ、スピーカーなどの組合せをアドバイスすることもある。また、昔、聴いていた方からも、「もう一度、聴いてみたいのだが、どんなシステムがいいか」という相談をするリターナーも多い。その時も、できるだけジャンルや音の好み、それに予算などを聞いてから提案するとのこと。もちろん機器を決めずにお店に行き、最初から相談するということも大歓迎だそうだ。ちなみに、このことと直接、関係ないが、ほかのオーディオ販売店に相談したら店員がわからず、それならこちらの店に行って訊いてみては、と勧められて来店したというオーディオファンもいるそうだ。業界にも知られている同店の一面がうかがえる話だ。

アクセサリー類も多種、店頭に並ぶ。オーディオもてぎのもうひとつの特徴が、ショップオリジナルの製品。現在、注力しているのが電源で、単相200VをAC100Vの家庭用電源に落とす手法のクリーン電源のひとつだ。オーディオ、特に真空管アンプでは電源の重要性が言われることが多いが、長年、真空管アンプを手掛けてきたところで得たノウハウが存分に生かされているはず。

　そして、何とも独創的なのが、回転ヘッドシェルと銘打ったアイテム。通常は、トーンアームとヘッドシェルでカートリッジの針先を固定し、音溝をしっかりトレースする。しかし、このヘッドシェルは、カートリッジ取り付け部が自由に首をふり、そのことで音溝の動きに追従しようという、いうなれば常識をくつがえす発想で作られているのだ。こうしたほかでは手にすることができないような、凝ったマニアライクなアイテムを手にできるのも魅力のひとつだろう。

　近年、同店では若い人からご年配の方まで、地方から、さらには海外からも訪れるお客様がいるという。これはYouTubeで公開されている、店主がオーディオについて語る講座の動画を見てのこと（動画はお店の名前で検索すれば上位にヒットする）。とにかくジャンクショップのような雑然さではなく、オーディオのおもちゃ箱をひっくり返したような楽しさ、アットホームな雰囲気は、ぜひ訪れてみたい場所。オーディオ談義に花を咲かせるもよし。さあ、レコード再生への一歩を踏み出してみてはいかが。

ショップオリジナルのクリーン電源。アナログプレーヤーでも効果がある

ウエスタンの復刻300Bなど真空管も。貴重種の未使用品を多く在庫

オリジナルの回転ヘッドシェル。先端の首振り機構のところにカートリッジを取り付ける。動作に追従するためだろう、リード線はかなり長め

現行、旧製品を問わず、しっかりとメンテナンスして販売

ネットも活用しながらリアル店舗を使いこなす

これからのオーディオを楽しむ方法

ハイファイ堂秋葉原店（東京・末広町）

昔は大型のオーディオショップが覇を競った秋葉原中央通り。すっかり様相の変わった街並みを末広町まで歩き、交差点を過ぎて最初の角を入る。ハイファイ堂秋葉原店（TEL：03-5818-4751）は、すぐそこだ。

名古屋の大須に拠点を置いて長年営業してきたが、平成9年にネット販売を開始。秋葉原店は東京で試聴ができる場所として22年前に開業、現在はネットで見た製品の音を実際に聴けるお店として機能しているという。たとえば大阪店にある製品を聴いて確認してから購入したい場合、東京の顧客は秋葉原に持ってきてもらって試聴する、ということもできる（有料）。専門のリペア部門を持っていることも特徴だ。たとえば買い取りなどで入荷したレコードプレーヤーは、アームを分解したりモータのグリスアップを行う。またダストカバーは、改めて作り直したクリアで美しいものが取り付けられているものもある。

顧客はやはり60代後半から70代前半の団塊の世代が中心。白い壁が明るい入りやすい雰囲気で、リフレッシュされて綺麗になった製品が並ぶ。秋葉原という土地柄か、若い人の来店が目立つようになってきているという。レコードを知らない30代の若い人がアナログプレーヤーを買いにきたり、真空管アンプ探しを

手ごろなアナログプレーヤー（下段）、JBLなどの定番スピーカー（中段）、マニアックなセルラホーンと守備範囲の広さをうかがわせるショット

こちらも往年の人気機種として定番中の定番。ヤマハGT-2000

漆黒の外装など新品と見紛うほどのヤマハNS1000Mをスピーカーとしたアナログ試聴システムを展示

店内にはヤマハやラックスマン、サンスイのアンプやJBL、B&Wの小型スピーカーなど往年の人気機種が整然と並べられ、ベテランファンには懐かしい

マニアに人気のエクスクルーシブの高級プレーヤー。めずらしいのですぐに買い手がつくという

目的に来店するということが、最近あったそうだ。真空管アンプを探しにきた人は、ラックスマンのパワーアンプを指名し、ほかの製品も説明しようとしたら、いえ、これが欲しくて来たのでと、さっと指名して購入したそうである。これもネットの影響か。ネットの普及のせいで、中古についても現物を見ないで買うということが多くなってきているそうだ。最近は海外からの引き合いもあって、考えてみればその場合も同じなのだから、これが時代というものか。

先にダストカバーの話をしたが、プレーヤーの中古についていえば、1970年から80年、90年という時代、オーディオの人気が高く、モノとしても作りも良かったころのものを中心に、人気のあった定番製品が中心になっている。これらを前出のように、しっかりとした形でメンテナンスして、自ら「当店の製品はやや高めなのです」と、あえて言うのも、自信の表れとみることができる。しかし、こうしたていねいなやり方がネットでも信頼を得る方法だという。

店内に置いてあったヤマハNS1000Mが、ずいぶんと綺麗だなと思っていたら、外装からユニット、ネットワークまで、あらゆるところに手を入れて、文字通りよみがえらせたもの。モノ雑誌でも紹介されたそうだ。こうした徹底した方法は、今なお人気が高いサンスイAU-607にも適用。パワートランジスターは残し、コンデンサー類などを交換し、こちらも新品同様に仕上げている。このようなアプローチは、名機復活と銘打って積極的に行う予定とのことだ。ここではしっかりとメンテすることで、中古をより活性化した形で循環させて、積極的に楽しめるようにという願いがある。

近年のレコードブームについて訊いてみると、やはりファンは増えてきており、比較的、昔の高級クラスをマニアな人たちが購入する一方、普及クラスではこれからアナログを始めたいという若い人も多いそうだ。また、大須にあるレコード店では、ただスマホでSNSに投稿するために写真だけを撮りに来店する女性が、けっこうな数で増えたらしい。これもアナログのことが広く知れ渡った証拠だが、少しでも若い人たちに人気が出てくれればと、何かアクションするということは考えていないそうだ。なんでもいいので、オーディオのことは気軽に相談してほしいという。

一日60点前後の機器、100点前後のソフトやアクセサリーがウェブサイトにアップされるというハイファイ堂。秋葉原店も、一週間経ったら、風景は全然、違っているはずだという。欲しいモデルがあるときは、丹念にネットをウォッチしていれば、早くみつかるかもしれない。お店の人と懇意になって、事前に予約できるようにしておくのも手だろう。同店のバックヤード見せていただいたが、メンテナンス待ちの往年の人気機種がたくさん出番を待っていた。

1階の奥に位置する試聴スペース。比較的、リーズナブルな最新モデルを中心に音を聴くことができる

レコード再生に必要なものが一度に揃えられる

ビギナーにもうれしい専門店

オーディオユニオンお茶の水店（東京・お茶の水）

オーディオのメッカとされたJR秋葉原からひと駅の御茶ノ水。駅の改札を出て左へ向かうと1分も経たないうちにたどりつけるのが、オーディオ専門店として知られるオーディオユニオンだ。1969年に本格的なオーディオ専門店として改装オープン以後、ディスクユニオンとともに駅周辺、そしてオーディオ界の変遷を見てきている。ファンならば、一度は訪れていることだろう。

フロアは1階がお茶の水店（TEL：03-3294-6766）、2階がお茶の水ハイエンド中古館（TEL：03-5280-5104）、3階がお茶の水ハイエンド館（TEL：03-5280-5105）、4階がお茶の水アクセサリー館（TEL：03-3295-3103）と、取り扱うアイテムや機種、クラスが明確に分けられている。

1階のお茶の水店は、入門クラスの新品と中古品を扱っている。入口に展示されたアナログプレーヤーを中心に組み合わせた2つのオーディオシステムが、現在のアナログ人気を改めて感じさせてくれる。同店もアナログに注力しており、ここ3年くらいはアナログシステムが入口に陣取っている。

レコードを聴きたいという人が増えているのは事実。賑わいのある通りに面

ハイエンド館(3階)に置かれていた約200万円もするテクダス製の超高級プレーヤー

2階のハイエンド中古館には、往年の名機たちが集まり、今なら買えるかなという価格に心が動く

アクセサリー館に用意されたカートリッジ群。試聴できるものは、すべてヘッドシェルに取り付けられている

しており、その展示を見てからか、今、CDを聴いている若い人が、アナログを聴きたいのだが、初めて聴くにはどんなプレーヤーがいいかを尋ねてくれることもあるそうだ。もうひとつは、リターナーの方。もう一度、レコードを聴きたいという昔のファンが訪ねてくるのだとか。そんなときも、よく聴く音楽ジャンルや使っているシステムなどを聞いてから、バランスのとれたシステムになるようにアドバイスするそうだ。もちろん経験豊富な店員の方がゼロからの相談にのってくれるという。

店内の広々としたスペースにはさまざまなアイテムが並べられていて、アナログプレーヤーも、常時、4、5台が展示され、比較もできるようになっている。

3階のハイエンド館は試聴室がガラスで仕切られた専用スペースとなり、高級機が並ぶ。アナログについても対応しており、当日はオーディオファンの間で話題の200万円、アームを付けると250万円になるという国内設計のハイエンドモデルを見ることができた。2階はハイエンドの中古館となり、リンやミッチェル、トーレンスといった往年の憧れのモデルが並べられている。1Fのエントリークラスの新品モデルにするか、昔、欲しくても買えなかったモデルを買うかは悩みどころかもしれない。なお、ファンはよく見ているもので、同社ウェブサイトで、ちょっとめずらしい機種がこちらで展示されていることを紹介すると、当日に馳せ参じるベテランもいるそうだ。

便利なのは4階に置かれたアクセサリー館だろう。カートリッジやアナログアクセサリー類がしっかりと展示されていて、つまり必要なもの、欲しいものが一カ所で揃えられるわけだ。やはりもう一度レコード再生をという方は多いのだが、その場合、プレーヤーは何とか動いても、カートリッジ、アクセサリー類は全滅していることがほとんど。そんなときの買い揃えにもありがたい。

また展示されるカートリッジのほとんどが試聴できるのもうれしい。これも実際に音を聴いて、納得してから購入していただくというオーディオユニオンの考え方を徹底している。定番、人気のカートリッジは、ほぼ揃えられている。

入門機からハイエンドモデル、さらに中古モデルや充実したアクセサリー類など、オーディオ好きな人なら半日は十分に楽しめる。オーディオユニオンお茶の水店は、やはり専門店らしく、オーディオファンの心をよく知っているようだ。

アクセサリー館の試聴システム。シューアナログ製のプレーヤーが参加

1階の入り口にはアナログプレーヤー中心のシステムが複数展示され、アナログに興味を持つ人の興味を惹く

お茶の水クラシック館の店内。壁面にぎっしりと並べられた名盤、名演奏の数々

レコードの魅力を実感できる

貴重かつ楽しい場であるレコードショップ

ディスクユニオン **お茶の水クラシック館／JazzTOKYO**（東京・お茶の水）

お茶の水クラシック館

JazzTOKYO

●お茶の水クラシック館

オーディオ機器のオーディオユニオンとの両輪の一方として、首都圏と大阪を中心に中古を含むレコードショップを展開するディスクユニオン。ロックやジャズ、クラシックなど、明快に店舗の傾向を分けた専門性の高い各店舗で知られる。

まず訪れたのは、お茶の水クラシック館（TEL：03-3295-5073）。同店は、お茶の水駅のお茶の水橋出口を出て、水道橋方向に1分と経たずにたどり着くことができる。その特徴は何といっても、約2万枚の在庫と種類が豊富であること。これは、レコードの調達担当者のお二人が交代で年数回ヨーロッパに飛び、年間で約10，000枚程度を買い付けていることによる。しかも各人の仕入のルートもそれぞれが個人で開拓するという。さらに仕入れ先は、イギリス、ドイツ、フランス、オーストリアなどは言うに及ばず、ハンガリー、ポーランドといった、旧共産圏からのものも多くなっている。

なぜ、こんなに種類、枚数が多くなるかというと、クラシックは特にタイトル毎の1枚のプレス数が少なく、いわば少量多品種ということで、CD化されていないものが少なくない。そこで希少盤、貴重盤の宝庫となるわけだ。それがとりもなおさず、お茶の水クラシック館ならではの強力な武器となっている。それは担当者ご自身が、コレクターとしてこんなところに行きたいと思うお店作りを意識しているからだ。

　そんなことから、同店はクラシックファンにとっては、毎日、新しい発見がある天国のような状態にあるとのこと。もちろん、欲しい、探したいレコードについて、その有無だけでなく、無い場合には、それと似た傾向にあるものをアドバイスしてもらえるそうだ。クラシックビギナーにはワンダーランドの中の優れたガイドとなるだろう。ベテラン、ビギナーともに訪れるべき一店となるのではないか。午前11時の開店の前に、すでに10人以上のファンの方々が並んでいた。そのときは少し驚いたものだが、お店を辞するときには、そのことも十分納得できた。

●JazzTOKYO

　2011年に大幅な増床リニューアルし、世界最大級のジャズ専門店としてオープン（TEL：03-3294-2648）。お茶の水駅から外堀通りを下ること約3分の至近にあり、オーディオユニオンとは斜め向かいにある。グループのジャズ専門店では最大の規模をもち、ピーク時で7万枚、年間平均で4～5万枚の在庫数を誇る。

　コレクターズアイテムからエバーグリーンの人気盤はもちろん、近年のブームで初めて来店されるような若い人たちが気軽に接することができるように1，000円以下の盤も用意する、いわば間口が広く奥にも深いお店といえる。

　自由に触れられ、試聴して、自分の好みが見えてきてから買ってみることでもいい、というのがお店の考え方。レコードはジャケットもアートで盤も存在感があるもの。実際に触れたり、ジャケットを端から見ていくだけで、イマジネーションが沸く、これ欲しいなと思う感情が生まれる。そういうアトラクション的な楽しみがレコード店にはあるという。このため、入り口はちょっとおしゃれに、2Fの広々としたスペースにはレコードファンにおすすめの手軽なポータブルタイプのプレーヤーやレコードアクセサリー、楽しい音楽雑貨や書籍、雑誌、楽譜など独自のセレクトで展示されている。

　以前は、家族サービスで近くに来たのだろうか、その合間を縫って来店、さっと帰るようだったお父さんも、現在では奥さんや子供さんと来店。子供たちがそれらアイテム類を見ている間に持って来たレコードを売ってから、そのお金でまた別のレコードを購入するという光景も見受けられるという。ちなみに、この買い取りから別作品を購入するという方法は、次々と気軽に音楽を楽しめる同店おすすめのライフスタイルだ。

　さて、最後になったがお店に用意されるレコードは先にも少し触れたが、圧倒的な在庫枚数を背景に、どのお店にも負けないような超レア盤を用意するのは当然。またビギナーが手にしやすい、良質の盤を揃え、まずは1枚のレコードを探す、見つける、聴くという体験ができるという意味では、レコードファンにとって、たいへん貴重な場のように思える。

シュアのカートリッジについてオリジナルの交換針まで作る

バド・パウエルやアート・ブレーキー、セロニアス・モンクなどの不世出の名盤を数多くストック

お店には手軽にレコードを楽しめる電蓄型のポータブルプレーヤーも展示

天井に吊られたJBLに音へのこだわり、Jazzへの深いこだわりが見える

オリジナルのレコードクリーナー。業務用として自社で開発したレコードクリーナーでゴミが取りやすい

STAFF (五十音順)

Writer
井上千岳　INOUE Chitake
岩村保雄　IWAMURA Yasuo
小林　貢　KOBAYASHI Mitsugu
柴崎　功　SHIBAZAKI Isao
角田郁雄　TSUNODA Ikuo
正木　豊　MASAKI Yutaka
柳沢正史　YANAGISAWA Masashi
山口克巳　YAMAGUCHI Katsumi

Photo
青柳敏史　AOYAGI Satoshi
河野隆行　KŌNO Takayuki
山口祐康　YAMAGUCHI Sukeyasu

Art Direction
G/ON/G

Design
下畑　剛　SHIMOHATA Tsuyoshi
大瀬由佳　OSE Yuka

ヴィンテージからニューモデルまで
アナログレコードの魅力を引き出す
機材選びと再生術

2017年9月13日 発行　　NDC549

編　　者　MJ無線と実験編集部
発 行 者　小川雄一
発 行 所　株式会社誠文堂新光社
〒113-0033　東京都文京区本郷3-3-11
［編集］03-5800-3612
［販売］03-5800-5780
http://www.seibundo-shinkosha.net/
印 刷 所　広研印刷株式会社
製 本 所　和光堂株式会社

ISBN978-4-416-61796-0